钢结构设计随手查

陈长兴 编著

中国建筑工业出版社

图书在版编目（CIP）数据

钢结构设计随手查/陈长兴编著. —北京：中国建筑
工业出版社，2020.4
ISBN 978-7-112-24793-6

Ⅰ. ①钢… Ⅱ. ①陈… Ⅲ. ①钢结构-结构设计
Ⅳ.①TU391.04

中国版本图书馆 CIP 数据核字（2020）第 022682 号

　　本书针对钢结构设计中的常用知识点、重点及难点问题，通过分析和比对现行规范条文，简明扼要地进行了讲解，以帮助读者快速解决设计中遇到的问题，加深对规范的理解，并且免去了在诸多规范间反复查阅的麻烦。

　　本书主要内容包括：结构设计规定、钢构件计算、连接、节点、钢管连接节点、钢与混凝土组合梁、组合楼板、钢结构抗震性能化设计、空间网格结构、门式刚架轻型房屋、钢结构防护。

　　本书适合从事钢结构设计且具有一定设计经验的结构工程师参考使用。

责任编辑：刘婷婷　王　梅
责任校对：姜小莲

钢结构设计随手查

陈长兴　编著

*

中国建筑工业出版社出版、发行（北京海淀三里河路 9 号）

各地新华书店、建筑书店经销

霸州市顺浩图文科技发展有限公司制版

廊坊市海涛印刷有限公司印刷

*

开本：787×1092 毫米　1/16　印张：15¾ 字数：383 千字
2020 年 4 月第一版　　2020 年 4 月第一次印刷
定价：**48.00** 元

ISBN 978-7-112-24793-6
（35175）

前　言

本书针对钢结构设计过程中经常遇到的设计知识点、重点和难点等技术问题，依据现行国家标准、规范、规程和规定，以及工程设计实践经验编制而成。

本书具有下列特点：

1. 全书以钢结构设计知识点的形式统一编号，方便读者查阅；

2. 书稿内容按照系统化、模块化、集成化方式编排；

3. 设计参数、技术指标、构造措施等按表格形式采取量化；

4. 本书适合有钢结构设计经验的工程师阅读，也可供其他从事钢结构有关的工程师参考。

读者使用本书时，如遇现行国家标准、行业标准新编、修编、局部修订后已实施，按其最新规定。

由于编者技术水平、实践经验和应用技术掌握有限，书稿中难免出现缺点，恳请读者提出意见，共同提高钢结构设计水平。

陈长兴

2019 年 11 月

目　录

本书所涉及知识点、重点、难点问题汇总

续表

续表

编号	内　　容	页码
066	嵌入式毂节点设计应符合哪些要求？	116
067	单层网壳嵌入式毂节点规格系列有哪些？	118
068	铸钢节点应该如何设计以及有哪些构造要求？	119
069	支座节点应该如何设计以及有哪些构造要求？	120
070	钢管连接节点应该符合哪些规定与构造要求？	127
071	圆钢管直接焊接节点和局部加劲节点应该如何计算？	130
072	矩形钢管直接焊接节点其适用范围应符合哪些要求？	141
073	矩形钢管直接焊接节点和局部加劲节点应该如何计算？	142
074	在进行组合梁截面承载力验算时，跨中及中间支座处混凝土翼板的有效宽度应该如何选取？	147
075	组合梁进行正常使用极限状态验算时应符合哪些规定？	148
076	组合梁施工阶段其强度、稳定性和变形应该如何验算？	148
077	钢与混凝土组合梁其钢梁受压区的板件宽厚比应符合哪些规定？	149
078	进行组合梁设计计算时应符合哪些具体规定？	149
079	组合梁应该如何计算？	149
080	组合梁的挠度应该如何计算？	154
081	组合梁的负弯矩区裂缝宽度应该如何计算？	155
082	组合梁截面高度、混凝土板托高度应该如何选取？	156
083	组合梁边梁混凝土翼板的构造应符合哪些要求？	156
084	连续组合梁在中间支座负弯矩区的上部纵向钢筋应该如何设置？	157
085	抗剪连接件的设置应符合哪些规定？	157
086	槽钢连接件应该如何选取？	157
087	板托的外形尺寸及构造应符合哪些规定？	157
088	承受负弯矩的箱形截面组合梁底板上方或腹板内侧可设置抗剪连接件吗？	158
089	组合楼板用压型钢板基础净厚度应该如何选取？	159
090	压型钢板浇筑混凝土面的槽口宽度应该如何选取？	159
091	组合楼板最小总厚度、混凝土最小厚度应该如何选取？	159
092	组合楼板按单向板或双向板计算的原则有哪些规定？	159
093	组合楼板承载力应该如何计算？	160
094	组合楼板正常使用极限状态验算应该如何进行？	163
095	组合楼板可以在板底顺肋方向配置纵向抗拉钢筋吗？	165
096	组合楼板横向钢筋如何配置？	165
097	组合楼板构造钢筋及板面温度钢筋如何配置？	166
098	组合楼板其支承长度应该如何选取？	166
099	组合楼板栓钉的设置应符合哪些规定？	167
100	在施工阶段，压型钢板作为模板计算时，其荷载应该如何选取？	167
101	湿混凝土荷载分项系数应该如何选取？	167

续表

第1章 结构设计规定

1.1 一般规定

001 钢结构设计应包括哪些内容?

钢结构设计应包括下列内容:

(1) 结构方案设计,包括结构选型、结构布置;

(2) 材料选用及截面选择;

(3) 作用及作用效应分析;

(4) 结构的极限状态验算;

(5) 结构、构件及连接的构造;

(6) 制作、运输、安装、防腐和防火等要求;

(7) 满足特殊要求结构的专门性能要求。

注:依据《钢结构设计标准》GB 50017—2017 第 3.1.1 条规定。

002 钢结构可采用哪些结构体系?

1. 单层钢结构

单层钢结构可采用框架、支撑结构(表 002-1)。

厂房抗侧力体系、屋盖支撑系统 表 002-1

抗侧力体系或屋盖支撑系统			结构体系或支撑
厂房的横向抗侧力体系			可采用刚接框架、铰接框架、门式钢架或其他结构体系
厂房的纵向抗侧力体系			8、9 度应采用柱间支撑;6、7 度宜采用柱间支撑,也可采用刚接框架
屋盖支撑系统	无檩屋盖的支撑	屋架支撑	上、下弦横向支撑、上弦通长水平系杆、下弦通长水平系杆、竖向支撑
		纵向天窗架支撑	上弦横向支撑、两侧竖向支撑、跨中竖向支撑
	有檩屋盖的支撑	屋架支撑	上弦横向支撑、下弦横向支撑、下弦通长水平系杆、两侧竖向支撑、跨中竖向支撑
		纵向天窗架支撑	上弦横向支撑、两侧竖向支撑

2. 多高层钢结构

按抗侧力结构的特点,多高层钢结构常用的结构体系按表 002-2 分类。

多高层钢结构常用体系 表 002-2

结构体系		结构形式
框架结构		由钢梁和钢柱为主要构件组成竖向和抗侧力体系的结构
支撑结构	中心支撑	由钢框架及钢支撑共同组成竖向和抗侧力体系的结构
框架-支撑结构	中心支撑	
	偏心支撑	

结构体系		结构形式
框架-剪力墙板结构		由钢框架及延性墙板(具有良好延性和抗震性能的墙板)共同组成竖向和抗侧力体系
筒体结构	筒体	由竖向筒体(普通桁架筒、密柱深梁筒、斜交网格筒、剪力墙板筒)为主组成的竖向和抗侧力体系
	框架-筒体	
	筒中筒	
	束筒	
巨型结构	巨型框架	由"巨型梁"和"巨型柱"以层或跨的尺度作为"截面"竖向和抗侧力体系的结构
	巨型框架-支撑	

3. 大跨度钢结构

大跨度钢结构体系可按表 002-3 分类。

大跨度钢结构体系分类 表 002-3

结构分类	常见形式
以整体受弯为主的结构	平面桁架、立体桁架、空腹桁架、网架、组合网架钢结构以及与钢索组合形成的各种预应力钢结构
以整体受压为主的结构	实腹钢拱、平面或立体桁架形式的拱形结构、网壳、组合网壳钢结构以及与钢索组合形成的各种预应力钢结构
以整体受拉为主的结构	悬索结构、索桁架结构、索穹顶等

注：依据《建筑抗震设计规范》GB 50011—2010（2016 年版）第 8.1.1 条、第 9.2.2 条、第 9.2.12 条规定，《高层民用建筑钢结构技术规程》JGJ 99—2015 第 3.2.1 条规定，《钢结构设计标准》GB 50017—2017 第 A.1.1 条、第 A.2.1 条、第 A.3.1 条规定，其中表 002-3 为该条文表格（表 A.3.1），以下均同此说明。

003 抗震设计的钢结构体系应符合哪些要求？

1. 结构体系应符合下列各项要求：

（1）应具有明确的计算简图和合理的地震作用传递途径。

（2）应避免因部分结构或构件破坏而导致整个结构丧失抗震能力或对重力荷载的承载能力。

（3）应具备必要的抗震承载力，良好的变形能力和消耗地震能量的能力。

（4）对可能出现的薄弱部位，应采取措施提高其抗震能力。

注：依据《建筑抗震设计要求》GB 50011—2010（2016 年版）第 3.5.2 条规定，《高层民用建筑钢结构技术规程》JGJ 99—2015 第 3.1.3 条规定。

2. 结构体系尚宜符合下列各项要求：

（1）宜有多道抗震防线。

（2）宜具有合理的刚度和承载力分布，避免因局部消弱或突变形成薄弱部位，产生过大的应力集中或塑性变形集中。

（3）结构在两个主轴方向的动力特性宜相近。

注：依据《建筑抗震设计规范》GB 50011—2010（2016 年版）第 3.5.3 条规定，《高层民用建筑钢结构技术规程》JGJ 99—2015 第 3.1.4 条规定。

004 钢结构布置应符合哪些规定及原则？

1. 钢结构的布置应符合下列规定：

（1）应具备竖向和水平荷载传递途径。

（2）应具有刚度和承载力、结构整体稳定性和构件稳定性。

（3）应具有冗余度，避免应部分结构或构件破坏导致整个结构体系丧失承载能力。

（4）隔墙、外围护等宜采用轻质材料。

注：依据《钢结构设计标准》GB 50017—2017 第3.2.2条规定。

2. 多高层钢结构布置应符合下列原则：

（1）建筑平面宜简单、规则，结构平面布置宜对称，水平荷载的合力作用线宜接近抗侧力结构的刚度中心；高层钢结构两个主轴方向动力特性宜接近。

（2）结构竖向体型宜规则、均匀，竖向布置宜使侧向刚度和受剪承载力沿竖向均匀变化。

（3）高层建筑不应采用单跨框架结构，多层建筑不宜采用单跨框架结构。

（4）高层钢结构宜选用风压和横向风振效应较小的建筑体型，并应考虑相邻高层建筑对风荷载的影响。

（5）支撑布置平面上宜均匀、分散，沿竖向宜连续布置，设置地下室时，支撑应延伸至基础或在地下室相应位置设置剪力墙；支撑无法连续时应适当增加错开支撑并加强错开支撑之间的上下楼层水平刚度。

注：依据《钢结构设计标准》GB 50017—2017 第A.2.2条规定。

1.2 结 构 选 型

005 钢结构民用房屋的结构类型和最大高度应该如何确定？

抗震设防烈度为6～9度的乙类和丙类高层民用建筑钢结构适用的最大高度应符合表005的规定。平面和竖向均不规则的钢结构，适用的最大高度宜适当降低。

钢结构房屋适用的最大高度（m）   表005

结构类型	6、7度	7度	8度		9度
	(0.10g)	(0.15g)	(0.20g)	(0.30g)	(0.40g)
框架	110	90	90	70	50
框架-中心支撑	220	200	180	150	120
框架-偏心支撑 框架-屈曲约束支撑 框架-剪力墙板	240	220	200	180	160
筒体（框筒，筒中筒，桁架筒，束筒） 巨型框架	300	280	260	240	180

注：1 房屋高度指室外地面到主要屋面板板顶的高度（不包括局部突出屋顶部分）；

    2 超过表内高度的房屋，应进行专门研究和论证，采取有效的加强措施；

    3 表内的筒体不包括混凝土筒；

    4 框架柱包括全钢柱和钢管混凝土柱；

    5 甲类建筑，6、7、8度时宜按本地区抗震设防烈度提高1度后符合本表要求，9度时应专门研究。

注：依据《建筑抗震设计规范》GB 50011—2010（2016 年版）第 8.1.1 条规定，《高层民用建筑钢结构技术规程》JGJ 99—2015 第 3.2.2 条规定。

006 钢结构民用房屋的最大高宽比应该如何确定？

钢结构民用房屋的最大高宽比不宜超过表 006 的规定。

钢结构民用房屋适用的最大高宽比　　　　　　　　　　　　　表 006

烈度	6、7	8	9
最大高宽比	6.5	6.0	5.5

注：塔形建筑的底部有大底盘时，高宽比可按大底盘以上计算。

注：依据《建筑抗震设计规范》GB 50011—2010（2016 年版）第 8.1.2 条规定，《高层民用建筑钢结构技术规程》JGJ 99—2015 第 3.2.3 条规定。

007 钢结构房屋的抗震等级应该如何确定？不同抗震设防类别及场地类别的各类建筑，在确定抗震等级时其抗震设防烈度应该如何选取？

钢结构房屋应根据设防分类、烈度和房屋高度采用不同的抗震等级，并应符合相应的计算和构造措施要求。丙类建筑的抗震等级应按表 007-1 确定。对甲类建筑和房屋高度超过 50m，抗震设防烈度 9 度时的乙类建筑应采取更有效的抗震措施。不同抗震设防类别及场地类别的各类建筑，在确定抗震等级时其抗震设防烈度应按表 007-2 采用。

钢结构房屋的抗震等级　　　　　　　　　　　　　　　　表 007-1

房屋高度		烈度			
		6	7	8	9
多层和高层民用房屋	≤50m	/	四	三	二
	>50m	四	三	二	一
多层钢结构厂房	≤40m	/	四	三	二
	>40m	四	三	二	一
单层钢结构厂房（重屋盖厂房框架柱、梁的板件宽厚比）			四	三	二

注：1　高度接近或等于高度分界时，应允许结合房屋不规则程度和场地、地基条件确定抗震等级；

2　一般情况，构件的抗震等级应与结构相同；当某个部位各构件的承载力均满足 2 倍地震作用组合下的内力要求时，7～9 度的构件抗震等级应允许按降低一度确定。

注：依据《建筑抗震设计规范》GB 50011—2010（2016 年版）第 8.1.3 条、第 H.2.1 条、第 9.2.14 条规定。

确定抗震等级的抗震设防烈度　　　　　　　　　　　　　表 007-2

抗震设防类别	场地类别	本地区抗震设防烈度					
		6 度	7 度		8 度		9 度
		0.05g	0.10g	0.15g	0.20g	0.30g	0.40g
特殊设防类（甲类）	Ⅰ类（抗震构造措施）	7 度	8 度	8 度	9 度	9 度	9 度更高
		(6 度)	(7 度)	(7 度)	(8 度)	(8 度)	(9 度)
	Ⅱ类	7 度	8 度	8 度	9 度	9 度	9 度更高
	Ⅲ、Ⅳ类	7 度	8 度	8 度	9 度	9 度	9 度更高

续表

抗震设防类别	场地类别	6度 0.05g	7度 0.10g	7度 0.15g	8度 0.20g	8度 0.30g	9度 0.40g
重点设防类(乙类)	Ⅰ类(抗震构造措施)	7度	8度	8度	9度	9度	>50m,9度更高
		(6度)	(7度)	(7度)	(8度)	(8度)	(9度)
	Ⅱ类	7度	8度	8度	9度	9度	>50m,9度更高
	Ⅲ、Ⅳ类	7度	8度	8度	9度	9度	>50m,9度更高
标准设防类(丙类)	Ⅰ类(抗震构造措施)	6度	7度	7度	8度	8度	9度
			(6度)	(6度)	(7度)	(7度)	(8度)
	Ⅱ类	6度	7度	7度	8度	8度	9度
	Ⅲ、Ⅳ类(抗震构造措施)	6度	7度	7度 / (8度 0.20g)	8度	8度 / (9度 0.40g)	9度
适度设防类(丁类)	Ⅰ类、Ⅱ类	6度	6度	6度	7度	7度	8度
	Ⅲ、Ⅳ类(抗震构造措施)	6度	6度	6度 / (7度 0.10g)	7度	7度 / (8度 0.20g)	8度

注：依据《建筑工程抗震设防分类标准》GB 50223—2008 第 3.0.3 条规定，《建筑抗震设计规范》GB 50011—2010（2016 年版）第 3.3.2 条、第 3.3.3 条规定，《高层民用建筑钢结构技术规程》JGJ 99—2015 第 3.7.2 条规定。

008　钢结构房屋需要设置防震缝时，缝宽应该如何确定？

（1）钢结构房屋需要设置防震缝时，缝宽应不小于相应钢筋混凝土结构房屋的 1.5 倍。

注：依据《建筑抗震设计规范》GB 50011—2010（2016 年版）第 8.1.4 条规定。

（2）防震缝应根据抗震设防烈度、结构类型、结构单元的高度和高差情况，留有足够的宽度，其上部结构应完全分开；防震缝的宽度不应小于钢筋混凝土框架结构缝宽的 1.5 倍。

注：依据《高层民用建筑钢结构技术规程》JGJ 99—2015 第 3.3.5 条规定。

009　钢结构房屋的选型应符合哪些要求？

1. 高层民用建筑

房屋高度不超过 50m 的高层民用建筑可采用框架、框架-中心支撑或其他体系的结构；超过 50m 的高层民用建筑，8、9 度时宜采用框架-偏心支撑、框架-延性墙板或屈曲约束支撑等结构。高层民用建筑钢结构不应采用单跨框架结构。

注：依据《高层民用建筑钢结构技术规程》JGJ 99—2015 第 3.2.4 条规定。

2. 抗震设计

（1）一、二级的钢结构房屋，宜设置偏心支撑、带竖缝钢筋混凝土抗震墙板、内藏钢支撑钢筋混凝土墙板、屈曲约束支撑等消能支撑或筒体。

（2）采用框架结构时，甲、乙类建筑和高层的丙类建筑不应采用单跨框架，多层的丙类建筑不宜采用单跨框架。

（3）采用框架-支撑结构的钢结构房屋应符合下列规定：

① 支撑框架在两个方向的布置均宜基本对称，支撑框架之间楼盖的长宽比不宜大于 3。

② 三、四级且高度不大于 50m 的钢结构宜采用中心支撑，也可采用偏心支撑、屈曲约束支撑等消能支撑。

③ 中心支撑框架宜采用交叉支撑，也可采用人字形支撑或单斜杆支撑，不宜采用 K 形支撑；支撑的轴线宜交汇于梁柱构件轴线的交点，偏离交点时的偏心距不应超过支撑杆件宽度，并应计入由此产生的附加弯矩。当中心支撑采用只能受拉的单斜杆体系时，应同时设置不同倾斜方向的两组斜杆，且每组中不同方向单斜杆的截面面积在水平方向的投影面积之差不应大于 10%。

④ 偏心支撑框架的每根支撑应至少有一端与框架梁连接，并在支撑与梁交点和柱之间或同一跨内另一支撑与梁交点之间形成消能梁段。

⑤ 采用屈曲约束支撑时，宜采用人字形支撑、成对布置的单斜杆支撑等形式，不应采用 K 形或 X 形，支撑与柱的夹角宜在 35°～55°。屈曲约束支撑受压时，其设计参数、性能检验和作为一种消能部件的计算方法可按相关要求设计。

（4）钢框架-筒体结构，必要时可设置由筒体外伸臂或外伸臂和周边桁架组成的加强层。

注：依据《建筑抗震设计规范》GB 50011—2010（2016 年版）第 8.1.5～8.1.7 条规定。

010　钢结构房屋的楼盖应符合哪些要求？

钢结构房屋的楼盖应符合下列要求：

（1）宜采用压型钢板现浇钢筋混凝土组合楼板或钢筋混凝土楼板，并应与钢梁有可靠连接。

（2）对 6、7 度时不超过 50m 的钢结构，尚可采用装配整体式钢筋混凝土楼板，也可采用装配式楼板或其他轻型楼盖；但应将楼板预埋件与钢梁焊接，或采取其他保证楼盖整体性的措施。

（3）对转换层楼盖或楼板有大洞口等情况，必要时可设置水平支撑。

注：依据《建筑抗震设计规范》GB 50011—2010（2016 年版）第 8.1.8 条规定。

（4）楼盖结构应具有适宜的舒适度。楼盖结构的竖向振动频率不宜小于 3Hz，竖向振动加速度峰值不应大于表 010 的限值。楼盖结构竖向振动加速度可按现行行业标准《高层建筑混凝土结构技术规程》JGJ 3 的有关规定计算。

楼盖竖向振动加速度限值　　　　　　　　　　表 010

人员活动环境	峰值加速度限值（m/s²）	
	竖向自振频率不大于 2Hz	竖向自振频率不小于 4Hz
住宅、办公	0.07	0.05
商场及室内连廊	0.22	0.15

注：楼盖结构竖向频率为 2～4Hz 时，峰值加速度限值可按线性插值选取。

注：依据《高层民用建筑钢结构技术规程》JGJ 99—2015 第 3.3.8 条、第 3.5.7 条规定。

1.3 材料选用

011 常用的钢材牌号（型号）及国家标准主要有哪些？

常用的钢材牌号（型号）及现行国家标准，按表011采用。

常用的钢材牌号（型号）及现行国家标准 表011

钢材牌号（型号）		现行国家标准
碳素结构钢	Q235，质量等级 A、B、C、D，沸腾钢 F、镇静钢 Z、特殊镇静钢 TZ	《碳素结构钢》GB/T 700—2006
低合金高强度结构钢	Q355、Q390、Q420、Q460，质量等级 B、C、D、E、F，交货状态为热轧 AR 或 WAR，交货状态为正火或正火轧制 N	《低合金高强度结构钢》GB/T 1591—2018
建筑结构用钢板	Q345GJ	《建筑结构用钢板》GB/T 19879—2015
耐候结构钢	Q235NH、Q355NH、Q415NH	《耐候结构钢》GB/T 4171—2008
厚度方向性能钢板	Z15、Z25、Z35	《厚度方向性能钢板》GB/T 5313—2010
一般工程用铸造碳钢件	ZG 230-450、ZG 270-500、ZG 310-570	《一般工程用铸造碳钢件》GB/T 11352—2009
焊接结构用铸钢件	ZG 230-450H、ZG 270-480H、ZG 300-500H、ZG 340-550H	《焊接结构用铸钢件》GB/T 7659—2010
结构用无缝钢管	热轧（挤扩压）钢管、热轧钢管、热扩钢管、冷拔（轧）钢管	《结构用无缝钢管》GB/T 8162—2018
结构用方形和矩形热轧无缝钢管	方形钢管、矩形钢管	《结构用方形和矩形热轧无缝钢管》GB/T 34201—2017
建筑结构用冷弯成型焊接圆钢管	JYQ345、JYQ345GJ	《建筑结构用冷弯成型焊接圆钢管》JG/T 381—2012
建筑结构用冷弯矩形钢管	正方形钢管、长方形钢管	《建筑结构用冷弯矩形钢管》JG/T 178—2005
热轧型钢	工字钢、槽钢、等边角钢、不等边角钢	《热轧型钢》GB/T 706—2016
热轧 H 型钢	宽翼缘 H 型钢（HW）、中翼缘 H 型钢（HM）、窄翼缘 H 型钢（HN）、薄壁 H 型钢（HT）	《热轧 H 型钢和剖分 T 型钢》GB/T 11263—2017
剖分 T 型钢	宽翼缘剖分 T 型钢（TW）、中翼缘剖分 T 型钢（TM）、窄翼缘剖分 T 型钢（TN）	
焊接 H 型钢	焊接 H 型钢（WH）	《焊接 H 型钢》GB/T 33814—2017
钢拉杆	UU 型、OO 型、OU 型、D1 型、D2 型、D3 型、S1 型、S2 型、ZL 型	《钢拉杆》GB/T 20934—2016
重要用途钢丝绳	圆股钢丝绳、异形股钢丝绳	《重要用途钢丝绳》GB 8918—2006

注：当采用本标准未列出的其他牌号钢材时，宜按照现行国家标准《建筑结构可靠性设计统一标准》GB 50068—2018进行统计分析，研究确定其设计指标及适用范围。

012 承重（抗震）结构的钢材应具有的力学性能和化学成分等合格保证的项目有哪些？

承重（抗震）结构的钢材应具有的力学性能和化学成分的合格保证的项目，按表 012 采用。

钢材应具有的力学性能和化学成分等合格保证的项目　　　　表 012

序号	指标	具体定义	适用范围
1	屈服强度 f_y	衡量结构的承载能力和确定强度设计值的主要指标。在受力达到屈服强度以后，应变急剧增长，从而使结构的变形迅速增加以致不能继续使用	承重结构
2	抗拉强度 f_u	衡量钢材抵抗拉断的性能指标，不仅是一般强度指标，而且直接反映钢材内部组织的优劣，并与疲劳强度有着比较密切的关系	承重结构、一般非承重或由构造决定的构件
3	断后伸长率	衡量钢材塑性性能的指标。钢的塑性是在外力作用下永久变形时抵抗断裂的能力	
4	硫、磷含量的合格保证	硫、磷都是建筑钢材中的主要杂质，对钢材的力学性能和焊接接头的裂纹敏感性都有较大影响	承重结构
5	碳当量的合格保证	在焊接结构中，建筑钢的焊接性能主要取决于碳当量，碳当量宜控制在 0.45% 以下	焊接承重结构
6	冷弯试验的合格保证	钢材的冷弯试验是衡量其塑性指标之一，同时也是衡量其质量的一个综合性指标	焊接承重结构以及重要的非焊接承重结构
7	冲击韧性的合格保证	冲击韧性表示材料在冲击荷载作用下抵抗变形和断裂的能力。材料的冲击韧性值随温度的降低而减小，且在某一温度范围内发生急剧降低，这种现象称为冷脆，此温度范围称为"韧脆转变温度"	直接承受动力荷载或需验算疲劳的构件
8	屈强比实测值	钢材的屈服强度实测值与抗拉强度实测值的比值不应大于 0.85	抗震结构
	伸长率	钢材应有明显的屈服台阶，且伸长率不应小于 20%	
	冲击韧性	钢材应有良好的焊接性和合格的冲击韧性	
9	屈强比标准值	屈强比不应大于 0.85	塑性设计的结构及进行调幅的构件
	伸长率	钢材应有明显的屈服台阶，且伸长率不应小于 20%	

注：依据《钢结构设计标准》GB 50017—2017 第 4.3.2 条、第 4.3.6 条规定，《建筑抗震设计规范》GB 50011—2010（2016 年版）第 3.9.2 条规定。

013 钢材质量等级的选用应符合哪些规定？

钢材质量等级选用，不应低于表 013 的规定。

钢材质量等级选用　　　　表 013

结构类别		工作温度(℃)			
		$T>0$	$-20<T\leqslant 0$	$-40<T\leqslant -20$	
不需要验算疲劳	非焊接结构	A 级	B 级	B 级	受拉构件及承重结构的受拉板材：①厚度或直径<40mm：C 级；②厚度或直径≥40mm：D 级；③重要承重结构的受拉板材宜选用建筑结构用钢板
	焊接结构	B 级			
需要验算疲劳	非焊接结构	B 级	Q235B,Q355B,Q345GJB Q390C,Q420C,Q460C	Q235C,Q355C,Q345GJC Q390D,Q420D,Q460D	
	焊接结构	B 级	Q235C,Q355C,Q345GJC Q390D,Q420D,Q460D	Q235D,Q355D,Q345GJD Q390E,Q420E,Q460E	

注：依据《钢结构设计标准》GB 50017—2017 第 4.3.3 条、第 4.3.4 条规定。

014 钢结构用焊接材料及国家标准主要有哪些?

钢结构用焊接材料及现行国家标准,按表 014-1 采用,与常用结构钢材相匹配的焊接材料可按表 014-2 的规定选用。

钢结构用焊接材料及现行国家标准 表 014-1

钢结构用焊接材料		现行国家标准
手工焊接所用的焊条	E43××、E50××、E5015-×、E5016-×	《非合金钢及细晶粒钢焊条》GB/T 5117—2012
	E50××-×、E52××-×、E55××-×、E62××-×	《热强钢焊条》GB/T 5118—2012
自动焊或半自动焊用焊丝	H08×、H10×	《熔化焊用钢丝》GB/T 14957—94
	ER49-×、ER50-×、ER55-×、ER62-× T43××-×××-×、T49××-×××-×	《气体保护电弧焊用碳钢、低合金钢焊丝》GB/T 8110—2008
	E43×T-×、E50×T-×	《非合金钢及细晶粒钢药芯焊丝》GB/T 10045—2018
	T49×-×××-×、T55-×××-×、T62×-×××-×、T69-×××-×	《热强钢药芯焊丝》GB/T 17493—2018
埋弧焊用焊丝和焊剂	S43×××-×、S49×××-×、S55×××-×、S57×××-×	《埋弧焊用非合金钢及细晶粒钢实心焊丝、药芯焊丝和焊丝-焊剂组合分类要求》GB/T 5293—2018
	S49××-×、S55××-×、S62××-×、S69××-×	《埋弧焊用热强钢实心焊丝、药芯焊丝和焊丝-焊剂组合分类要求》GB/T 12470—2018

注:依据《钢结构设计标准》GB 50017—2017 第 4.2.1 条规定。

常用钢材的焊接材料选用匹配推荐表 表 014-2

母材(现行国家标准见表 011)				焊接材料(现行国家标准见表 014-1)			
碳素结构钢、低合金高强度结构钢	建筑结构用钢板	耐候结构钢	焊接结构用铸钢件	焊条电弧焊	实心焊丝气体保护焊	药芯焊丝气体保护焊	埋弧焊
Q235	Q235GJ	Q235NH Q295NH Q295GNH	ZG270-480H	E43×× E50×× E50××-×	ER49-× ER50-×	T43××-×××-× T49××-×××-×	S43×××-× S49×××-×
Q355 Q390	Q345GJ Q390GJ	Q355NH Q345GNH Q345GNHL Q390GNH	—	E50×× E5015-× E5016-×	ER50-× ER55-×	T49×-×××-× T55-×××-×	S49××-× S55××-×
Q420	Q420GJ	Q415NH	—	E5015-× E5016-×	ER55-× ER62-×	T55-×××-× T62×-×××-×	S55××-× S62××-×
Q460	Q460GJ	Q460NH	—	E5015-× E5016-×	ER55-× ER62-×	T55-×××-× T62×-×××-×	S55××-× S62××-×

015 钢结构用紧固件材料及国家标准主要有哪些?

钢结构用紧固件材料及现行国家标准,按表 015 采用。

钢结构用紧固件材料及现行国家标准　　　　表 015

钢结构用紧固件材料		现行国家标准
普通螺栓	4.6 级、4.8 级	《紧固件机械性能　螺栓、螺钉和螺柱》GB/T 3098.1—2010；《紧固件公差螺栓、螺钉、螺柱和螺母》GB/T 3103.1—2002；《六角头螺栓 C 级》GB/T 5780—2016，《六角头螺栓》GB/T 5782—2016
	5.6 级、8.8 级	
圆柱头焊(栓)钉	ML15、ML15A1	《电弧螺柱焊用圆柱头焊钉》GB/T 10433—2002
钢结构用大六角高强度螺栓	8.8 级、10.9 级	《钢结构用高强度大六角头螺栓》GB/T 1228—2006；《钢结构用高强度大六角螺母》GB/T 1229—2006；《钢结构用高强度垫圈》GB/T 1230—2006；《钢结构用高强度大六角头螺栓、大六角螺母、垫圈技术条件》GB/T 1231—2006
扭剪型高强度螺栓	10.9 级	《钢结构用扭转型高强度螺栓连接副》GB/T 3632—2008
螺栓球节点用高强度螺栓	9.8 级、10.9 级	《钢网架螺栓球节点用高强度螺栓》GB/T 16939—2016
连接用铆钉	BL2 或 BL3	《标准件用碳素钢热轧圆钢及盘条》YB/T 4155—2006

注：依据《钢结构设计标准》GB 50017—2017 第 4.2.2 条规定。

1.4　基本指标

016　位移比应该如何控制？

扭转不规则，在具有偶然偏心的规定水平力作用下，楼层两端抗侧力构件的弹性水平位移（或层间位移）的最大值与平均值的比值大于 1.2。扭转不规则时，应计入扭转影响，且在具有偶然偏心的规定水平力作用下，楼层两侧抗侧力构件的弹性水平位移（或层间位移）的最大值与平均值的比值不宜大于 1.5，当最大层间位移角远小于规范限值时，可适当放宽，位移比参考指标见表 016。

位移比参考指标　　　　表 016

结构类型			规则	不规则
			$\delta \leqslant 1.2$	$1.2 < \delta \leqslant 1.5$
在风荷载或多遇地震作用下弹性层间位移角	多、高层钢结构	多遇地震	≤1/250	当最大层间位移角远小于规范限值时，可适当放宽
		风荷载	≤1/250	—
	多、高层钢结构住宅	多遇地震	≤1/300	当最大层间位移角远小于规范限值时，可适当放宽
		风荷载	≤1/400	—

注：依据《建筑抗震设计规范》GB 50011—2010（2016 年版）第 3.4.3 条、第 3.4.4 条规定，《高层民用建筑钢结构技术规程》JGJ 99—2015 第 3.3.2 条、第 3.3.3 条规定，《钢结构住宅设计规范》CECS：2009 第 8.3.8 条规定。

017　平面凹进的尺寸应该如何控制？

凹凸不规则，平面凹进的尺寸，大于相应投影方向总尺寸的 30％。

注：依据《建筑抗震设计规范》GB 50011—2010（2016年版）第3.4.3条规定，《高层民用建筑钢结构技术规程》JGJ 99—2015第3.3.2条规定。

018 偏心布置应该如何控制？

偏心布置，任一层的偏心率大于0.15（偏心率按《高层民用建筑钢结构技术规程》附录A的规定计算）或相邻层质心相差大于相应边长的15%。

注：依据《高层民用建筑钢结构技术规程》JGJ 99—2015第3.3.2条规定。

019 楼板宽度比或开洞（错层）面积比应该如何控制？

楼板局部不连续，楼板的尺寸和平面刚度急剧变化，举例见表019。

楼板局部不连续指标 表019

类别	参 考 指 标
楼板宽度比	有效楼板宽度小于该层楼板典型宽度的50%
开洞（错层）面积比	开洞（错层）面积大于该层楼面面积的30%

注：依据《建筑抗震设计规范》GB 50011—2010（2016年版）第3.4.3条规定，《高层民用建筑钢结构技术规程》JGJ 99—2015第3.3.2条规定。

020 侧向刚度比，或竖向局部收进的水平尺寸比应该如何控制？

侧向刚度不规则，其指标见表020-1、表020-2。

侧向刚度不规则指标（一） 表020-1

结构类型		侧向刚度比 γ	
		与相邻上一层	与相邻上三个楼层平均值
框架结构		γ_1 小于0.70	小于0.80
框架-支撑结构、框架-延性墙板结构、筒体结构和巨型框架结构	与相邻上层层高比≤1.5	γ_2 小于0.90	—
	与相邻上层层高比>1.5	γ_2 小于1.10	
	对结构底部嵌固层	γ_2 小于1.50	

注：γ_1 为楼层侧向刚度比；γ_2 为考虑层高修正的楼层侧向刚度比。

注：依据《建筑抗震设计规范》GB 50011—2010（2016年版）第3.4.3条规定，《高层民用建筑钢结构技术规程》JGJ 99—2015第3.3.10条规定。

侧向刚度不规则指标（二） 表020-2

类别	参 考 指 标
竖向局部收进的水平尺寸比	除顶层或出屋面小建筑外，局部收进的水平向尺寸大于相邻下一层的25%

注：依据《建筑抗震设计规范》GB 50011—2010（2016年版）第3.4.3条规定，《高层民用建筑钢结构技术规程》JGJ 99—2015第3.3.2条规定。

021 楼层（薄弱层）受剪承载力比应该如何控制？

楼层承载力突变其指标见表021。楼层承载力突变时，薄弱层抗侧力结构的层间受剪承载力不应小于相邻上一层的65%。

楼层承载力突变指标　　　　　　　　　　　　　　表 021

类别	参考指标
受剪承载力比	抗侧力结构的层间受剪承载力小于其相邻上一层受剪承载力的 80%

注：依据《建筑抗震设计规范》GB 50011—2010（2016 年版）第 3.4.3 条、第 3.4.4 条规定，《高层民用建筑钢结构技术规程》JGJ 99—2015 第 3.3.2 条、第 3.3.3 条规定。

022　剪力系数应该如何控制?

剪力系数，不应小于表 022 规定的楼层最小地震剪力系数值。

楼层最小地震剪力系数值　　　　　　　　　　　　表 022

类　　别	6 度	7 度		8 度		9 度
	0.05g	0.10g	0.15g	0.20g	0.30g	0.40g
扭转效应明显或基本周期小于 3.5s 的结构	0.008	0.016	0.024	0.032	0.048	0.064
基本周期大于 5.0s 的结构	0.006	0.012	0.018	0.024	0.036	0.048

注：1　基本周期介于 3.5s 和 5.0s 之间的结构，按插入法取值。
　　2　对于竖向不规则结构的薄弱层，尚应乘以 1.15 的增大系数。

注：依据《建筑抗震设计规范》GB 50011—2010（2016 年版）第 5.2.5 条规定，《高层民用建筑钢结构技术规程》JGJ 99—2015 第 5.4.5 条规定。

023　弹性层间位移角、弹塑性层间位移角应该如何控制?

在风荷载和多遇地震作用下，其弹性层间位移角限值，宜按表 023 采用。结构薄弱层（部位）弹塑性层间位移角限值，可按表 023 采用。

弹性层间位移角限值、弹塑性层间位移角限值　　　　表 023

结构类型		弹性层间位移角限值[θ_e]	薄弱层弹塑性层间位移角限值[θ_p]
多、高层钢结构	风荷载作用下	1/250	—
	多遇（罕遇）地震作用下	1/250	(1/50)
多、高层钢结构住宅	风荷载作用下	1/300	—
	多遇（罕遇）地震作用下	1/400	(1/50)

注：依据《建筑抗震设计规范》GB 50011—2010（2016 年版）第 5.5.1 条、第 5.5.5 条规定，《钢结构设计标准》GB 50017—2017 第 B.2.2 条、B.2.3 条规定，《高层民用建筑钢结构技术规程》JGJ 99—2015 第 3.5.2 条、第 3.5.4 条规定，《钢结构住宅设计规范》CECS：2009 第 8.3.8 条规定。

024　截面板件宽厚比等级及限值应该如何控制?

（1）进行受弯和压弯构件计算时，截面板件宽厚比等级及限值应符合表 024-1 的规定，其中参数 α_0 应按下式计算（取值见表 024-2）：

$$\alpha_0 = \frac{\sigma_{max} - \sigma_{min}}{\sigma_{max}} \tag{024}$$

式中：σ_{max}——腹板计算边缘的最大压应力（N/mm²）；

σ_{min}——腹板计算高度另一边缘相应的应力（N/mm²），压应力取正值，拉应力取负值。

压弯和受弯构件的截面板件宽厚比等级及限值   表 024-1

构件	截面板件宽厚比等级	钢号修正系数 $\varepsilon_k = \sqrt{235/f_y}$		S1 级 一级塑性截面	S2 级 二级塑性截面	S3 级 弹塑性截面	S4 级 弹性截面	S5 级 薄壁截面
压弯构件（框架柱）	H形截面	翼缘 b/t	Q235	1.000				
			Q355	0.814				
			Q390	0.776	$9\varepsilon_k$	$11\varepsilon_k$	$13\varepsilon_k$	$15\varepsilon_k$	20
			Q420	0.748				
			Q460	0.715				
		腹板 h_0/t_w	Q235	1.000				
			Q355	0.814				
			Q390	0.776	$(33+13\alpha_0^{1.3})\varepsilon_k$	$(38+13\alpha_0^{1.39}\varepsilon_k)$	$(40+18\alpha_0^{1.5})\varepsilon_k$	$(45+25\alpha_0^{1.66})\varepsilon_k$	250
			Q420	0.748				
			Q460	0.715				
	箱形截面	壁板（腹板）间翼缘 b_0/t	Q235	1.000				
			Q355	0.814				
			Q390	0.776	$30\varepsilon_k$	$35\varepsilon_k$	$40\varepsilon_k$	$45\varepsilon_k$	—
			Q420	0.748				
			Q460	0.715				
	圆钢管截面	径厚比 D/t	Q235	(1.000)				
			Q355	(0.662)				
			Q390	(0.603)	$50(\varepsilon_k^2)$	$70(\varepsilon_k^2)$	$90(\varepsilon_k^2)$	$100(\varepsilon_k^2)$	—
			Q420	(0.560)				
			Q460	(0.511)				
受弯构件（梁）	工字形截面	翼缘 b/t	Q235	1.000				
			Q355	0.814				
			Q390	0.776	$9\varepsilon_k$	$11\varepsilon_k$	$13\varepsilon_k$	$15\varepsilon_k$	20
			Q420	0.748				
			Q460	0.715				
		腹板 h_0/t_w	Q235	1.000				
			Q355	0.814				
			Q390	0.776	$65\varepsilon_k$	$72\varepsilon_k$	$93\varepsilon_k$	$124\varepsilon_k$	250
			Q420	0.748				
			Q460	0.715				

续表

构件	截面板件宽厚比等级		钢号修正系数 $\varepsilon_k = \sqrt{235/f_y}$		S1级 一级塑性截面	S2级 二级塑性截面	S3级 弹塑性截面	S4级 弹性截面	S5级 薄壁截面
受弯构件（梁）	箱形截面	壁板（腹板）间翼缘 b_0/t	Q235	1.000	$25\varepsilon_k$	$32\varepsilon_k$	$37\varepsilon_k$	$42\varepsilon_k$	—
			Q355	0.814					
			Q390	0.776					
			Q420	0.748					
			Q460	0.715					

注：1 ε_k 为钢号修正系数，其值为235与钢材牌号中屈服点数值的比值的平方根；

2 b 为工字形、H形截面的翼缘外伸宽度，t、h_0、t_w 分别是翼缘厚度、腹板净高和腹板厚度，对轧制型截面，腹板净高不包括翼缘腹板过渡处圆弧段；对于箱形截面，b_0、t 分别为壁板间的距离和壁板厚度；D 为圆管截面外径；

3 箱形截面梁及单向受弯的箱形截面柱，其腹板限值可根据H形截面腹板采用；

4 腹板的宽厚比可通过设置加劲肋减小；

5 当按国家标准《建筑抗震设计规范》GB 50011—2010（2016年版）第9.2.14条第2款的规定设计，且S5级截面的板件宽厚比小于S4级经 ε_σ 修正的板件宽厚比时，可视作C类截面，ε_σ 为应力修正因子，$\varepsilon_\sigma = \sqrt{f_y/\sigma_{max}}$ 。

参数 α_0　　　　　　　　　　　　表024-2

腹板边缘应力比值 $\sigma_{min}/\sigma_{max}$	−1.0	−0.8	−0.6	−0.4	−0.2	0	0.2	0.4	0.6	0.8	1.0
腹板应力分布状态	截面部分受拉					截面全部受压					
参数 α_0	2.0	1.8	1.6	1.4	1.2	1.0	0.8	0.6	0.4	0.2	0

（2）当按本书第8章进行抗震性能化设计时，支撑截面板件宽厚比等级及限值应符合表024-3的规定。

支撑截面板件宽厚比等级及限值　　　　表024-3

截面板件宽厚比等级		钢号修正系数 $\varepsilon_k = \sqrt{235/f_y}$		BS1级	BS2级	BS3级
H形截面	翼缘 b/t	Q235	1.000	$8\varepsilon_k$	$9\varepsilon_k$	$10\varepsilon_k$
		Q355	0.814			
		Q390	0.776			
		Q420	0.748			
		Q460	0.715			
	腹板 h_0/t_w	Q235	1.000	$30\varepsilon_k$	$35\varepsilon_k$	$42\varepsilon_k$
		Q355	0.814			
		Q390	0.776			
		Q420	0.748			
		Q460	0.715			
箱形截面	壁板间翼缘 b_0/t	Q235	1.000	$25\varepsilon_k$	$28\varepsilon_k$	$32\varepsilon_k$
		Q355	0.814			
		Q390	0.776			
		Q420	0.748			
		Q460	0.715			

续表

截面板件宽厚比等级		钢号修正系数 $\varepsilon_k = \sqrt{235/f_y}$		BS1 级	BS2 级	BS3 级
角钢	角钢肢宽厚比 w/t（w 为角钢平直段长度）	Q235	1.000	$8\varepsilon_k$	$9\varepsilon_k$	$10\varepsilon_k$
		Q355	0.814			
		Q390	0.776			
		Q420	0.748			
		Q460	0.715			
圆钢管截面	径厚比 D/t	Q235	$\varepsilon_k^2 = 1.000$	$40\varepsilon_k^2$	$56\varepsilon_k^2$	$72\varepsilon_k^2$
		Q355	$\varepsilon_k^2 = 0.662$			
		Q390	$\varepsilon_k^2 = 0.603$			
		Q420	$\varepsilon_k^2 = 0.560$			
		Q460	$\varepsilon_k^2 = 0.511$			

注：依据《钢结构设计标准》GB 50017—2017 第 3.5.1 条〔公式（024）为该条文计算公式（3.5.1），以下均同此说明〕、第 3.5.2 条规定。

（3）常用 H 型钢截面板件宽厚比，按表 024-4 采用。

常用 H 型钢截面尺寸及翼缘 b/t 和腹板 h_0/t_w　　　表 024-4

H 型钢型号		截面尺寸（mm）					截面板件宽厚比	
		H	B	t_w	t	r	翼缘 b/t	腹板 h_0/t_w
HW	H200×200×8×12	200	200	8	12	13	$8.0\varepsilon_k$	$18.8\varepsilon_k$
	H250×250×9×14	250	250	9	14	13	$8.6\varepsilon_k$	$21.8\varepsilon_k$
	H300×300×10×15	300	300	10	15	13	$9.7\varepsilon_k$	$24.4\varepsilon_k$
	H350×350×12×19	350	350	12	19	13	$8.9\varepsilon_k$	$23.8\varepsilon_k$
	H400×400×13×21	400	400	13	21	22	$9.2\varepsilon_k$	$24.2\varepsilon_k$
HM	H2300×200×8×12	294	200	8	12	13	$8.0\varepsilon_k$	$30.5\varepsilon_k$
	H350×250×9×14	340	250	9	14	13	$8.6\varepsilon_k$	$31.8\varepsilon_k$
	H400×300×10×16	390	300	10	16	13	$9.1\varepsilon_k$	$33.2\varepsilon_k$
	H450×300×11×18	440	300	11	18	13	$8.0\varepsilon_k$	$34.4\varepsilon_k$
	H500×300×11×18	488	300	11	18	13	$8.0\varepsilon_k$	$38.7\varepsilon_k$
	H600×300×12×20	588	300	12	20	13	$7.2\varepsilon_k$	$43.5\varepsilon_k$
HN	H400×200×8×13	400	200	8	13	13	$7.4\varepsilon_k$	$43.5\varepsilon_k$
	H450×200×9×14	450	200	9	14	13	$6.8\varepsilon_k$	$44.0\varepsilon_k$
	H500×200×10×16	500	200	10	16	13	$5.9\varepsilon_k$	$44.2\varepsilon_k$
	H550×200×10×16	550	200	10	16	13	$5.9\varepsilon_k$	$49.2\varepsilon_k$
	H600×200×11×17	600	200	11	17	13	$5.6\varepsilon_k$	$49.1\varepsilon_k$
	H650×200×15×20	630	200	15	20	13	$4.6\varepsilon_k$	$37.6\varepsilon_k$
	H700×300×13×24	700	300	13	24	18	$6.0\varepsilon_k$	$47.4\varepsilon_k$
	H800×300×14×26	800	300	14	26	18	$5.5\varepsilon_k$	$50.9\varepsilon_k$
	H900×300×16×28	900	300	16	28	18	$5.1\varepsilon_k$	$50.5\varepsilon_k$

025　轴心受力构件的长细比容许值应该如何控制？

（1）验算容许长细比时，可不考虑扭转效应，计算单角钢受压构件的长细比时，应采用角钢的最小回转半径，但计算在交叉点相互连接的交叉杆件平面外的长细比时，可采用与角钢肢边平行轴的回转半径。轴心受压构件的容许长细比宜符合下列规定：

①　跨度等于或大于 60m 的桁架，其受压弦杆、端压杆和直接承受动力荷载的受压腹杆的长细比不宜大于 120；

②　轴心受压构件的长细比不宜超过表 025-1 规定的容许值，但当杆件内力设计值不大于承载力的 50% 时，容许长细比值可取 200。

受压构件的长细比容许值　　　　　　　　　　　表 025-1

构件名称	容许长细比	构件名称	容许长细比
轴心受压柱、桁架和天窗架中的压杆	150	支撑	200
柱的缀条、吊车梁或吊车桁架以下的柱间支撑	150	用以减小受压构件计算长度的杆件	200

（2）验算容许长细比时，在直接或间接承受动力荷载的结构中，计算单角钢受拉构件的长细比时，应采用角钢的最小回转半径，但计算在交叉点相互连接的交叉杆件平面外的长细比时，可采用与角钢肢边平行轴的回转半径。受拉构件的容许长细比宜符合下列规定：

①　除对腹杆提供平面外支点的弦杆外，承受静力荷载的结构受拉构件，可仅计算竖向平面内的长细比；

②　中级、重级工作制吊车桁架下弦杆的长细比不宜超过 200；

③　在设有夹钳或刚性料耙等硬钩起重机的厂房中，支撑的长细比不宜超过 300；

④　受拉构件在永久荷载与风荷载组合作用下受压时，其长细比不宜超过 250；

⑤　跨度大于或等于 60m 的桁架，其受拉弦杆和腹杆的长细比，承受静力荷载或间接承受动力荷载时不宜超过 300，直接承受动力荷载时不宜超过 250；

⑥　受拉构件的长细比不宜超过表 025-2 规定的容许值。柱间支撑按拉杆设计时，竖向荷载作用下柱子的轴力应按无支撑时考虑。

受拉构件的容许长细比　　　　　　　　　　　表 025-2

构件名称	承受静力荷载或间接承受动力荷载的结构			直接承受动力荷载的结构
	一般建筑结构	对腹杆提供平面外支点的弦杆	有重级工作制起重机的厂房	
桁架的构件	350	250	250	250
吊车梁或吊车桁架以下柱间支撑	300	—	200	—
除张拉的圆钢外的其他拉杆、支撑、系杆等	400	—	350	—

注：依据《钢结构设计标准》GB 50017—2017 第 7.4.6 条、第 7.4.7 条规定。

026　抗震设计时，框架柱和支撑杆件的长细比应该如何控制？

框架柱和支撑杆件的长细比，应符合表 026 的规定。

框架柱和支撑杆件的长细比限值　　　　表026

抗震等级		钢材牌号 $\sqrt{235/f_{ay}}$		一级	二级	三级	四级
框架柱的长细比	现行国家标准《建筑抗震设计规范》GB 50011—2010（2016年版）	Q235	1.000	$60\sqrt{235/f_{ay}}$	$80\sqrt{235/f_{ay}}$	$100\sqrt{235/f_{ay}}$	$120\sqrt{235/f_{ay}}$
		Q355	0.814				
		Q390	0.776				
		Q420	0.748				
		Q460	0.715				
	现行行业标准《高层民用建筑钢结构技术规程》JGJ 99—2015	Q235	1.000	$60\sqrt{235/f_{y}}$	$70\sqrt{235/f_{y}}$	$80\sqrt{235/f_{y}}$	$100\sqrt{235/f_{y}}$
		Q355	0.814				
		Q390	0.776				
		Q420	0.748				
		Q460	0.715				
中心支撑杆件的长细比	现行国家标准《建筑抗震设计规范》GB 50011—2010（2016年版），现行行业标准《高层民用建筑钢结构技术规程》JGJ 99—2015	Q235	1.000	按压杆设计时，不应大于 $120\sqrt{235/f_{ay}}$ 或 $120\sqrt{235/f_{y}}$			
		Q355	0.814				
		Q390	0.776				
		Q420	0.748				
		Q460	0.715				
		—	—	不得采用拉杆设计			采用拉杆设计时，不应大于180
偏心支撑杆件的长细比	现行国家标准《建筑抗震设计规范》GB 50011—2010（2016年版）	Q235	1.000	$120\sqrt{235/f_{ay}}$			
		Q355	0.814				
		Q390	0.776				
		Q420	0.748				
		Q460	0.715				

注：依据《建筑抗震设计规范》GB 50011—2010（2016年版）第8.3.1条、第8.4.1条、第8.5.2条规定，《高层民用建筑钢结构技术规程》JGJ 99—2015第7.3.9条、第7.5.2条规定。

027　抗震设计时，框架梁、柱及中心支撑板件宽厚比应该如何控制？

（1）框架梁（包括偏心支撑框架梁）、柱板件宽厚比，应符合表027-1的规定。

框架梁、柱板件宽厚比限值　　　　表027-1

板件名称		钢材牌号（圆管 $235/f_y$） $\sqrt{235/f_{ay}}$		抗震等级			
				一级	二级	三级	四级
柱	工字形截面翼缘外伸部分	Q235	1.000	$10\sqrt{235/f_{ay}}$	$11\sqrt{235/f_{ay}}$	$12\sqrt{235/f_{ay}}$	$13\sqrt{235/f_{ay}}$
		Q355	0.814				
		Q390	0.776				
		Q420	0.748				
		Q460	0.715				

板件名称		钢材牌号（圆管 $235/f_y$）	$\sqrt{235/f_{ay}}$	抗震等级			
				一级	二级	三级	四级
柱	工字形截面腹板	Q235	1.000	$43\sqrt{235/f_{ay}}$	$45\sqrt{235/f_{ay}}$	$48\sqrt{235/f_{ay}}$	$52\sqrt{235/f_{ay}}$
		Q355	0.814				
		Q390	0.776				
		Q420	0.748				
		Q460	0.715				
	箱形截面壁板	Q235	1.000	$33\sqrt{235/f_{ay}}$	$36\sqrt{235/f_{ay}}$	$38\sqrt{235/f_{ay}}$	$40\sqrt{235/f_{ay}}$
		Q355	0.814				
		Q390	0.776				
		Q420	0.748				
		Q460	0.715				
	冷成型方管壁板	Q235	1.000	$32\sqrt{235/f_y}$	$35\sqrt{235/f_y}$	$37\sqrt{235/f_y}$	$40\sqrt{235/f_y}$
		Q355	0.814				
		Q390	0.776				
		Q420	0.748				
		Q460	0.715				
	圆管（径厚比）	Q235	(1.000)	$50(235/f_y)$	$55(235/f_y)$	$60(235/f_y)$	$70(235/f_y)$
		Q355	(0.662)				
		Q390	(0.603)				
		Q420	(0.560)				
		Q460	(0.511)				
梁	工字形截面和箱形截面翼缘外伸部分	Q235	1.000	$9\sqrt{235/f_{ay}}$	$9\sqrt{235/f_{ay}}$	$10\sqrt{235/f_{ay}}$	$11\sqrt{235/f_{ay}}$
		Q355	0.814				
		Q390	0.776				
		Q420	0.748				
		Q460	0.715				
	箱形截面翼缘在两腹板之间部分	Q235	1.000	$30\sqrt{235/f_{ay}}$	$30\sqrt{235/f_{ay}}$	$32\sqrt{235/f_{ay}}$	$36\sqrt{235/f_{ay}}$
		Q355	0.814				
		Q390	0.776				
		Q420	0.748				
		Q460	0.715				
	工字形截面和箱形截面腹板	Q235	1.000	$(72-120\rho)\times\sqrt{235/f_{ay}}$ $\leqslant 60\sqrt{235/f_{ay}}$	$(72-100\rho)\times\sqrt{235/f_{ay}}$ $\leqslant 65\sqrt{235/f_{ay}}$	$(80-110\rho)\times\sqrt{235/f_{ay}}$ $\leqslant 70\sqrt{235/f_{ay}}$	$(85-120\rho)\times\sqrt{235/f_{ay}}$ $\leqslant 75\sqrt{235/f_{ay}}$
		Q355	0.814				
		Q390	0.776				
		Q420	0.748				
		Q460	0.715				

板件名称		钢材牌号（圆管 $235/f_y$）$\sqrt{235/f_{ay}}$		抗震等级			
				一级	二级	三级	四级
偏心支撑框架梁	翼缘外伸部分	Q235	1.000	$8\sqrt{235/f_{ay}}$			
		Q355	0.814				
		Q390	0.776				
		Q420	0.748				
		Q460	0.715				
	腹板 当 $N/(Af)$ ≤0.14 时	Q235	1.000	$90(1-1.65\rho')\sqrt{235/f_{ay}}$			
		Q355	0.814				
		Q390	0.776				
		Q420	0.748				
		Q460	0.715				
	当 $N/(Af)$ >0.14 时	Q235	1.000	$33(2.3-\rho')\sqrt{235/f_{ay}}$			
		Q355	0.814				
		Q390	0.776				
		Q420	0.748				
		Q460	0.715				

注：1 表列数值适用于 Q235 钢，采用其他牌号钢材时，应乘以 $\sqrt{235/f_{ay}}$，圆管应乘以 $235/f_y$；

2 $\rho=N_b/(Af)$，或 $\rho'=N/(Af)$ 为梁轴压比；

3 冷成型方管适用于 Q235GJ 或 Q345GJ 钢。

（2）支撑杆件的板件宽厚比，不应大于表 027-2 规定的限值。采用节点板连接时，应注意节点板的强度和稳定。

钢结构中心支撑板件宽厚比限值　　　　　　　　　　表 027-2

板件名称	钢材牌号 $\sqrt{235/f_{ay}}$（圆管 $235/f_{ay}$）		抗震等级			
			一级	二级	三级	四级
翼缘外伸部分	Q235	1.000	$8\sqrt{235/f_{ay}}$	$9\sqrt{235/f_{ay}}$	$10\sqrt{235/f_{ay}}$	$13\sqrt{235/f_{ay}}$
	Q355	0.814				
	Q390	0.776				
	Q420	0.748				
	Q460	0.715				
工字形截面腹板	Q235	1.000	$25\sqrt{235/f_{ay}}$	$26\sqrt{235/f_{ay}}$	$27\sqrt{235/f_{ay}}$	$33\sqrt{235/f_{ay}}$
	Q355	0.814				
	Q390	0.776				
	Q420	0.748				
	Q460	0.715				

续表

板件名称	钢材牌号	$\sqrt{235/f_{ay}}$ （圆管 $235/f_{ay}$）	抗震等级			
			一级	二级	三级	四级
箱形截面壁板	Q235	1.000	$18\sqrt{235/f_{ay}}$	$20\sqrt{235/f_{ay}}$	$25\sqrt{235/f_{ay}}$	$30\sqrt{235/f_{ay}}$
	Q355	0.814				
	Q390	0.776				
	Q420	0.748				
	Q460	0.715				
圆管外径与壁厚比	Q235	(1.000)	$38(235/f_{ay})$	$40(235/f_{ay})$	$40(235/f_{ay})$	$42(235/f_{ay})$
	Q355	(0.662)				
	Q390	(0.603)				
	Q420	(0.560)				
	Q460	(0.511)				

注：表列数值适用于 Q235 钢，采用其他牌号钢材应乘以 $\sqrt{235/f_{ay}}$，圆管应乘以 $235/f_{ay}$。

注：依据《建筑抗震设计规范》GB 50011—2010（2016 年版）第 8.3.2 条、第 8.4.1 条、第 8.5.1 条规定，《高层民用建筑钢结构技术规程》JGJ 99—2015 第 7.4.1 条、第 7.5.3 条规定。

028　高层民用建筑钢结构的整体稳定性应该如何控制？

高层民用建筑钢结构的整体稳定性应符合表 028 的规定。

钢结构的整体稳定性 表 028

结构类型	钢结构的整体稳定性
框架结构	$D_i \geqslant 5\sum\limits_{j=i}^{n}G_j/h_i \ (i=1,2,\cdots,n)$
框架-支撑结构、框架-延性墙板结构、筒体结构和巨型框架结构	$EJ_d \geqslant 0.7H^2\sum\limits_{i=1}^{n}G_i$

注：1　D_i 为第 i 楼层的抗侧刚度（kN/mm），可取该层剪力与层间位移的比值；

2　h_i 为第 i 楼层层高（mm）；

3　G_i、G_j 分别为第 i、j 楼层重力荷载设计值（kN），取 1.3^* 倍的永久荷载标准值与 1.5^* 倍的楼面可变荷载标准值的组合值；

4　H 为房屋高度（mm）；

5　EJ_d 为结构一个主轴方向的弹性等效侧向刚度（kN·mm²），可按倒三角形分布荷载作用下结构顶点位移相等的原则，将结构的侧向刚度折算为竖向悬臂受弯构件的等效侧向刚度。

注：1　表注 3 带 * 数值为按现行国家标准《建筑结构可靠性设计统一标准》GB 50068—2018 第 8.2.9 条规定。

2　依据《高层民用建筑钢结构技术规程》JGJ 99—2015 第 6.1.7 条规定。

029　钢结构房屋的地下室和地基基础应符合哪些要求？基础高深比应该如何控制？

（1）钢结构房屋的地下室设置，应符合下列要求：

① 设置地下室时，框架-支撑（抗震墙板）结构中竖向连续布置的支撑（抗震墙板）应延伸至基础；钢框架柱应至少延伸至地下一层，其竖向荷载应直接传至基础。

② 超过 50m 的钢结构房屋应设置地下室。其基础埋置深度，当采用天然地基时不宜

小于房屋总高度的 1/15；当采用桩基时，桩承台埋深不宜小于房屋总高度的 1/20。

注：依据《建筑抗震设计规范》GB 50011—2010（2016 年版）第 8.1.9 条规定。

（2）高层民用建筑钢结构的基础形式，应根据上部结构情况、地下室情况、工程地质、施工条件等综合确定，宜选用筏基、箱基、桩筏基础。当基岩较浅、基础埋深不符合要求时，应验算基础抗拔。

（3）钢框架柱应至少延伸至计算嵌固端以下一层，并且宜采用钢骨混凝土柱，以下可采用钢筋混凝土柱。基础埋深宜一致。

（4）房屋高度超过 50m 的高层民用建筑宜设置地下室。采用天然地基时，基础埋置深度不宜小于房屋总高度的 1/15；采用桩基时，不宜小于房屋总高度的 1/20。

（5）当主楼与裙房之间设置沉降缝时，应采用粗砂等松散材料将沉降缝地面以下部分填实；当不设沉降缝时，施工中宜设后浇带。

（6）高层民用建筑钢结构与钢筋混凝土基础或地下室的钢筋混凝土结构层之间，宜设置钢骨混凝土过渡层。

（7）在重力荷载与水平荷载标准值或重力荷载代表值与多遇水平地震作用标准值共同作用下，高宽比大于 4 时基础底面不宜出现零应力区；高宽比不大于 4 时，基础底面与基础之间零应力区面积不应超过基础底面积的 15%。质量偏心较大的裙房和主楼，可分别计算基底应力。

注：依据《高层民用建筑钢结构技术规程》JGJ 99—2015 第 3.4.1～3.4.6 条规定。

（8）在抗震设防区，除岩石地基外，建筑物高度与基础埋置深度之比，按表 029 采用。

基础高深比　　　　　　　表 029

类　　　别		基础高深比（建筑物高度 H 与基础埋置深度 d 之比）
天然地基上的箱形和筏形基础	GB 50007—2011	不宜小于 1/15
桩箱或桩筏基础		不宜小于 1/18（不计桩长）
采用天然地基时	$H>50$m 应（宜）设置地下室 GB 50011—2010（2016 年版）（JGJ 99—2015）	不宜小于 1/15
采用桩基时		不宜小于 1/20（桩基承台埋深）

注：依据《建筑地基基础设计规范》GB 50007—2011 第 5.1.4 条规定，《建筑抗震设计规范》GB 50011—2010（2016 年版）第 8.1.9 条规定，《高层民用建筑钢结构技术规程》JGJ 99—2015 第 3.4.3 条规定。

第2章 钢构件计算

2.1 受弯构件

030 受弯构件应该如何计算？

1. 受弯构件计算重点

在主平面内受弯的实腹式构件，其受弯强度、受剪强度、局部承压强度、受弯整体稳定和挠度计算，按表030-1采用。

受弯构件计算 表030-1

项次	计算项目	计算内容
1	受弯强度	(1)在主平面内受弯的实腹式构件,其受弯强度应按下式计算: $$\frac{M_x}{\gamma_x W_{nx}} + \frac{M_y}{\gamma_y W_{ny}} \leqslant f \qquad (030\text{-}1)$$
2	受剪强度	(2)在主平面内受弯的实腹式构件,除考虑腹板屈曲后强度者外,其受剪强度应按下式计算: $$\tau = \frac{VS}{I t_w} \leqslant f_v \qquad (030\text{-}2)$$ (3)框架梁端部截面的抗剪强度,应按下式计算: $$\tau = \frac{V}{A_{wn}} \leqslant f_v \qquad (030\text{-}3)$$
3	局部承压强度	(4)当梁受集中荷载且该荷载处又未设置支承加劲肋时,其计算应符合下列规定: ① 当梁上翼缘受有沿腹板平面作用的集中荷载且该荷载处又未设置支承加劲肋时,腹板计算高度上边缘的局部承压强度应按下列公式计算: $$\sigma_c = \frac{\psi F}{t_w l_z} \leqslant f \qquad (030\text{-}4)$$ $$l_z = 3.25 \sqrt[3]{\frac{I_R + I_f}{t_w}} \qquad (030\text{-}5)$$ 或$\qquad\qquad l_z = a + 5h_y + 2h_R \qquad (030\text{-}6)$ ② 在梁的支座处,当不设置支承加劲肋时,也应按式(030-4)计算腹板计算高度下边缘的局部压应力,但 ψ 取 1.0。支座集中反力的假定分布长度,应根据支座具体尺寸按式(030-6)计算。
4	折算应力计算	(5)在梁的腹板计算高度边缘处,若同时承受较大的正应力、剪应力和局部压应力,或同时承受较大的正应力和剪应力时,其折算应力应按下列公式计算: $$\sqrt{\sigma^2 + \sigma_c^2 - \sigma\sigma_c + 3\tau^2} \leqslant \beta_1 f \qquad (030\text{-}7)$$ $$\sigma = \frac{M}{I_n} y_1 \qquad (030\text{-}8)$$
5	受弯整体稳定	(6)当铺板密铺在梁的受压翼缘上并与其牢固相连,能阻止梁受压翼缘的侧向位移时,可不计算梁的整体稳定性。 (7)除本表第(6)条所规定情况外,在最大刚度主平面内受弯的构件,其整体稳定性应按下式计算: $$\frac{M_x}{\varphi_b W_x f} \leqslant 1.0 \qquad (030\text{-}9)$$

项次	计算项目	计算内容
5	受弯整体稳定	(8)除本表第(6)条所指情况外,在两个主平面受弯的 H 型钢截面或工字形截面构件,其整体稳定性应按下式计算: $$\frac{M_x}{\varphi_b W_x f}+\frac{M_y}{\gamma_y W_y f}\leqslant 1.0 \qquad (030\text{-}10)$$ (9)当箱形截面简支梁符合本表第(6)条的要求或其截面尺寸(图 030)满足 $h/b_0\leqslant 6,l_1/b_0\leqslant 95\varepsilon_k^2$ 时,可不计算整体稳定性,l_1 为受压翼缘侧向支承点间的距离(梁的支座处视为有侧向支承)。 图 030　箱形截面 (10)梁的支座处应采取构造措施,以防止梁端截面的扭转。当简支梁仅腹板与相邻构件相连,钢梁稳定性计算时侧向支承点距离应取实际距离的 1.2 倍。 (11)用作减小梁受压翼缘自由长度的侧向支撑,其支撑力应将梁的受压翼缘视为轴心压杆计算。 (12)支座承担负弯矩且梁顶有混凝土楼板时,框架梁下翼缘的稳定性计算应符合下列规定: ① 当 $\lambda_{n,b}\leqslant 0.45$ 时,可不计算框架梁下翼缘的稳定性。 ② 当不满足本条第①款时,框架梁下翼缘的稳定性应按下列公式计算: $$\frac{M_x}{\varphi_d W_{1x} f}\leqslant 1.0 \qquad (030\text{-}11)$$ $$\lambda_e=\pi\lambda_{n,b}\sqrt{\frac{E}{f_y}} \qquad (030\text{-}12)$$ $$\lambda_{n,b}=\sqrt{\frac{f_y}{\sigma_{cr}}} \qquad (030\text{-}13)$$ $$\sigma_{cr}=\frac{3.46b_1 t_1^3+h_w t_w^3(7.27\gamma+3.3)\varphi_1}{h_w^2(12b_1 t_1+1.78h_w t_w)}E \qquad (030\text{-}14)$$ $$\gamma=\frac{b_1}{t_w}\sqrt{\frac{b_1 t_1}{h_w t_w}} \qquad (030\text{-}15)$$ $$\varphi_1=\frac{1}{2}\left(\frac{5.436\gamma h_w^2}{l^2}+\frac{l^2}{5.436\gamma h_w^2}\right) \qquad (030\text{-}16)$$ ③ 当不满足本条第①款、第②款时,在侧向未受约束的受压翼缘区段内,应设置隅撑或沿梁长设间距不大于 2 倍梁高并与梁等宽的横向加劲肋。
6	挠度计算	(13)简支梁的挠度 ① 均布荷载标准值 q 产生的挠度: $$\frac{5ql_0^4}{384EI}\leqslant[\upsilon_T]\quad 或\quad \frac{5ql_0^4}{384EI}\leqslant[\upsilon_Q] \qquad (030\text{-}17)$$ ② 三角形荷载标准值 q 产生的挠度: $$\frac{ql_0^4}{120EI}\leqslant[\upsilon_T]\quad 或\quad \frac{ql_0^4}{120EI}\leqslant[\upsilon_Q] \qquad (030\text{-}18)$$ ③ 跨中 $n-1$ 个集中荷载标准值 P 产生的挠度: 当 n 为等间距奇数时:

项次	计算项目	计算内容	
6	挠度计算	$$\dfrac{(5n^4-4n^2-1)Pl_0^3}{384n^3EI}\leqslant[\upsilon_T] \quad 或 \quad \dfrac{(5n^4-4n^2-1)Pl_0^3}{384n^3EI}\leqslant[\upsilon_Q]$$ 当 n 为等间距偶数：$$\dfrac{(5n^2-4)Pl_0^3}{384nEI}\leqslant[\upsilon_T] \quad 或 \quad \dfrac{(5n^2-4)Pl_0^3}{384nEI}\leqslant[\upsilon_Q]$$ (14)等跨连续梁的挠度 ① 两跨连续梁，均布荷载标准值 q 产生的挠度： $$\dfrac{0.521ql_0^4}{100EI}\leqslant[\upsilon_T] \quad 或 \quad \dfrac{0.521ql_0^4}{100EI}\leqslant[\upsilon_Q]$$ ② 三跨连续梁，均布荷载标准值 q 产生的挠度（边跨）： $$\dfrac{0.677ql_0^4}{100EI}\leqslant[\upsilon_T] \quad 或 \quad \dfrac{0.677ql_0^4}{100EI}\leqslant[\upsilon_Q]$$ ③ 四跨连续梁，均布荷载标准值 q 产生的挠度（边跨）： $$\dfrac{0.632ql_0^4}{100EI}\leqslant[\upsilon_T] \quad 或 \quad \dfrac{0.632ql_0^4}{100EI}\leqslant[\upsilon_Q]$$ ④五跨连续梁，均布荷载标准值 q 产生的挠度（边跨）： $$\dfrac{0.644ql_0^4}{100EI}\leqslant[\upsilon_T] \quad 或 \quad \dfrac{0.644ql_0^4}{100EI}\leqslant[\upsilon_Q]$$	(030-19) (030-20) (030-21) (030-22) (030-23) (030-24)

注：依据《钢结构设计标准》GB 50017—2017 第 6.1 节、第 6.2 节和附录 B 表 B.1.1 规定，《高层民用建筑钢结构技术规程》JGJ 99—2015 第 7.1.1～7.1.5 条规定。

2. 符号

M_x、M_y——同一截面处绕 x 轴和 y 轴的弯矩设计值（N·mm），地震设计状况 $M_x=\gamma_{RE}M_{bx}$，$M_y=\gamma_{RE}M_{by}$，其中 M_{bx}、M_{by} 分别为考虑地震组合的梁端弯矩设计值，$\gamma_{RE}=0.75$（强度）；

W_{nx}、W_{ny}——对 x 轴和 y 轴的净截面模量（mm^3），当截面板件宽厚比等级为 S1 级、S2 级、S3 级或 S4 级时，应取全截面模量，当截面板件宽厚比等级为 S5 级时，应取有效截面模量，均匀受压翼缘有效外伸宽度可取 $15\varepsilon_k$ 倍翼缘厚度，腹板有效截面可按本书表 036 第（2）条的规定取值；

γ_x、γ_y——对主轴 x、y 的截面塑性发展系数，当截面板件宽厚比等级不满足 S3 级要求时，取 1.0，满足 S3 级要求时，对工字形截面取 $\gamma_x=1.05$（强轴）和 $\gamma_y=1.20$（弱轴）；对箱形截面取 $\gamma_x=\gamma_y=1.05$；对其他截面按《钢结构设计标准》GB 50017—2017 表 8.1.1 采用，需要计算疲劳的梁宜取 $\gamma_x=\gamma_y=1.0$，地震设计状况宜取 1.0；

f——钢材的抗拉、抗压、抗弯强度设计值（N/mm^2），应按表 030-2 采用；

钢材的设计用强度指标（N/mm^2） 　　　　表 030-2

钢材牌号		钢材厚度或直径（mm）	强度设计值			屈服强度 f_y	抗拉强度 f_u
			抗拉、抗压、抗弯 f	抗剪 f_v	端面承包(刨平顶紧)f_{ce}		
碳素结构钢	Q235	≤16	215	125	320	235	370
		>16,≤40	205	120		225	
		>40,≤100	200	115		215	

钢材牌号		钢材厚度或直径（mm）	强度设计值			屈服强度 f_y	抗拉强度 f_u
			抗拉、抗压、抗弯 f	抗剪 f_v	端面承包(刨平顶紧) f_{ce}		
低合金高强度结构钢	Q355	≤16	305	175	400	355	470
		>16,≤40	295	170		345	
		>40,≤63	290	165		335	
		>63,≤80	280	160		325	
		>80,≤100	270	155		315	
	Q390	≤16	345	200	415	390	490
		>16,≤40	330	190		380	
		>40,≤63	310	180		360	
		>63,≤100	295	170		340	
	Q420	≤16	375	215	440	420	520
		>16,≤40	355	205		410	
		>40,≤63	320	185		390	
		>63,≤100	305	175		370	
	Q460	≤16	410	235	470	460	550
		>16,≤40	390	225		450	
		>40,≤63	355	205		430	
		>63,≤100	340	195		410	

注：1 表中直径指实芯棒材直径，厚度系指计算点的钢材或钢管壁厚度，对轴心受拉和轴心受压构件系指截面中较厚板件的厚度；

    2 冷弯型材和冷弯钢管，其强度设计值应按国家现行有关标准的规定采用。

V——计算截面沿腹板平面作用的剪力设计值（N），地震设计状况 $V = \gamma_{RE} V_b$，其中 V_b 为考虑地震组合的剪力设计值；

S——计算剪应力处以上（或以下）毛截面对中和轴的面积矩（mm^3）；

I——构件的毛截面惯性矩（mm^4）；

t_w——构件的腹板厚度（mm）；

A_{wn}——扣除焊接孔和螺栓孔后的腹板受剪面积（mm^2）；

f_v——钢材的抗剪强度设计值（N/mm^2），应按表030-2采用；

F——集中荷载设计值，对动力荷载应考虑动力系数（N）；

ψ——集中荷载的增大系数；对重级工作制吊车梁，$\psi=1.35$；对其他梁，$\psi=1.0$；

l_z——集中荷载在腹板计算高度上边缘的假定分布长度（mm），宜按式（030-5）计算，也可采用简化式（030-6）计算；

I_R——轨道绕自身形心轴的惯性矩（mm^4）；

I_f——梁上翼缘绕翼缘中面的惯性矩（mm^4）；

a——集中荷载沿梁跨度方向的支承长度（mm），对钢轨上的轮压可取 50mm；

h_y——自梁顶面至腹板计算高度上边缘的距离；对焊接梁为上翼缘厚度，对轧制工字形截面梁，是梁顶面到腹板过渡完成点的距离（mm）；

h_R——轨道的高度，对梁顶无轨道的梁取值为 0（mm）；

σ、τ、σ_c——腹板计算高度边缘同一点上同时产生的正应力、剪应力和局部压应力，τ 和 σ_c 应按式（030-2）和式（030-4）计算，σ 应按式（030-8）计算，σ 和 σ_c 以拉应力为正值，压应力为负值（N/mm^2）；

I_n——梁净截面惯性矩（mm^4）；

y_1——所计算点至梁中和轴的距离（mm）；

β_1——强度增大系数；当 σ 和 σ_c 异号时，取 $\beta_1 = 1.2$；当 σ 和 σ_c 同号或 $\sigma_c = 0$ 时，取 $\beta_1 = 1.1$；

W_x——按受压最大纤维确定的梁毛截面模量（mm^3），当截面板件宽厚比等级为 S1 级、S2 级、S3 级或 S4 级时，应取全截面模量；当截面板件宽厚比等级为 S5 级时，应取有效截面模量，均匀受压翼缘有效外伸宽度可取 $15\varepsilon_k$ 倍翼缘厚度，腹板有效截面可按本书表 036 第（2）条的规定采用；

φ_b——梁的整体稳定系数，应按《钢结构设计标准》GB 50017—2017 附录 C 确定；

W_y——按受压最大纤维确定的对 y 轴的毛截面模量（mm^3）；

b_1——受压翼缘的宽度（mm）；

t_1——受压翼缘的厚度（mm）；

h_w——腹板的高度（mm）；

W_{1x}——弯矩作用平面内对受压最大纤维的毛截面模量（mm^3）；

φ_d——稳定系数，根据换算长细比 λ_e 按《钢结构设计标准》GB 50017—2017 附录 D 表 D.0.2 采用；

f_y——钢材的屈服强度（N/mm^2），应按表 030-2 采用；

E——钢材的弹性模量，应取 206×10^3 N/mm^2；

$\lambda_{n,b}$——正则化长细比；

σ_{cr}——畸变屈曲临界应力（N/mm^2）；

l——当框架主梁支承次梁且次梁高度不小于主梁高度一半时，取次梁到框架柱的净距；除此情况外，取梁净距的一半（mm）；

l_0——受弯构件的跨度（mm），对悬臂梁和伸臂梁为悬挑长度的 2 倍；

$[v_T]$——永久和可变荷载标准值产生的挠度（如有起拱应减去拱度）的容许值，主梁取 $l_0/400$，次梁（包括楼梯梁，不包括屋盖檩条）取 $l_0/250$；

$[v_Q]$——可变荷载标准值产生的挠度的容许值，主梁取 $l_0/500$，次梁（包括楼梯梁，不包括屋盖檩条）取 $l_0/300$；抹灰顶棚的次梁取 $l_0/350$。

3. 简支梁

常用 H 型钢用作楼面次梁时，按挠度容许值控制的简支梁，其跨中弯矩标准值、梁上作用的均布荷载标准值，按表 030-3 选用；按受弯构件的强度、整体稳定控制的简支梁，其跨中弯矩设计值、梁上作用的均布荷载设计值，按表 030-4 选用。

常用 H 型钢截面特性及简支梁按挠度控制的弯矩和线荷载标准值　　　表 030-3

H 型钢型号		截面特性							计算跨度 l_0(m)	挠度及弯矩、线荷载容许值			
		惯性矩（cm⁴）		回转半径（cm）		截面模量（cm³）				$[v_T] \leqslant 1/250$		$[v_Q] \leqslant 1/350$	
		I_x	I_y	i_x	i_y	W_x	W_y			M_T	q_T	M_Q	q_Q
HW	H200×200×8×12	4720	1600	8.61	5.02	472	160		3.3	56.3	41.4	24.5	18.0
	H250×250×9×14	10700	3650	10.8	6.31	860	292		4.2	78.8	35.7	34.3	15.5
	H300×300×10×15	20200	6750	13.1	7.55	1350	450		4.8	113.9	39.6	49.5	17.2
	H350×350×12×19	39800	13600	15.2	8.88	2280	776		5.7	159.2	39.2	69.2	17.0
	H400×400×13×21	66600	22400	17.5	10.1	3330	1120		6.6	198.7	36.5	86.4	15.9
HM	H300×200×8×12	11100	1600	12.5	4.74	756	160		4.2	81.8	37.1	35.6	16.1
	H350×250×9×14	21200	3650	14.6	6.05	1250	292		4.8	119.6	41.5	52.0	18.1
	H400×300×10×16	37900	7200	16.9	7.35	1940	480		5.7	151.6	37.3	65.9	16.2
	H450×300×11×18	54700	8110	18.9	7.25	2490	540		6.3	179.1	36.1	77.9	15.7
	H500×300×11×18	68900	8110	20.8	7.13	2820	540		6.6	205.6	37.8	89.4	16.4
	H600×300×12×20	114000	9010	24.7	6.93	3890	601		7.5	263.4	37.5	114.5	16.3
HN	H400×200×8×13	23500	1740	16.8	4.56	1170	174		5.1	117.4	36.1	51.1	15.7
	H450×200×9×14	32900	1870	18.6	4.42	1460	187		5.7	131.6	32.4	57.2	14.1
	H500×200×10×16	46800	2140	20.4	4.36	1870	214		6.3	153.2	30.9	66.6	13.4
	H550×200×10×16	58200	2140	22.3	4.27	2120	214		6.6	173.6	31.9	75.5	13.9
	H600×200×11×17	75600	2270	24.0	4.15	2520	227		7.2	189.5	29.2	82.4	12.7
	H650×200×15×20	101000	2690	24.4	3.97	3220	268		7.8	215.7	28.4	93.8	12.3
	H700×300×13×24	197000	10800	29.2	6.83	5640	721		9.0	316.1	31.2	137.4	13.6
	H800×300×14×26	286000	11700	33.0	6.66	7160	781		10.2	357.2	27.5	155.3	11.9
	H900×300×16×28	404000	12600	36.4	6.42	8990	842		10.8	450.1	30.9	195.7	13.4

注：1 l_0 为简支梁的计算跨度（m）；

　　2 $[v_T]$ 为永久和可变荷载标准值产生的挠度（如有起拱应减去拱度）的容许值，$[v_Q]$ 为可变荷载标准值产生的挠度的容许值；

　　3 简支梁的挠度计算公式为 $\frac{5q_T l_0^4}{384EI} = \frac{5M_T l_0^2}{48EI} \leqslant [v_T]$，或 $\frac{5q_Q l_0^4}{384EI} = \frac{5M_Q l_0^2}{48EI} \leqslant [v_Q]$，其中 q_T 为永久和可变荷载产生的梁上线荷载标准值（kN/m），即 $q_T = q_G + q_Q$，M_T 为永久和可变荷载产生的跨中弯矩标准值（kN·m）；q_G 为永久荷载产生的梁上线荷载标准值（kN/m）；q_Q 为可变荷载产生的梁上线荷载标准值（kN/m），M_Q 为可变荷载产生的跨中弯矩标准值（kN·m）；

　　4 起拱值计算公式为 $\frac{5(q_G + 0.5q_Q)l_0^4}{384EI} = \frac{5(q_T - 0.5q_Q)l_0^4}{384EI} = \frac{5q_T l_0^4}{384EI} - \frac{1}{2} \times \frac{5q_Q l_0^4}{384EI} = \frac{1}{250} - \frac{1}{2} \times \frac{1}{350} = \frac{1}{389}$，表中起拱值取为 $\frac{1}{400}$；

　　5 当仅为改善外观条件时，构件挠度应取在恒载和活荷载标准值作用下的挠度计算值减去起拱值。表中在恒载和活荷载标准值作用下的挠度计算值为挠度容许值加起拱值，即 $\frac{1}{250} + \frac{1}{400}$，构件挠度为在恒载和活荷载标准值作用下挠度计算值减去起拱值，即 $\frac{1}{250} + \frac{1}{400} - \frac{1}{400} = \frac{1}{250}$。

常用 H 型钢简支梁按受弯构件的强度、整体稳定控制的弯矩和线荷载设计值

表 030-4

H 型钢型号 $(h \times b \times t_w \times t_f)$		截面特性及系数						l_0 (m)	强度		整体稳定	
		A (cm^2)	W_x (cm^3)	i_y (cm)	λ_y	β_b	φ'_b		M (kN·m)	q (kN/m)	M (kN·m)	q (kN/m)
HW	H200×200×8×12	63.53	472	5.02	66	0.819	0.975	3.3	106.6	78.3	98.9	72.7
	H250×250×9×14	91.43	860	6.31	67	0.812	0.968	4.2	194.1	88.0	178.9	81.2
	H300×300×10×15	118.5	1350	7.55	64	0.794	0.968	4.8	304.8	105.8	280.9	97.5
	H350×350×12×19	171.9	2280	8.88	64	0.805	0.971	5.7	490.8	120.2	453.7	111.7
	H400×400×13×21	218.7	3330	10.1	65	0.803	0.966	6.6	716.8	131.6	659.3	121.1
HM	H300×200×8×12	71.05	756	4.74	89	0.801	0.891	4.2	170.7	77.4	144.9	65.7
	H350×250×9×14	99.53	1250	6.05	79	0.793	0.916	4.8	282.2	98.0	246.3	85.5
	H400×300×10×16	133.3	1940	7.35	78	0.791	0.920	5.7	438.0	107.8	383.7	94.5
	H450×300×11×18	153.9	2490	7.25	87	0.802	0.894	6.3	536.0	108.0	456.4	92.0
	H500×300×11×18	159.2	2820	7.13	93	0.795	0.868	6.6	607.0	111.5	502.0	92.2
	H600×300×12×20	187.2	3890	6.93	108	0.801	0.811	7.5	837.3	119.1	646.8	92.0
HN	H400×200×8×13	83.37	1170	4.56	112	0.798	0.793	5.1	264.1	81.2	199.5	61.4
	H450×200×9×14	95.43	1460	4.42	129	0.805	0.731	5.7	329.6	81.2	229.6	56.5
	H500×200×10×16	112.3	1870	4.36	144	0.821	0.689	6.3	422.2	85.1	277.0	55.8
	H550×200×10×16	117.3	2120	4.27	155	0.815	0.630	6.6	478.6	87.9	287.2	52.7
	H600×200×11×17	131.7	2520	4.15	173	0.823	0.562	7.2	542.4	83.7	290.3	44.8
	H650×200×15×20	170.0	3220	3.97	196	0.851	0.557	7.8	693.1	91.1	367.5	48.3
	H700×300×13×24	231.5	5640	6.83	132	0.824	0.736	9.0	1214.0	119.9	850.8	84.0
	H800×300×14×26	263.5	7160	6.66	153	0.834	0.657	10.2	1541.2	118.5	964.1	74.1
	H900×300×16×28	305.8	8990	6.42	168	0.836	0.605	10.8	1935.1	132.7	1115.5	76.5

注：1 l_0 为简支梁的计算跨度（m），跨中无侧向支承，均布荷载作用在上翼缘；

2 β_b 为梁整体稳定的等效弯矩系数，H 型钢的系数为 $\beta_b = 0.69 + 0.13\xi$，$\xi = \dfrac{l_1 t_1}{b_1 h}$，其中 l_1 为梁受压翼缘侧向支承点之间的距离（mm），h、t_1 分别为梁截面的全高和受压翼缘厚度，b_1 为受压翼缘的宽度；

3 λ_y 为梁在侧向支承点间对截面弱轴 y-y 的长细比；

4 轧制 H 型钢简支梁的整体稳定系数为 $\varphi_b = \beta_b \dfrac{4320}{\lambda_y^2} \cdot \dfrac{Ah}{W_x} \left[\sqrt{1\left(\dfrac{\lambda_y t_1}{4.4h}\right)^2} \right] \varepsilon_k^2$，$\varphi'_b = 1.07 - \dfrac{0.282}{\varphi_b} \leqslant 1.0$，其中 A 为梁的毛截面面积（mm）；

5 简支梁按强度控制时，其受弯强度计算公式为 $\dfrac{M_x}{\gamma_x W_{nx}} \leqslant f$，其中 M_x 为弯矩设计值（kN·m），梁上线荷载设计值为 $q = 8M_x / l_0^2$（kN/m）；

6 简支梁按整体稳定控制时，其整体稳定性计算公式为 $\dfrac{M_x}{\varphi_b W_x f} \leqslant 1.0$，其中 M_x 为弯矩设计值（kN·m），梁上线荷载设计值 $q = 8M_x / l_0^2$（kN/m）；

7 表中简支梁按 Q235 钢计算，按挠度控制的弯矩和线荷载标准值按 030-3 选用。

2.2　轴心受力构件

031　轴心受力构件应该如何计算？

1. 轴心受力构件计算重点

轴心受力构件的截面强度、稳定性及长细比计算，按表 031-1 采用。

轴心受力构件计算　　　　　　　　　　　　　　　　　　　表 031-1

项次	计算项目	计算内容
1	截面强度	(1)轴心受拉构件,当端部连接及中部拼接处组成截面的各板件都由连接件直接传力时,其截面强度计算应符合下列规定: ① 除采用高强度螺栓摩擦型连接者外,其截面强度应采用下列公式计算: 毛截面屈服: $$\sigma=\frac{N}{A}\leqslant f \qquad (031\text{-}1)$$ 净截面断裂: $$\sigma=\frac{N}{A_\mathrm{n}}\leqslant 0.7f_\mathrm{u} \qquad (031\text{-}2)$$ ② 采用高强度螺栓摩擦型连接的构件,其毛截面强度计算应采用式(031-1),净截面断裂应按下式计算: $$\sigma=\left(1-0.5\frac{n_1}{n}\right)\frac{N}{A_\mathrm{n}}\leqslant 0.7f_\mathrm{u} \qquad (031\text{-}3)$$ ③ 当构件为沿全长都有排列较密螺栓的组合构件时,其截面强度应按下式计算: $$\frac{N}{A_\mathrm{n}}\leqslant f \qquad (031\text{-}4)$$ (2)轴心受压构件,当端部连接及中部拼接处组成截面的各板件都由连接件直接传力时,截面强度应按本表式(031-1)计算。但含有虚孔的构件尚需在孔心所在截面按本表式(031-2)计算。 (3)轴心受拉构件和轴心受压构件,当其组成板件在节点或拼接处并非全部直接传力时,应将危险截面的面积乘以有效截面系数 η,不同构件截面形式和连接方式的 η 值应符合下列规定: ① 角钢:单边连接取 $\eta=0.85$; ② 工字形、H 形:翼缘连接取 $\eta=0.90$;腹板连接取 $\eta=0.70$。
2	稳定性计算	(4)除可考虑屈曲后强度的实腹式构件外,轴心受压构件的稳定性计算应符合下式要求: $$\frac{N}{\varphi A f}\leqslant 1.0 \qquad (031\text{-}5)$$ ① 当 $\lambda_\mathrm{n}\leqslant 0.215$ 时: $$\varphi=1-\alpha_1\lambda_\mathrm{n}^2 \qquad (031\text{-}6)$$ $$\lambda_\mathrm{n}=\frac{\lambda}{\pi}\sqrt{f_\mathrm{y}/E} \qquad (031\text{-}7)$$ ② 当 $\lambda_\mathrm{n}>0.215$ 时: $$\varphi=\frac{1}{2\lambda_\mathrm{n}^2}\left[(\alpha_2+\alpha_3\lambda_\mathrm{n}+\lambda_\mathrm{n}^2)-\sqrt{(\alpha_2+\alpha_3\lambda_\mathrm{n}+\lambda_\mathrm{n}^2)^2-4\lambda_\mathrm{n}^2}\right] \qquad (031\text{-}8)$$
3	长细比	(5)实腹式构件的长细比 λ 应根据其失稳模式,由下列公式确定: ① 截面形心与剪心重合的构件: (a)当计算弯曲屈曲时,长细比按下列公式计算: $$\lambda_\mathrm{x}=\frac{l_{0\mathrm{x}}}{i_\mathrm{x}} \qquad (031\text{-}9)$$ $$\lambda_\mathrm{y}=\frac{l_{0\mathrm{y}}}{i_\mathrm{y}} \qquad (031\text{-}10)$$

项次	计算项目	计算内容
3	长细比	(b)当计算扭转屈曲时,长细比应按下列公式计算,双轴对称十字形截面板件宽厚比不超过 $15\varepsilon_k$ 者,可不计算扭转屈曲。 $$\lambda_z=\sqrt{\frac{I_0}{I_t/25.7+I_\omega/l_\omega^2}}\qquad(031\text{-}11)$$ ② 截面为单轴对称的构件: (a)计算绕非对称主轴的弯曲屈曲时,长细比应由本表式(031-9)、式(031-10)计算确定。计算绕对称主轴的弯扭屈曲时,长细比应按下式计算确定: $$\lambda_{yz}=\left[\frac{(\lambda_y^2+\lambda_z^2)+\sqrt{(\lambda_y^2+\lambda_z^2)^2-4\left(1-\frac{y_s^2}{i_0^2}\right)\lambda_y^2\lambda_z^2}}{2}\right]^{1/2}\qquad(031\text{-}12)$$ (b)等边单角钢轴心受压构件当绕两主轴弯曲的计算长度相等时,可不计算弯扭屈曲。塔架单角钢压杆应符合本书 031 第 5 段(单边连接的单角钢)的相关规定。 (c)双角钢组合 T 形截面构件绕对称轴的换算长细比 λ_{yz} 可按下列简化公式确定: 等边双角钢[图 031-1(a)]: 当 $\lambda_y\geqslant\lambda_z$ 时: $$\lambda_{yz}=\lambda_y\left[1+0.16\left(\frac{\lambda_z}{\lambda_y}\right)^2\right]\qquad(031\text{-}13)$$ 当 $\lambda_y<\lambda_z$ 时: $$\lambda_{yz}=\lambda_z\left[1+0.16\left(\frac{\lambda_y}{\lambda_z}\right)^2\right]\qquad(031\text{-}14)$$ $$\lambda_z=3.9\frac{b}{t}\qquad(031\text{-}15)$$ 长肢相并的不等边双角钢[图 031-1(b)]: 当 $\lambda_y\geqslant\lambda_z$ 时: $$\lambda_{yz}=\lambda_y\left[1+0.25\left(\frac{\lambda_z}{\lambda_y}\right)^2\right]\qquad(031\text{-}16)$$ 当 $\lambda_y<\lambda_z$ 时: $$\lambda_{yz}=\lambda_z\left[1+0.25\left(\frac{\lambda_y}{\lambda_z}\right)^2\right]\qquad(031\text{-}17)$$ $$\lambda_z=5.1\frac{b_2}{t}\qquad(031\text{-}18)$$ 短肢相并的不等边双角钢[图 031-1(c)]: 当 $\lambda_y\geqslant\lambda_z$ 时: $$\lambda_{yz}=\lambda_y\left[1+0.06\left(\frac{\lambda_z}{\lambda_y}\right)^2\right]\qquad(031\text{-}19)$$ 当 $\lambda_y<\lambda_z$ 时: $$\lambda_{yz}=\lambda_z\left[1+0.06\left(\frac{\lambda_y}{\lambda_z}\right)^2\right]\qquad(031\text{-}20)$$ $$\lambda_z=3.7\frac{b_1}{t}\qquad(031\text{-}21)$$

续表

项次	计算项目	计算内容

图 031-1 双角钢组合 T 形截面

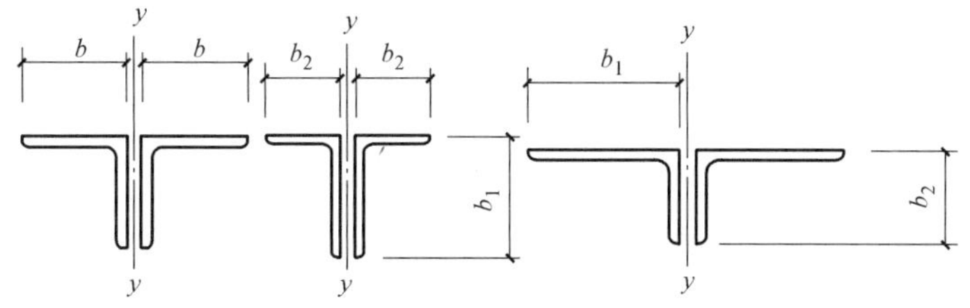

b—等边角钢肢宽度;b_1—不等边角钢长肢宽度;b_2—不等边角钢短肢宽度

③ 截面无对称轴且剪心和形心不重合的构件,应采用下列换算长细比:

$$\lambda_{xyz}=\pi\sqrt{\dfrac{EA}{N_{xyz}}} \tag{031-22}$$

$$(N_x-N_{xyz})(N_y-N_{xyz})(N_z-N_{xyz})-N_{xyz}^2(N_x-N_{xyz})\left(\dfrac{y_s}{i_0}\right)^2-N_{xyz}^2(N_y-N_{xyz})\left(\dfrac{x_s}{i_0}\right)^2=0 \tag{031-23}$$

$$i_0^2=i_x^2+i_y^2+x_s^2+y_s^2 \tag{031-24}$$

$$N_x=\dfrac{\pi^2 EA}{\lambda_x^2} \tag{031-25}$$

$$N_y=\dfrac{\pi^2 EA}{\lambda_y^2} \tag{031-26}$$

$$N_z=\dfrac{1}{i_0^2}\left(\dfrac{\pi^2 EI_\omega}{l_\omega^2}+GI_t\right) \tag{031-27}$$

④ 不等边角钢轴心受压构件的换算长细比可按下列简化公式确定(图 031-2):

当 $\lambda_v \geqslant \lambda_z$ 时:

$$\lambda_{xyz}=\lambda_v\left[1+0.25\left(\dfrac{\lambda_z}{\lambda_v}\right)^2\right] \tag{031-28}$$

当 $\lambda_v < \lambda_z$ 时:

$$\lambda_{xyz}=\lambda_z\left[1+0.25\left(\dfrac{\lambda_v}{\lambda_z}\right)^2\right] \tag{031-29}$$

$$\lambda_z=4.21\dfrac{b_1}{t} \tag{031-30}$$

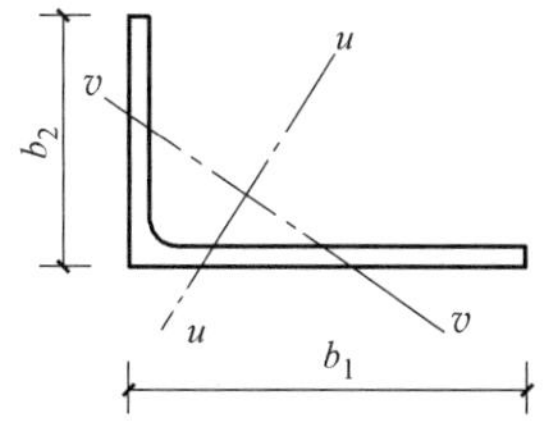

图 031-2 不等边角钢

注:v 轴为角钢的弱轴,b_1 为角钢长肢宽度

(6)格构式轴心受压构件的稳定性应按本表式(031-5)计算,对实轴的长细比应按本表式(031-9)或式(031-10)计算,对虚轴[图 031-3(a)]的 x 轴及图 031-3(b)、图 031-3(c)的 x 轴和 y 轴应取换算长细比。换算长细比应按下列公式计算:

项次	计算项目	计算内容
3	长细比	① 双肢组合构件[图 031-3(a)]： 当缀件为缀板时： $$\lambda_{0x}=\sqrt{\lambda_x^2+\lambda_1^2} \qquad (031\text{-}31)$$ 当缀件为缀条时： $$\lambda_{0x}=\sqrt{\lambda_x^2+27\frac{A}{A_{1x}}} \qquad (031\text{-}32)$$ ② 四肢组合构件[图 031-3(b)]： 当缀件为缀板时： $$\lambda_{0x}=\sqrt{\lambda_x^2+\lambda_1^2} \qquad (031\text{-}33)$$ $$\lambda_{0y}=\sqrt{\lambda_y^2+\lambda_1^2} \qquad (031\text{-}34)$$ 当缀件为缀条时： $$\lambda_{0x}=\sqrt{\lambda_x^2+40\frac{A}{A_{1x}}} \qquad (031\text{-}35)$$ $$\lambda_{0y}=\sqrt{\lambda_y^2+40\frac{A}{A_{1y}}} \qquad (031\text{-}36)$$ ③ 缀件为缀条的三肢组合构件[图 031-3(c)]： $$\lambda_{0x}=\sqrt{\lambda_x^2+\frac{42A}{A_1(1.5-\cos^2\theta)}} \qquad (031\text{-}37)$$ $$\lambda_{0y}=\sqrt{\lambda_y^2+\frac{42A}{A_1\cos^2\theta}} \qquad (031\text{-}38)$$ 图 031-3 格构式组合构件截面 (a)双肢组合构件；(b)四肢组合构件；(c)三肢组合构件 　　(7)缀件面宽度较大的格构式柱宜采用缀条柱,斜缀条与构件轴线间的夹角应为 40°~70°。缀条柱的分肢长细比 λ_1 不应大于构件两方向长细比较大值 λ_{max} 的 0.7 倍,对虚轴取换算长细比。格构式柱和大型实腹式柱,在受有较大水平力处和运送单元的端部应设置横隔,横隔的间距不宜大于柱截面长边尺寸的 9 倍且不宜大于 8m。 　　(8)缀板柱的分肢长细比 λ_1 不应大于 $40\varepsilon_k$,并不应大于 λ_{max} 的 0.5 倍,当 $\lambda_{max}<50$ 时,取 $\lambda_{max}=50$。缀板柱中同一截面处缀板或型钢横杆的线刚度之和不得小于柱较大分肢线刚度的 6 倍。 　　(9)用填板连接而成的双角钢或双槽钢构件,采用普通螺栓连接时应按格构式构件进行计算;除此之外,可按实腹式构件进行计算,但受压构件填板间的距离不应超过 $40i$,受拉构件填板间的距离不应超过 $80i$。i 为单肢截面回转半径,应按下列规定采用： 　　① 当为图 031-4(a)、图 031-4(b)所示的双角钢或双槽钢截面时,取一个角钢或一个槽钢对与填板平行的形心轴的回转半径； 　　② 当为图 031-4(c)所示的十字形截面时,取一个角钢的最小回转半径。 　　受压构件的两个侧向支承点之间的填板数不应少于 2 个。

续表

项次	计算项目	计算内容
3	长细比	 图 031-4　计算截面回转半径时的轴线示意图 (a)T 字形双角钢截面;(b)双槽钢截面;(c)十字形双角钢截面
4	剪力	(10)轴心受压构件剪力 V 值可认为沿构件全长不变,格构式轴心受压构件的剪力 V 应由承受该剪力的缀材面(包括用整体板连接的面)分担,其值应按下式计算: $$V=\frac{Af}{85\varepsilon_{\mathrm{k}}} \quad (031\text{-}39)$$

注:依据《钢结构设计标准》GB 50017—2017 第 7.1.1~7.1.3 条、第 7.2.1~7.2.7 条规定,《高层民用建筑钢结构技术规程》JGJ 99—2015 第 7.2.1 条规定。

2. 符号

N——所计算截面处的拉力或压力设计值（N）;

f——钢材的抗拉、抗压强度设计值（N/mm^2）,应按表 030-2 采用;

A——构件的毛截面面积（mm^2）;

A_{n}——构件的净截面面积,当构件多个截面有孔时,取最不利的截面（mm^2）;

f_{u}——钢材的抗拉强度最小值（N/mm^2）,应按表 030-2 采用;

n——在节点或拼接处,构件一端连接的高强度螺栓数目;

n_1——所计算截面（最外列螺栓处）高强度螺栓数目;

φ——轴心受压构件的稳定系数（取截面两主轴稳定系数中的较小值）;

λ——构件的长细比（或换算长细比）;

λ_{n}——正则化长细比;

α_1、α_2、α_3——系数,应按表 031-2 采用;

系数 α_1、α_2、α_3　　　　　　　　　　　　表 031-2

截面类别		α_1	α_2	α_3
a 类		0.41	0.986	0.152
b 类		0.65	0.965	0.300
c 类	$\lambda_{\mathrm{n}} \leqslant 1.05$	0.73	0.906	0.595
	$\lambda_{\mathrm{n}} > 1.05$		1.216	0.302
d 类	$\lambda_{\mathrm{n}} \leqslant 1.05$	1.35	0.868	0.915
	$\lambda_{\mathrm{n}} > 1.05$		1.375	0.432

注:轴心受压构件的截面分类应根据《钢结构设计标准》GB 50017—2017 表 7.2.1-1、表 7.2.1-2 确定,轴心受压构件的稳定系数,可根据构件的长细比（或换算长细比）、钢材屈服强度和截面分类,按表 031-1 第 (4) 条计算确定。

$l_{0\mathrm{x}}$、$l_{0\mathrm{y}}$——分别为构件对截面主轴 x 和 y 的计算长度（mm）;

i_{x}、i_{y}——分别为构件截面对主轴 x 和 y 的回转半径（mm）;

I_0、I_{t}、I_ω——分别为构件毛截面对剪心的极惯性矩（mm^4）、自由扭转常数（mm^4）

和扇性惯性矩（mm^6），对十字形截面可近似取 $I_\omega = 0$；

l_ω——扭转屈曲的计算长度，两端铰支且端截面可自由翘曲者，取几何长度 l；两端嵌固且端部截面的翘曲完全受到约束者，取 $0.5l$（mm）；

i_0——截面对剪心的极回转半径，单轴对称截面 $i_0^2 = y_s^2 + i_x^2 + i_y^2$（mm）；

λ_z——扭转屈曲换算长细比，由式（031-11）确定；

N_{xyz}——弹性完善杆的弯扭屈曲临界力（N），由式（031-23）确定；

x_s、y_s——截面剪心的坐标（mm）；

N_x、N_y、N_z——分别为绕 x 轴和 y 轴的弯曲屈曲临界力和扭转屈曲临界力（N）；

E、G——分别为钢材弹性模量和剪变模量（N/mm^2）；

λ_x、λ_y——分别为整个构件对 x、y 轴的长细比；

λ_1——分肢对最小刚度轴 1-1 的长细比，其计算长度取为：焊接时，为相邻两缀板的净距离；螺栓连接时，为相邻两缀板边缘螺栓的距离；

A_{1x}、A_{1y}——分别为构件截面中垂直于 x、y 轴的各斜缀条毛截面面积之和（mm^2）；

A_1——构件截面中各斜缀条毛截面面积之和（mm^2）；

θ——构件截面内缀条所在平面与 x 轴的夹角。

3. 轴心受力构件的计算长度

轴心受力构件的计算长度，应符合表 031-3 的规定。

轴心受力构件的计算长度　　　　　　　　　　　　　　　　表 031-3

项次	项目	内　　容
1	弦杆、腹杆	(1)确定桁架弦杆和单系腹杆的长细比时，其计算长度 l_0 应按表 031-4 的规定采用；采用相贯焊接连接的钢管桁架，其构件计算长度 l_0 可按表 031-5 的规定取值；除钢管结构外，无节点板的腹杆计算长度在任意平面内均应取其等于几何长度。桁架再分式腹杆体系的受压主斜杆及 K 形腹杆体系的竖杆等，在桁架平面内的计算长度则取节点中心间距离。
2	交叉腹杆	(2)确定在交叉点相互连接的桁架交叉腹杆的长细比时，在桁架平面内的计算长度应取节点中心到交叉点的距离；在桁架平面外的计算长度，当两交叉杆长度相等且在中点相交时，应按下列规定采用： ① 压杆。 (a)相交另一杆受压，两杆截面相同并在交叉点均不中断，则： $$l_0 = l\sqrt{\frac{1}{2}\left(1 + \frac{N_0}{N}\right)} \qquad (031\text{-}40)$$ (b)相交另一杆受压，此另一杆在交叉点中断但以节点板搭接，则： $$l_0 = l\sqrt{\left(1 + \frac{\pi^2}{12} \cdot \frac{N_0}{N}\right)} \qquad (031\text{-}41)$$ (c)相交另一杆受拉，两杆截面相同并在交叉点均不中断，则： $$l_0 = l\sqrt{\frac{1}{2}\left(1 - \frac{3}{4} \cdot \frac{N_0}{N}\right)} \geqslant 0.5l \qquad (031\text{-}42)$$ (d)相交另一杆受拉，此拉杆在交叉点中断但以节点板搭接，则： $$l_0 = l\sqrt{\left(1 - \frac{3}{4} \cdot \frac{N_0}{N}\right)} \geqslant 0.5l \qquad (031\text{-}43)$$ (e)当拉杆连续而压杆在交叉点中断但以节点板搭接，若 $N_0 \geqslant N$ 或拉杆在桁架平面外的弯曲刚度 $EI_y \geqslant \frac{3N_0 l^2}{4\pi^2}\left(\frac{N_0}{N} - 1\right)$ 时，取 $l_0 = 0.5l$。 式中：l——桁架节点中心间距离(交叉点不作为节点考虑)(mm)； N_0、N——所计算杆的内力及相交另一杆的内力，均为绝对值；两杆均受压时，取 $N_0 \leqslant N$，两杆截面应相同(N)。

项次	计算项目	内　容
3	桁架弦杆	② 拉杆,应取 $l_0=l$。当确定交叉腹杆中单角钢杆件斜平面内的长细比时,计算长度应取节点中心至交叉点的距离。当交叉腹杆为单边连接的单角钢时,应按本书 031 第 5 段(单边连接的单角钢)第(2)条的规定确定杆件等效长细比。 (3)当桁架弦杆侧向支承点之间的距离为节间长度的 2 倍(图 031-5)且两节间的弦杆轴心压力不相同时,该弦杆在桁架平面外的计算长度应按下式确定(但不应小于 $0.5l_1$): $$l_0=l_1\left(0.75+0.25\frac{N_2}{N_1}\right) \tag{031-44}$$ 式中:N_1——较大的压力,计算时取正值; 　　　N_2——较小的压力或拉力,计算时压力取正值,拉力取负值。 图 031-5　弦杆轴心压力在侧向支承点间有变化的桁架简图 1—支撑;2—桁架
4	塔架	(4)塔架的单角钢主杆,应按所在两个侧面的节点分布情况,采用下列长细比确定稳定系数 φ: ① 当两个侧面腹杆体系的节点全部重合时[图 031-6(a)]: $$\lambda=l/i_y \tag{031-45}$$ ② 当两个侧面腹杆体系的节点部分重合时[图 031-6(b)]: $$\lambda=1.1l/i_u \tag{031-46}$$ ③ 当两个侧面腹杆体系的节点全部都不重合时[图 031-6(c)]: $$\lambda=1.2l/i_u \tag{031-47}$$ 式中:i_y——截面绕非对称主轴的回转半径; 　　l、i_u——分别为较大的节间长度和绕平行轴的回转半径。 图 031-6　不同腹杆体系的塔架 (a)两个侧面腹杆体系的节点全部重合;(b)两个侧面腹杆体系的节点部分重合; (c)两个侧面腹杆体系的节点全部都不重合 ④ 当角钢宽厚比符合本书表 035 第(4)条第②款要求时,应按该款规定确定系数 φ,并表 035 第(3)条的规定计算主杆的承载力。 (5)塔架单角钢人字形或 V 形主斜杆,当辅助杆多于两道时,宜连接两相邻侧面的主斜杆以减小其计算长度。当连接有不多于两道辅助杆时,其长细比宜乘以 1.1 的放大系数。

注:依据《钢结构设计标准》GB 50017—2017 第 7.4.1～7.4.5 条规定。

桁架弦杆和单系腹杆的计算长度 l_0 表 031-4

弯曲方向	弦杆	腹杆	
		支座斜杆和支座竖杆	其他腹杆
桁架平面内	l	l	$0.8l$
桁架平面外	l_1	l	l
斜平面	—	l	$0.9l$

注：1　l 为构件的几何长度（节点中心间距离），l_1 为桁架弦杆侧向支承点之间的距离；

　　2　斜平面系指与桁架平面斜交的平面，适用于构件截面两主轴均不在桁架平面内的单角钢腹杆和双角钢十字形截面腹杆。

钢管桁架构件计算长度 l_0 表 031-5

桁架类别	弯曲方向	弦杆	腹杆	
			支座斜杆和支座竖杆	其他腹杆
平面桁架	平面内	$0.9l$	l	$0.8l$
	平面外	l_1	l	l
立体桁架		$0.9l$	l	$0.8l$

注：1　l_1 为平面外无支撑长度，l 为杆件的节间长度；

　　2　对端部缩头或压扁的圆管腹杆，其计算长度取 l；

　　3　对于立体桁架，弦杆平面外的计算长度取 $0.9l$，同时尚应以 $0.9l_1$ 按格构式压杆验算其稳定性。

4. 轴心受压构件的支撑

（1）用作减小轴心受压构件自由长度的支撑，应能承受沿被撑构件屈曲方向的支撑力，其值应按下列方法计算：

① 长度为 l 的单根柱设置一道支撑时，支撑力 F_{b1} 应按下列方式计算：

当支撑杆位于柱高度中央时：

$$F_{b1} = N/60 \tag{031-48}$$

当支撑杆位于距柱端 αl 处时（$0 < \alpha < 1$）：

$$F_{b1} = \frac{N}{240\alpha(1-\alpha)} \tag{031-49}$$

② 长度为 l 的单根柱设置 m 道等间距及间距不等但与平均间距相比相差不超过 20% 的支撑时，各支承点的支撑力 F_{bm} 应按下式计算：

$$F_{bm} = \frac{N}{42\sqrt{m+1}} \tag{031-50}$$

③ 被撑构件为多根柱组成的柱列，在柱高度中央附近设置一道支撑时，支撑力应按下式计算：

$$F_{bn} = \frac{\sum N_i}{60}\left(0.6 + \frac{0.4}{n}\right) \tag{031-51}$$

式中：N——被撑构件的最大轴心压力（N）；

　　　　n——柱列中被撑柱的根数；

　　$\sum N_i$——被撑柱同时存在的轴心压力设计值之和（N）。

④ 当支撑同时承担结构上其他作用的效应时，应按实际可能发生的情况与支撑力组合。

⑤ 支撑的构造应使被撑构件在撑点处既不能平移，又不能扭转。

（2）桁架受压弦杆的横向支撑系统中系杆和支承斜杆应能承受下式给出的节点支撑力（图 031-7）：

$$F = \frac{\sum N}{42\sqrt{m+1}}\left(0.6 + \frac{0.4}{n}\right) \qquad (031\text{-}52)$$

式中：$\sum N$——被撑各桁架受压弦杆最大压力之和（N）；

　　　　m——纵向系杆道数（支撑系统节间数减去 1）；

　　　　n——支撑系统所撑桁架数。

（3）塔架主杆与主斜杆之间的辅助杆（图 031-8）应能承受下列公式给出的节点支撑力：

当节间数不超过 4 时：

$$F = N/80 \qquad (031\text{-}53)$$

当节间数大于 4 时：

$$F = N/100 \qquad (031\text{-}54)$$

式中：N——主杆压力设计值（N）。

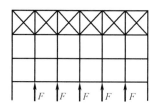

图 031-7　桁架受压弦杆横向
支撑系统的节点支撑

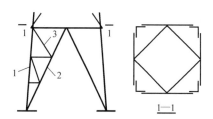

图 031-8　塔架下端示意图
1—主杆；2—主斜杆；3—辅助杆

5. 单边连接的单角钢

（1）桁架的单角钢腹杆，当以一个肢连接于节点板时（图 031-9），除弦杆亦为单角钢，并位于节点板同侧者外，应符合下列规定：

① 轴心受拉构件的截面强度应按本书式（031-1）和式（031-2）计算，但强度设计值应乘以折减系数 0.85。

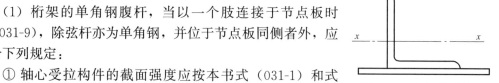

图 031-9　角钢的平行轴

② 受压构件的稳定性应按下列公式计算：

$$\frac{N}{\eta\varphi A f} \leqslant 1.0 \qquad (031\text{-}55)$$

等边角钢

$$\eta = 0.6 + 0.0015\lambda \qquad (031\text{-}56)$$

短边相连的不等边角钢

$$\eta = 0.5 + 0.0025\lambda \qquad (031\text{-}57)$$

长边相连的不等边角钢

$$\eta = 0.7 \qquad (031\text{-}58)$$

式中：λ——长细比，对中间无联系的单角钢压杆，应按最小回转半径计算，当 $\lambda < 20$ 时，取 $\lambda = 20$；

η——折减系数，当计算值大于1.0时取为1.0。

③ 当受压斜杆用节点板和桁架弦杆相连接时，节点板厚度不宜小于斜杆肢宽的1/8。

（2）塔架单边连接单角钢交叉斜杆中的压杆，当两杆截面相同并在交叉点均不中断，计算其平面外的稳定性时，稳定系数 φ 应由下列等效长细比按本书表031-1第（4）条计算确定。

$$\lambda_0 = \alpha_e \mu_x \lambda_e \geqslant \frac{l_1}{l} \lambda_x \tag{031-59}$$

当 $20 \leqslant \lambda_x \leqslant 80$ 时：

$$\lambda_e = 80 + 0.65\lambda_x \tag{031-60}$$

当 $80 < \lambda_x \leqslant 160$ 时：

$$\lambda_e = 52 + \lambda_x \tag{031-61}$$

当 $\lambda_x > 160$ 时：

$$\lambda_e = 20 + 1.2\lambda_x \tag{031-62}$$

$$\lambda_x = \frac{l}{i_x} \cdot \frac{1}{\varepsilon_k} \tag{031-63}$$

$$\mu_x = l_0 / l \tag{031-64}$$

式中：α_e——系数，应按表031-6的规定取值；

μ_x——计算长度系数；

l_1——交叉点至节点间的较大距离（图031-10）（mm）；

λ_e——换算长细比；

l_0——计算长度，当相交另一杆受压，应按本书式（031-40）计算；当相交另一杆受拉，应按本书式（031-41）计算（mm）。

<table>
<tr><td colspan="4" align="center">系数 α_e 取值　　　　　　　　　　　　　　　　表 031-6</td></tr>
<tr><td>主杆截面</td><td>另杆受拉</td><td>另杆受压</td><td>另杆不受力</td></tr>
<tr><td>单角钢</td><td>0.75</td><td>0.90</td><td>0.75</td></tr>
<tr><td>双轴对称截面</td><td>0.90</td><td>0.75</td><td>0.90</td></tr>
</table>

（3）单边连接的单角钢压杆，当肢件宽厚比 w/t 大于 $14\varepsilon_k$ 时，由本书式（031-5）和式（031-55）确定的稳定承载力应乘以按下式计算的折减系数 ρ_e：

$$\rho_e = 1.3 - \frac{0.3w}{14t\varepsilon_k} \tag{031-65}$$

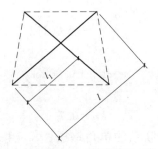

图 031-10　在非中点相交的斜杆

2.3　拉弯、压弯构件

032　拉弯、压弯构件应该如何计算?

1. 拉弯、压弯构件计算重点

拉弯、压弯构件的截面强度、稳定性计算,按表 032-1 采用。

拉弯、压弯构件计算　　　　　　　　　　　　　　　表 032-1

项次	计算项目	计算内容
1	截面强度	(1)弯矩作用在两个主平面内的拉弯构件和压弯构件,其截面强度计算应符合下列规定: ① 除圆管截面外,弯矩作用在两个主平面内的拉弯构件和压弯构件,其截面强度应按下式计算: $$\frac{N}{A_n}+\frac{M_x}{\gamma_x W_{nx}}+\frac{M_y}{\gamma_y W_{ny}}\leqslant f \qquad (032\text{-}1)$$ ② 弯矩作用在两个主平面内的圆形截面拉弯构件和压弯构件,其截面强度应按下式计算: $$\frac{N}{A_n}+\frac{\sqrt{M_x^2+M_y^2}}{\gamma_m W_n}\leqslant f \qquad (032\text{-}2)$$
2	稳定性	(2)除圆管截面外,弯矩作用在对称轴平面内的实腹式压弯构件,其稳定性应符合下列规定: ① 平面内稳定性应按下式计算: $$\frac{N}{\varphi_x Af}+\frac{\beta_{mx}M_x}{\gamma_x W_{1x}(1-0.8N/N'_{Ex})f}\leqslant1.0 \qquad (032\text{-}3)$$ 式中:M_x——所计算构件段范围内的最大弯矩设计值(N·mm)。 $$N'_{Ex}=\pi^2 EA/(1.1\lambda_x^2) \qquad (032\text{-}4)$$ ② 平面外稳定性应按下式计算: $$\frac{N}{\varphi_y Af}+\eta\frac{\beta_{tx}M_x}{\varphi_b W_{1x}}\leqslant1.0 \qquad (032\text{-}5)$$ ③ 对于国家标准《钢结构设计标准》GB 50017—2017 表 8.1.1 第 3 项、第 4 项中的单轴对称压弯构件,当弯矩作用在对称平面内且翼缘受压时,除应按式(032-3)计算外,尚应按下式计算: $$\left\vert\frac{N}{Af}-\frac{\beta_{mx}M_x}{\gamma_x W_{2x}(1-1.25N/N'_{Ex})f}\right\vert\leqslant1.0 \qquad (032\text{-}6)$$ (3)弯矩绕虚轴作用的格构式压弯构件整体稳定性计算应符合下列规定: ① 弯矩作用平面内的整体稳定性应按下列公式计算: $$\frac{N}{\varphi_x Af}+\frac{\beta_{mx}M_x}{W_{1x}(1-N/N'_{Ex})f}\leqslant1.0 \qquad (032\text{-}7)$$ $$W_{1x}=I_x/y_0 \qquad (032\text{-}8)$$ ② 弯矩作用平面外的整体稳定性可不计算,但应计算分肢的稳定性,分肢的轴心力应按桁架的弦杆计算。对缀板柱的分肢尚应考虑由剪力引起的局部弯矩。 (4)弯矩绕实轴作用的格构式压弯构件,其弯矩作用平面内和平面外的稳定性计算均与实腹式构件相同。但在计算弯矩作用平面外的整体稳定性时,长细比应取换算长细比,φ_b 应取 1.0。 (5)当柱段中没有很大横向力或集中弯矩时,双向压弯圆管的整体稳定性按下列公式计算: $$\frac{N}{\varphi Af}+\frac{\beta M}{\gamma_m W(1-0.8N/N'_{Ex})f}\leqslant1.0 \qquad (032\text{-}9)$$ $$M=\max(\sqrt{M_{xA}^2+M_{yA}^2},\ \sqrt{M_{xB}^2+M_{yB}^2}) \qquad (032\text{-}10)$$ 式中:M_{xA},M_{yA},M_{xB},M_{yB}——分别为构件 A 端关于 x 轴、y 轴的弯矩和构件 B 端关于 x 轴、y 轴的弯矩(N·mm)。 $$\beta=\beta_x\beta_y \qquad (032\text{-}11)$$

项次	计算项目	计算内容

$$\beta_x = 1 - 0.35\sqrt{N/N_E} + 0.35\sqrt{N/N_E}(M_{2x}/M_{1x}) \tag{032-12}$$

$$\beta_y = 1 - 0.35\sqrt{N/N_E} + 0.35\sqrt{N/N_E}(M_{2y}/M_{1y}) \tag{032-13}$$

式中：M_{1x}、M_{2x}、M_{1y}、M_{2y}——分别为 x 轴、y 轴端弯矩(N·mm)；构件无反弯点时取同号；构件有反弯点时取异号，$|M_{1x}| \geqslant |M_{2x}|$，$|M_{1y}| \geqslant |M_{2y}|$。

$$N_E = \frac{\pi^2 EA}{\lambda^2} \tag{032-14}$$

(6)弯矩作用在两个主平面内的双轴对称实腹式工字形和箱形截面的压弯构件,其稳定性应按下列公式计算：

$$\frac{N}{\varphi_x Af} + \frac{\beta_{mx}M_x}{\gamma_x W_x(1-0.8N/N'_{Ex})f} + \eta\frac{\beta_{ty}M_y}{\varphi_{by}W_y f} \leqslant 1.0 \tag{032-15}$$

式中：M_x、M_y——所计算构件段范围内对强轴和弱轴的最大弯矩设计值(N·mm)；

φ_{bx}、φ_{by}——均匀弯曲的受弯构件整体稳定系数,应按《钢结构设计标准》GB 50017—2017 附录 C 计算,其中工字形的非悬臂构件的 φ_{bx} 可按上述标准附录 C 第 C.0.5 条的规定确定;φ_{by} 可取为 1.0;对闭合截面,取 $\varphi_{bx}=\varphi_{by}=1.0$。

$$\frac{N}{\varphi_y Af} + \eta\frac{\beta_{tx}M_x}{\varphi_{bx}W_x f} + \frac{\beta_{my}M_y}{\gamma_y W_y(1-0.8N/N'_{Ey})f} \leqslant 1.0 \tag{032-16}$$

$$N'_{Ey} = \pi^2 EA/(1.1\lambda_y^2) \tag{032-17}$$

(7)弯矩作用在两个主平面内的双肢格构式压弯构件,其稳定性应按下列规定计算：

① 按整体计算：

$$\frac{N}{\varphi_x Af} + \frac{\beta_{mx}M_x}{W_{1x}(1-N/N'_{Ex})f} + \frac{\beta_{ty}M_y}{W_{1y}f} \leqslant 1.0 \tag{032-18}$$

② 按分肢计算：

在 N 和 M_x 作用下,将分肢作为桁架弦杆计算其轴心力,M_y 按式(032-19)和式(032-20)分配给两分肢(图 032),然后按本表第(2)条的规定计算分肢稳定性。

分肢1：
$$M_{y1} = \frac{I_1/y_1}{I_1/y_1 + I_2/y_2} \cdot M_y \tag{032-19}$$

分肢2：
$$M_{y2} = \frac{I_2/y_2}{I_1/y_1 + I_2/y_2} \cdot M_y \tag{032-20}$$

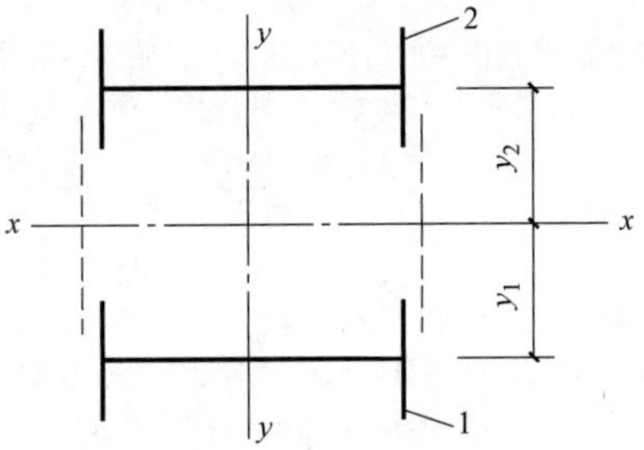

图 032　格构式构件截面
1—分肢 1；2—分肢 2

(8)计算格构式缀件时,应取构件的实际剪力和按本书表 031-1 式(031-39)计算的剪力两者中的较大值进行计算。

(9)用作减小压弯构件弯矩作用平面外计算长度的支撑,对实腹式构件应将压弯构件的受压翼缘,对格构式构件应将压弯构件的受压分肢视为轴心受压构件,并按本书 031 第 4 段(轴心受压构件的支撑)的规定计算各自的支撑力。

項次2：稳定性

注：依据《钢结构设计标准》GB 50017—2017 第 8.1 节、第 8.2 节规定。

2. 符号

N——同一截面处轴心力设计值（N），地震设计状况 $N=\gamma_{RE}N_c$，其中 N_c 为考虑地震组合的轴心力设计值；

M_x、M_y——分别为同一截面处对 x 轴和 y 轴的弯矩设计值（N·mm），地震设计状况 $M_x=\gamma_{RE}M_{bx}$，$M_y=\gamma_{RE}M_{by}$，其中 M_{bx}、M_{by} 分别为考虑地震组合弯矩设计值，$\gamma_{RE}=0.75$（强度）、0.80（稳定）；

γ_x、γ_y——截面塑性发展系数，根据其受压板件的内力分布情况确定其截面板件宽厚比等级，当截面板件宽厚比等级不满足 S3 级要求时，取 1.0，满足 S3 级要求时，可按《钢结构设计标准》GB 50017—2017 表 8.1.1 采用，需要计算疲劳的拉弯、压弯构件，宜取 1.0，地震设计状况宜取 1.0；

γ_m——圆形构件的截面塑性发展系数，对于实腹圆形截面取 1.2，当圆管截面板件宽厚比等级不满足 S3 级要求时取 1.0，满足 S3 级要求时取 1.15；需要验算疲劳的拉弯、压弯构件，宜取 1.0，地震设计状况宜取 1.0；

A_n——构件的净截面面积（mm^2）；

W_n——构件的净截面模量（mm^3）；

φ_x——弯矩作用平面内轴心受压构件稳定系数；

W_{1x}——在弯矩作用平面内对受压最大纤维的毛截面模量（mm^3）；

φ_y——弯矩作用平面外的轴心受压构件稳定系数，按表 031-1 第（4）条确定；

φ_b——均匀弯曲的受弯构件整体稳定系数，应按《钢结构设计标准》GB 50017—2017 附录 C 计算，其中工字形和 T 形截面的非悬臂构件，可按上述标准附录 C 第 C.0.5 条的规定确定；对闭口截面，$\varphi_b=1.0$；

η——截面影响系数，闭口截面 $\eta=0.7$，其他截面 $\eta=1.0$；

W_{2x}——无翼缘端的毛截面模量（mm^3）；

β_{mx}、β_{my}——等效弯矩系数，应按表 032-2 有关规定采用；

等效弯矩系数 β_{mx}　　　　　　　　　　　　　　表 032-2

条　　件			计 算 公 式	
无侧移框架柱和两端支承的构件	无横向荷载作用时		$\beta_{mx}=0.6+0.4\dfrac{M_2}{M_1}$	（032-21）
	无端弯矩但有横向荷载作用时	跨中单个集中荷载	$\beta_{mx}=1-0.36N/N_{cr}$	（032-22）
		全跨均布荷载	$\beta_{mx}=1-0.18N/N_{cr}$	（032-23）
			$N_{cr}=\dfrac{\pi^2EA}{(\mu l)^2}$	（032-24）
	端弯矩和横向荷载同时作用时		表 032-1 式（032-3）的 $\beta_{mx}M_x$ 应按下式计算：$\beta_{mx}M_x=\beta_{mqx}M_{qx}+\beta_{m1x}M_1$	（032-25）
有侧移框架柱和悬臂构件	① 除第②项规定之外的框架柱		$\beta_{mx}=1-0.36N/N_{cr}$	（032-26）
	② 有横向荷载的柱脚铰接的单层框架和多层框架的底层柱		$\beta_{mx}=1.0$	
	③ 自由端作用有弯矩的悬臂柱		$\beta_{mx}=1-0.36(1-m)N/N_{cr}$	（032-27）

M_1、M_2——端弯矩（N·mm），构件无反弯点时取同号；构件有反弯点时取异号，$|M_1| \geqslant |M_2|$；

　　N_{cr}——弹性临界力（N）；

　　　μ——构件的计算长度系数；

　　M_{qx}——横向荷载产生的最大弯矩设计值（N·mm）；

　　β_{m1x}——取表032-2式（032-21）计算的等效弯矩系数；

　　β_{mqx}——取表032-2式（032-22）或（032-23）计算的等效弯矩系数；

　　　m——自由端弯矩与固定端弯矩之比，当弯矩图无反弯点时取正号，有反弯点时取负号；

　　β_{tx}——等效弯矩系数，应按表032-3有关规定采用；

等效弯矩系数 β_{tx}　　　　　　　　　　　　　　　　　　　　　表 032-3

条　件			计算公式
在弯矩作用平面外有支承的构件，应根据两相邻支承间构件段内的荷载和内力情况确定	无横向荷载作用时		$\beta_{tx}=0.65+0.35\dfrac{M_2}{M_1}$　　（032-28）
	端弯矩和横向荷载同时作用时	使构件产生同向曲率时	$\beta_{tx}=1.0$
		使构件产生反向曲率时	$\beta_{tx}=0.85$
	无端弯矩有横向荷载作用时		$\beta_{tx}=1.0$
弯矩作用平面外为悬臂的构件			$\beta_{tx}=1.0$

　　I_x——对虚轴的毛截面惯性矩（mm^4）；

　　y_0——由虚轴到压力较大分肢的轴线距离或者到压力较大分肢腹板外边缘的距离，两者取较大值（mm）；

　　　M——计算双向压弯圆管构件整体稳定时采用的弯矩值（N·mm），按式（032-10）计算；

　　　β——计算双向压弯整体稳定时采用的等效弯矩系数；

　　N_E——根据构件最大长细比计算的欧拉力，按式（032-14）计算；

W_x、W_y——对强轴和弱轴的毛截面模量（mm^3）；

　　W_{1y}——在 M_y 作用下，对较大受压纤维的毛截面模量（mm^3）；

I_1、I_2——分肢1、分肢2对 y 轴的惯性矩（mm^4）；

y_1、y_2——M_y 作用的主轴平面至分肢1、分肢2的轴线距离（mm）。

033　框架柱的计算长度、单层厂房柱的计算长度应该如何确定？

　　1. 框架柱的计算长度

　　（1）等截面柱，在框架平面内的计算长度应等于该层柱的高度乘以计算长度系数 μ。框架柱的计算长度系数 μ 应按表033-1采用。

　　（2）框架柱在框架平面外的计算长度可取面外支撑点之间的距离。

框架柱的计算长度系数 μ　　　　　　　　　　　　　　表 033-1

计算方法		计算长度系数 μ
一阶弹性分析	无支撑框架	(1)框架柱的计算长度系数 μ 应按《钢结构设计标准》GB 50017—2017 附录 E 表 E.0.2 有侧移框架柱的计算长度系数确定,也可按下列简化公式计算: $$\mu=\sqrt{\dfrac{7.5K_1K_2+4(K_1+K_2)+1.52}{7.5K_1K_2+K_1+K_2}} \qquad (033\text{-}1)$$ 式中:K_1、K_2——分别为相交于柱上端、柱下端的横梁线刚度之和与柱线刚度之和的比值。 当横梁远端为铰接时,应将横梁线刚度乘以 0.5;当横梁远端为嵌固时,则应乘以 2/3。
		(2)设有摇摆柱时,摇摆柱自身的计算长度系数应取 1.0,框架柱的计算长度系数应乘以放大系数 η,η 应按下式计算: $$\eta=\sqrt{1+\dfrac{\sum(N_1/h_1)}{\sum(N_f/h_f)}} \qquad (033\text{-}2)$$ 式中:$\sum(N_f/h_f)$——本层各框架柱轴心压力设计值与柱子高度比值之和; $\sum(N_1/h_1)$——本层各摇摆柱轴心压力设计值与柱子高度比值之和。
		(3)当有侧移框架同层各柱的 N/I 不相同时,柱计算长度系数宜按式(033-3)计算;当框架附有摇摆柱时,框架柱的计算长度系数宜按式(033-5)确定。当根据式(033-3)或式(033-5)计算而得的 μ_i 小于 1.0 时,应取 $\mu_i=1.0$。 $$\mu_i=\sqrt{\dfrac{N_{Ei}}{N_i}\cdot\dfrac{1.2}{K}\sum\dfrac{N_i}{h_i}} \qquad (033\text{-}3)$$ $$N_{Ei}=\pi^2EI_i/h_i^2 \qquad (033\text{-}4)$$ $$\mu_i=\sqrt{\dfrac{N_{Ei}}{N_i}\cdot\dfrac{1.2\sum(N_i/h_i)+\sum(N_{1j}/h_j)}{K}} \qquad (033\text{-}5)$$ 式中:N_i——第 i 根柱轴心压力设计值(N); N_{Ei}——第 i 根柱的欧拉临界力(N); h_i——第 i 根柱高度(mm); K——框架层侧移刚度,即产生层间单位侧移所需的力(N/mm); N_{1j}——第 j 根摇摆柱轴心压力设计值(N); h_j——第 j 根摇摆柱的高度(mm)。
		(4)计算单层框架和多层框架底层的计算长度系数时,K 值宜按柱脚的实际约束情况进行计算,也可按理想情况(铰接或刚接)确定 K 值,并对算得的系数 μ 进行修正。
		(5)当多层单跨框架的顶层采用轻型屋面,或多跨多层框架的顶层抽柱形成较大跨度时,顶层框架柱的计算长度系数应忽略屋面梁对柱子的转动约束。
一阶弹性分析	有支撑框架	当支撑结构(支撑桁架、剪力墙等)满足式(033-6)要求时,为强支撑框架,框架柱的计算长度系数 μ 可按《钢结构设计标准》GB 50017—2017 附录 E 表 E.0.1 无侧移框架柱的计算长度系数确定,也可按式(033-7)计算。 $$S_b\geqslant4.4\left[\left(1+\dfrac{100}{f_y}\right)\sum N_{bi}-\sum N_{0i}\right] \qquad (033\text{-}6)$$ $$\mu=\sqrt{\dfrac{(1+0.41K_1)(1+0.41K_2)}{(1+0.82K_1)(1+0.82K_2)}} \qquad (033\text{-}7)$$ 式中:$\sum N_{bi}$、$\sum N_{0i}$——分别为第 i 层层间所有框架柱用无侧移框架和有侧移框架柱计算长度系数算得的轴压杆稳定承载力之和(N); S_b——支撑结构层侧移刚度,即施加于结构上的水平力与其产生的层间位移角的比值(N); K_1、K_2——分别为相交于柱上端、柱下端的横梁线刚度之和与柱线刚度之和的比值。当梁远端为铰接时,应将横梁线刚度乘以 1.5;当横梁远端为嵌固时,则将横梁线刚度乘以 2。
二阶弹性分析		在每层柱顶附加考虑假想水平力 H_{ni} 时,框架柱的计算长度系数可取 1.0 或其他认可的值。
直接分析设计法		不需要按计算长度法进行构件受压稳定承载力验算。

注:依据《钢结构设计标准》GB 50017—2017 第 5.5.1 条、第 8.3.1 条、第 8.3.5 条规定。

2. 单层厂房柱的计算长度

（1）单层厂房框架柱在框架平面内的计算长度，应按表033-2采用。

（2）当计算框架的格构式柱和桁架式横梁的惯性矩时，应考虑柱或横梁截面高度变化和缀件（或腹杆）变化的影响。

单层厂房框架柱在框架平面内的计算长度 　　　　　　表 033-2

设计条件	计算公式
下端刚性 固定的 带牛腿等 截面柱	单层厂房框架下端刚性固定的带牛腿等截面柱在框架平面内的计算长度应按下列公式确定： $$H_0 = \alpha_N \left[\sqrt{\frac{4+7.5K_b}{1+7.5K_b}} - \alpha_K \left(\frac{H_1}{H} \right)^{1+0.8K_b} \right] H \qquad (033\text{-}8)$$ $$K_b = \frac{\sum(I_{bi}/l_i)}{I_c/H} \qquad (033\text{-}9)$$ 当 $K_b < 0.2$ 时： $$\alpha_K = 1.5 - 2.5K_b \qquad (033\text{-}10)$$ 当 $0.2 \leqslant K_b < 2.0$ 时： $$\alpha_K = 1.0 \qquad (033\text{-}11)$$ $$\gamma = \frac{N_1}{N_2} \qquad (033\text{-}12)$$ 当 $\gamma \leqslant 0.2$ 时：$\alpha_N = 1.0$; $\qquad\qquad (033\text{-}13)$ 当 $\gamma > 0.2$ 时： $$\alpha_N = 1.0 + \frac{H_1}{H_2} \frac{\gamma - 0.2}{1.2} \qquad (033\text{-}14)$$ 式中：H_1、H——分别为柱在牛腿表面以上的高度和柱总高度（图033）(m)； 　　　K_b——与柱连接的横梁线刚度之和与柱线刚度之比； 　　　α_K——和比值 K_b 有关的系数； 　　　α_N——考虑压力变化的系数； 　　　γ——柱上、下段压力比； 　　　N_1、N_2——分别为上、下段柱的轴心压力设计值(N)； 　　　I_{bi}、l_i——分别为第 i 根梁的截面惯性矩(mm^4)和跨度(mm)； 　　　I_c——柱截面惯性矩(mm^4)。 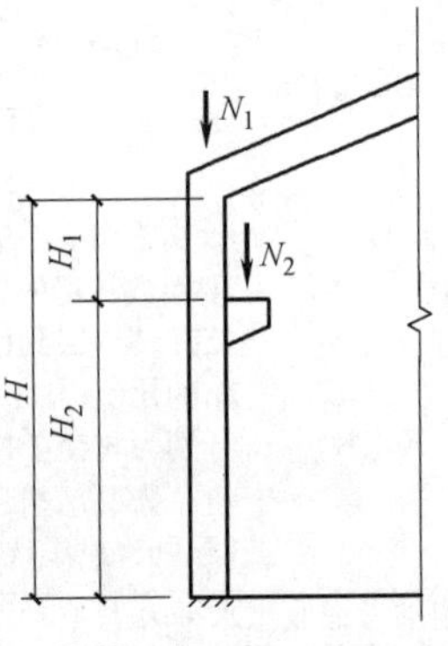

图 033　单层厂房框架示意

续表

设计条件		计算公式
下端刚性固定的阶形柱	单阶柱	单层厂房框架下端刚性固定的阶梯柱,在框架平面内的计算长度应按下列规定确定: (1)单阶柱: ① 下段柱的计算长度系数 μ_2:当柱上端与横梁铰接时,应按下式(033-15)计算得出 μ_2 值乘以表 033-3 的折减系数;当柱上端与桁架型横梁刚接时,应按下式(033-16)计算得出 μ_2 值乘以表 033-3 的折减系数。 $$\eta_1 K_c \cdot \tan\frac{\pi}{\mu_2} \cdot \tan\frac{\pi\eta_1}{\mu_2} - 1 = 0 \qquad (033\text{-}15)$$ 注:式中 μ_2 可直接查《钢结构设计标准》GB 50017—2017 附录 E 表 E.0.3 的数值。 $$\tan\frac{\pi\eta_1}{\mu_2} + \eta_1 K_c \cdot \tan\frac{\pi}{\mu_2} = 0 \qquad (033\text{-}16)$$ 注:式中 μ_2 可直接查《钢结构设计标准》GB 50017—2017 附录 E 表 E.0.4 的数值。 $$K_c = \frac{I_1/H_1}{I_2/H_2} \qquad (033\text{-}17)$$ $$\eta_1 = \frac{H_1}{H_2}\sqrt{\frac{N_1}{N_2} \cdot \frac{I_2}{I_1}} \qquad (033\text{-}18)$$ ② 当柱上端与实腹梁刚接时,下段柱的计算长度系数 μ_2,应按下列公式计算的系数 μ_2^1 乘以表 033-3 的折减系数,系数 μ_2^1 不应大于按柱上端与横梁铰接计算时得到的 μ_2 值,且不小于按柱上端与桁架型横梁刚接计算时得到的 μ_2 值。 $$\mu_2^1 = \frac{\eta_1^2}{2(\eta_1+1)} \cdot \sqrt[3]{\frac{\eta_1-K_b}{K_b}} + (\eta_1-0.5)K_c + 2 \qquad (033\text{-}19)$$ ③ 上端柱的计算长度系数 μ_1 应按下式计算: $$\mu_1 = \frac{\mu_2}{\eta_1} \qquad (033\text{-}20)$$ 式中:I_1、H_1——阶形柱上端柱的惯性矩(mm⁴)和柱高(mm); 　　　I_2、H_2——阶形柱下端柱的惯性矩(mm⁴)和柱高(mm); 　　　K_c——阶形柱上段柱线刚度与下段柱线刚度的比值; 　　　η_1——参数,根据式(033-18)计算。
	双阶柱	(2)双阶柱: ① 下段柱的计算长度系数 μ_3:当柱上端与横梁铰接时,应按式(033-21)计算得出 μ_3 值乘以表 033-3 的折减系数;当柱上端与横梁刚接时,应按式(033-22)计算得出 μ_3 值乘以表 033-3 的折减系数。 $$\frac{\eta_1 K_1}{\eta_2 K_2} \cdot \tan\frac{\pi\eta_1}{\mu_3} \cdot \tan\frac{\pi\eta_2}{\mu_3} + \eta_1 K_1 \cdot \tan\frac{\pi\eta_1}{\mu_3} \cdot \tan\frac{\pi}{\mu_3} + \eta_2 K_2 \cdot \tan\frac{\pi\eta_2}{\mu_3} \cdot \tan\frac{\pi}{\mu_3} - 1 = 0$$ $$(033\text{-}21)$$ 注:式中 μ_3 可直接查《钢结构设计标准》GB 50017—2017 附录 E 表 E.0.5 的数值。 $$\frac{\eta_1 K_1}{\eta_2 K_2} \cdot \operatorname{ctan}\frac{\pi\eta_1}{\mu_3} \cdot \operatorname{ctan}\frac{\pi\eta_2}{\mu_3} + \frac{\eta_1 K_1}{(\eta_2 K_2)^2} \cdot \operatorname{ctan}\frac{\pi\eta_1}{\mu_3} \cdot \operatorname{ctan}\frac{\pi}{\mu_3} + \frac{1}{\eta_2 K_2} \cdot \operatorname{ctan}\frac{\pi\eta_2}{\mu_3} \cdot \operatorname{ctan}\frac{\pi}{\mu_3} - 1 = 0$$ $$(033\text{-}22)$$ 注:式中 μ_3 可直接查《钢结构设计标准》GB 50017—2017 附录 E 表 E.0.6 的数值。 $$K_1 = \frac{I_1}{I_3} \cdot \frac{H_3}{H_1} \qquad (033\text{-}23)$$ $$K_2 = \frac{I_2}{I_3} \cdot \frac{H_3}{H_2} \qquad (033\text{-}24)$$

设计条件		计算公式	
下端刚性 固定的 阶形柱	双阶柱	$$\eta_1 = \frac{H_1}{H_3}\sqrt{\frac{N_1}{N_3} \cdot \frac{I_3}{I_1}}$$	(033-25)
		$$\eta_2 = \frac{H_2}{H_3}\sqrt{\frac{N_2}{N_3} \cdot \frac{I_3}{I_2}}$$	(033-26)
		式中：H_1、N_1、I_1——分别为上柱的柱高(m)、轴力压力设计值(N)和惯性矩(mm⁴)； $\quad\quad\ H_2$、N_2、I_2——分别为中柱的柱高(m)、轴力压力设计值(N)和惯性矩(mm⁴)； $\quad\quad\ H_3$、N_3、I_3——分别为下柱的柱高(m)、轴力压力设计值(N)和惯性矩(mm⁴)。 ②上段柱和中段柱的计算长度系数 μ_1 和 μ_2，应按下列公式计算：	
		$$\mu_1 = \frac{\mu_3}{\eta_1}$$	(033-27)
		$$\mu_2 = \frac{\mu_3}{\eta_2}$$	(033-28)
		式中：η_1、η_2——参数，可分别根据式(033-25)、式(033-26)计算。	

注：依据《钢结构设计标准》GB 50017—2017 第 8.3.2 条、第 8.3.3 条和第 8.3.4 条以及附录 E 规定。

单层厂房阶形柱计算长度的折减系数　　　　　表 033-3

厂房类型				折减系数
单跨或多跨	纵向温度区段内 一个柱列的柱子数	屋面情况	厂房两侧是否有通长 的屋盖纵向水平支撑	
单跨	等于或少于 6 个	—	—	0.9
	多于 6 个	非大型混凝土屋面板的屋面	无纵向水平支撑	
			有纵向水平支撑	0.8
		大型混凝土屋面板的屋面	—	
多跨	—	非大型混凝土屋面板的屋面	无纵向水平支撑	
			有纵向水平支撑	0.7
		大型混凝土屋面板的屋面	—	

注：依据《钢结构设计标准》GB 50017—2017 第 8.3.3 条规定。

2.4　构件局部稳定和屈曲后强度

034　受弯构件局部稳定和焊接截面梁腹板考虑屈曲后强度应该如何计算？

1. 受弯构件局部稳定和焊接截面梁腹板考虑屈曲后强度计算重点（表 034）

受弯构件局部稳定和焊接截面梁腹板考虑屈曲后强度计算　　　　　表 034

项次	计算项目	计算内容
1	局部稳定	(1)承受静力荷载和间接承受动力荷载的焊接截面梁可考虑腹板屈曲后强度,按本表项次 2 的规定计算其受弯和受剪承载力。不考虑腹板屈曲后强度时,当 $h_0/t_w > 80\varepsilon_k$,焊接截面梁应计算腹板的稳定性。$h_0$ 为腹板的计算高度,t_w 为腹板的厚度。轻级、中级工作制吊车梁计算腹板的稳定时,吊车轮压设计值可乘以折减系数 0.9。 (2)焊接截面梁腹板配置加劲肋应符合下列规定：

项次	计算项目	计算内容
1	局部稳定	① 当 $h_0/t_w \leqslant 80\varepsilon_k$ 时,对有局部压应力的梁,宜按构造配置横向加劲肋;当局部压应力较小时,可不配置加劲肋。 ② 直接承受动力荷载的吊车梁及类似构件,应按下列规定配置加劲肋(图 034-1): (a)当 $h_0/t_w > 80\varepsilon_k$ 时,应配置横向加劲肋; (b)当受压翼缘扭转受到约束且 $h_0/t_w > 170\varepsilon_k$、受压翼缘扭转未受到约束且 $h_0/t_w > 150\varepsilon_k$,或按计算需要时,应在弯曲应力较大区格的受压区增加配置纵向加劲肋。局部压应力很大的梁,必要时尚宜在受压区配置短加劲肋;对单轴对称梁,当确定是否要配置纵向加劲肋时,h_0 应取腹板受压区高度 h_c 的 2 倍。 图 034-1　加劲肋布置 1—横向加劲肋;2—纵向加劲肋;3—短加劲肋 ③ 不考虑腹板屈曲后强度时,当 $h_0/t_w > 80\varepsilon_k$ 时,宜配置横向加劲肋。 ④ h_0/t_w 不宜超过 250。 ⑤ 梁的支座处和上翼缘受有较大固定集中荷载处,宜设置支承加劲肋。 ⑥ 腹板的计算高度 h_0 应按下列规定采用:对轧制型钢梁,为腹板与上、下翼缘相接处两内弧起点间的距离;对焊接截面梁,为腹板高度;对高强度螺栓连接(或铆接)梁,为上、下翼缘与腹板连接的高强度螺栓(或铆钉)线间最近距离(图 034-1)。 (3)仅配置横向加劲肋的腹板[图 034-1(a)],其各区格的局部稳定应按下列公式计算: $$\left(\frac{\sigma}{\sigma_{cr}}\right)^2 + \left(\frac{\tau}{\tau_{cr}}\right)^2 + \frac{\sigma_c}{\sigma_{c \cdot cr}} \leqslant 1.0 \qquad (034\text{-}1)$$ $$\tau = \frac{V}{h_w t_w} \qquad (034\text{-}2)$$ σ_{cr} 应按下列公式计算: 当 $\lambda_{n,b} \leqslant 0.85$ 时: $\sigma_{cr} = f$　　$(034\text{-}3)$ 当 $0.85 < \lambda_{n,b} \leqslant 1.25$ 时: $\sigma_{cr} = [1 - 0.75(\lambda_{n,b} - 0.85)]f$　　$(034\text{-}4)$ 当 $\lambda_{n,b} > 1.25$ 时: $\sigma_{cr} = 1.1 f/\lambda_{n,b}^2$　　$(034\text{-}5)$ 当梁受压翼缘扭转受到约束时: $\lambda_{n,b} = \dfrac{2h_c/t_w}{177} \cdot \dfrac{1}{\varepsilon_k}$　　$(034\text{-}6)$

项次	计算项目	计算内容	

当梁受压翼缘扭转未受到约束时：$\lambda_{n,b} = \dfrac{2h_c/t_w}{138} \cdot \dfrac{1}{\varepsilon_k}$ (034-7)

τ_{cr} 应按下列公式计算：

当 $\lambda_{n,s} \leqslant 0.8$ 时：$\tau_{cr} = f_v$ (034-8)

当 $0.8 < \lambda_{n,s} \leqslant 1.2$ 时：$\tau_{cr} = [1-0.59(\lambda_{n,s}-0.8)]\,f_v$ (034-9)

当 $\lambda_{n,s} > 1.2$ 时：$\tau_{cr} = 1.1\,f_v/\lambda_{n,s}^2$ (034-10)

当 $a/h_0 \leqslant 1.0$ 时：$\lambda_{n,s} = \dfrac{h_0/t_w}{37\eta\sqrt{4+5.34(h_0/a)^2}} \cdot \dfrac{1}{\varepsilon_k}$ (034-11)

当 $a/h_0 > 1.0$ 时：$\lambda_{n,s} = \dfrac{h_0/t_w}{37\eta\sqrt{5.34+4(h_0/a)^2}} \cdot \dfrac{1}{\varepsilon_k}$ (034-12)

$\sigma_{c,cr}$ 应按下列公式计算：

当 $\lambda_{n,c} \leqslant 0.9$ 时：$\sigma_{c,cr} = f$ (034-13)

当 $0.9 < \lambda_{n,c} \leqslant 1.2$ 时：$\sigma_{c,cr} = [1-0.79(\lambda_{n,c}-0.9)]\,f$ (034-14)

当 $\lambda_{n,c} > 1.2$ 时：$\sigma_{c,cr} = 1.1f/\lambda_{n,c}^2$ (034-15)

当 $0.5 \leqslant a/h_0 \leqslant 1.5$ 时：$\lambda_{n,c} = \dfrac{h_0/t_w}{28\sqrt{10.9+13.4(1.83-a/h_0)^3}} \cdot \dfrac{1}{\varepsilon_k}$ (034-16)

当 $1.5 < a/h_0 \leqslant 2.0$ 时：$\lambda_{n,c} = \dfrac{h_0/t_w}{28\sqrt{18.9-5a/h_0}} \cdot \dfrac{1}{\varepsilon_k}$ (034-17)

(4)同时用横向加劲肋和纵向加劲肋加强的腹板[图 034-1(b)、图 034-1(c)]，其局部稳定性应按下列公式计算：

① 受压翼缘与纵向加劲肋之间的区格：

$$\frac{\sigma}{\sigma_{cr1}} + \left(\frac{\sigma_c}{\sigma_{c\cdot cr1}}\right)^2 + \left(\frac{\tau}{\tau_{cr1}}\right)^2 \leqslant 1.0 \quad\quad (034\text{-}18)$$

其中，σ_{cr1}、τ_{cr1}、$\sigma_{c,cr1}$ 应分别按下列方法计算：

(a)σ_{cr1} 应按本表式(034-3)～式(034-5)计算，但将式中的 $\lambda_{n,b}$ 改用下列 $\lambda_{n,b1}$ 代替。

当梁受压翼缘扭转受到约束时：$\lambda_{n,b1} = \dfrac{h_1/t_w}{75\varepsilon_k}$ (034-19)

当梁受压翼缘扭转未受到约束时：$\lambda_{n,b1} = \dfrac{h_1/t_w}{64\varepsilon_k}$ (034-20)

(b)τ_{cr1} 应按本表式(034-8)～式(034-12)计算，但将式中的 h_0 改为 h_1。

(c)$\sigma_{c,cr1}$ 应按本表式(034-3)～式(034-5)计算，但将式中的 $\lambda_{n,b}$ 改用 $\lambda_{n,c1}$ 代替。

当梁受压翼缘扭转受到约束时：$\lambda_{n,c1} = \dfrac{h_1/t_w}{56\varepsilon_k}$ (034-21)

当梁受压翼缘扭转未受到约束时：$\lambda_{n,c1} = \dfrac{h_1/t_w}{40\varepsilon_k}$ (034-22)

② 受拉翼缘与纵向加劲肋之间的区格：

$$\left(\frac{\sigma_2}{\sigma_{cr2}}\right)^2 + \left(\frac{\tau}{\tau_{cr2}}\right)^2 + \frac{\sigma_{c2}}{\sigma_{c\cdot cr2}} \leqslant 1.0 \quad\quad (034\text{-}23)$$

其中，σ_{cr2}、τ_{cr2}、$\sigma_{c,cr2}$ 应分别按下列方法计算：

(a)σ_{cr2} 应按本表式(034-3)～式(034-5)计算，但将式中的 $\lambda_{n,b}$ 改用 $\lambda_{n,b2}$ 代替。

$$\lambda_{n,b2} = \frac{h_2/t_w}{194\varepsilon_k} \quad\quad (034\text{-}24)$$

(b)τ_{cr2} 应按本表式(034-8)～式(034-12)计算，但将式中的 h_0 改为 h_2 $(h_2 = h_0 - h_1)$。

项次 1，计算项目：局部稳定

续表

项次	计算项目	计算内容
1	局部稳定	(c)$\sigma_{c,cr2}$ 应按本表式(034-13)～式(034-17)计算,但将式中的 h_0 改为 h_2,当 $a/h_2>2$ 时,取 $a/h_2=2$。 (5)在受压翼缘与纵向加劲肋之间设有短加劲肋的区格[图 034-1(d)],其局部稳定性应按本表式(034-18)计算。该式中的 σ_{cr1} 仍按本表第(4)条第①款计算;τ_{cr1} 按本表式(034-8)～式(034-12)计算,但将 h_0 和 a 改为 h_1 和 a_1,a_1 为短向加劲肋间距;$\sigma_{c,cr1}$ 按本表式(034-3)～式(034-5)计算,但式中 $\lambda_{n,b}$ 改用下列 $\lambda_{n,c1}$ 代替。 当梁受压翼缘扭转受到约束时:$\lambda_{n,c1}=\dfrac{a_1/t_w}{87\varepsilon_k}$ (034-25) 当梁受压翼缘扭转未受到约束时:$\lambda_{n,c1}=\dfrac{a_1/t_w}{73\varepsilon_k}$ (034-26) 对 $a_1/h_1>1.2$ 的区格,式(034-25)或式(034-26)右侧应乘以 $\dfrac{1}{\sqrt{0.4+0.5a_1/h_1}}$。 (6)加劲肋的设置应符合下列规定: ① 加劲肋宜在腹板两侧成对配置,也可单侧配置,但支承加劲肋、重级工作制吊车梁的加劲肋不应单侧配置。 ② 横向加劲肋的最小间距应为 $0.5h_0$,除无局部压应力的梁,当 $h_0/t_w\le100$ 时,最大间距可采用 $2.5h_0$ 外,最大间距应为 $2h_0$。纵向加劲肋至腹板计算高度受压边缘的距离应为 $h_c/2.5\sim h_c/2$。 ③ 在腹板两侧成对配置的钢板横向加劲肋,其截面尺寸应符合下列公式规定: 外伸宽度: $b_s\ge\dfrac{h_0}{30}+40(mm)$ (034-27) 厚度:承压加劲肋 $t_s\ge\dfrac{b_s}{15}$,不受力加劲肋 $t_s\ge\dfrac{b_s}{19}$ (034-28) ④ 在腹板一侧配置的横向加劲肋,其外伸宽度应大于按式(034-27)算得的 1.2 倍,厚度应按式(034-28)的规定。 ⑤ 在同时采用横向加劲肋和纵向加劲肋加强的腹板中,横向加劲肋的截面尺寸除符合本条第①～第④规定外,其截面惯性矩 I_z 尚应符合下式要求: $I_z\ge3h_0t_w^3$ (034-29) 纵向加劲肋的截面惯性矩 I_y,应符合下列公式要求: 当 $a/h_0\le0.85$ 时: $I_y\ge1.5h_0t_w^3$ (034-30) 当 $a/h_0>0.85$ 时: $I_y\ge\left(2.5-0.45\dfrac{a}{h_0}\right)\left(\dfrac{a}{h_0}\right)^2h_0t_w^3$ (034-31) ⑥ 短加劲肋的最小间距为 $0.75h_1$。短加劲肋外伸宽度应取横向加劲肋外伸宽度的 0.7 倍～1.0 倍,厚度不应小于短加劲肋外伸宽度的 1/15。 ⑦ 用型钢(H 型钢、工字钢、槽钢、肢尖焊于腹板的角钢)做成的加劲肋,其截面惯性矩不得小于相应钢板加劲肋的惯性矩。在腹板两侧成对配置的加劲肋,其截面惯性矩应按腹板中心线为轴线进行计算。在腹板一侧配置的加劲肋,其截面惯性矩应按加劲肋相连的腹板边缘为轴线进行计算。 ⑧ 焊接梁的横向加劲肋与翼缘板、腹板相接处应切角,当作为焊接工艺孔时,切角宜采用半径 $R=30mm$ 的 1/4 圆弧。 (7)梁的支承加劲肋应符合下列规定: ① 应按承受梁支座反力或固定集中荷载的轴心受压构件计算其在腹板平面外的稳定性;此受压构件的截面应包括加劲肋和加劲肋每侧 $15t_w\varepsilon_k$ 范围内的腹板面积,计算长度取 h_0。 ② 当梁支承加劲肋的端部为刨平顶紧时,应按其所承受的支座反力或固定集中荷载计算其端面承压应力;突缘支座的突缘加劲肋的伸出长度不得大于其厚度的 2 倍;当端部为焊接时,应按传力情况计算其焊缝应力。 ③ 支承加劲肋与腹板的连接焊缝,应按传力需要进行计算。

项次	计算项目	计算内容
2	焊接截面梁腹板考虑屈曲后强度计算	(8)腹板仅配置支承加劲肋且较大荷载处尚有中间横向加劲肋,同时考虑屈曲后强度的工字形焊接截面梁[图034-1(a)],应按下列公式验算受弯和受剪承载能力: $$\left(\frac{V}{0.5V_{u}}-1\right)^{2}+\frac{M-M_{f}}{M_{eu}-M_{f}}\leqslant 1.0 \quad (034\text{-}32)$$ $$M_{f}=\left(A_{f1}\frac{h_{m1}^{2}}{h_{m2}}+A_{f2}h_{m2}\right)f \quad (034\text{-}33)$$ 梁受弯承载力设计值 M_{eu} 应按下列公式计算: $$M_{eu}=\gamma_{x}\alpha_{e}W_{x}f \quad (034\text{-}34)$$ $$\alpha_{e}=1-\frac{(1-\rho)h_{c}^{3}t_{w}}{2I_{x}} \quad (034\text{-}35)$$ 当 $\lambda_{n,b}\leqslant 0.85$ 时: $\rho=1.0$ 当 $0.85<\lambda_{n,b}\leqslant 1.25$ 时: $\rho=1-0.82(\lambda_{n,b}-0.85)$ $\quad(034\text{-}36)$ 当 $\lambda_{n,b}>1.25$ 时: $\rho=\frac{1}{\lambda_{n,b}}\left(1-\frac{0.2}{\lambda_{n,b}}\right)$ $\quad(034\text{-}37)$ $\lambda_{n,b}$ 按式(034-6)、式(034-7)计算。 梁受剪承载力设计值 V_{u} 应按下列公式计算: 当 $\lambda_{n,s}\leqslant 0.8$ 时: $V_{u}=h_{w}t_{w}f_{v}$ $\quad(034\text{-}38)$ 当 $0.8<\lambda_{n,s}\leqslant 1.2$ 时: $V_{u}=h_{w}t_{w}f_{v}[1-0.5(\lambda_{n,s}-0.8)]$ $\quad(034\text{-}39)$ 当 $\lambda_{n,s}>1.2$ 时: $V_{u}=h_{w}t_{w}f_{v}/\lambda_{n,s}^{1.2}$ $\quad(034\text{-}40)$ $\lambda_{n,s}$ 按式(034-11)、式(034-12)计算,当焊接截面梁仅配置支承加劲肋时,式(034-12)中的 $h_{0}/a=0$。 (9)加劲肋的设计应符合下列规定: ① 当仅配置支座加劲肋不能满足本表式(034-32)的要求时,应在两侧成对配置中间横向加劲肋。中间横向加劲肋和上端受有集中压力的中间支承加劲肋,其截面尺寸除应满足本表式(034-27)和式(034-28)的要求外,尚应按轴心受压构件计算其腹板平面外的稳定性,轴心压力应按下式计算: $N_{s}=V_{u}-\tau_{cr}h_{w}t_{w}+F$ $\quad(034\text{-}41)$ ② 当腹板在支座旁的区格 $\lambda_{n,s}>0.8$ 时,支座加劲肋除承受梁的支座反力外,尚应承受拉力场的水平分力 H,应按压弯构件计算其强度和在腹板平面外的稳定,支座加劲肋截面和计算长度应符合本表第(6)条的规定,H 的作用点在距腹板计算高度上边缘 $h_{0}/4$ 处,其值应按下式计算: $H=(V_{u}-\tau_{cr}h_{w}t_{w})\sqrt{1+(a/h_{0})^{2}}$ $\quad(034\text{-}42)$ ③ 当支座加劲肋采用图034-2的构造形式时,可按下述简化方法进行计算:加劲肋1作为承受支座反力 R 的轴心压杆计算,封头肋板2的截面不应小于下式计算的数值: $$A_{c}=\frac{3h_{0}H}{16ef} \quad (034\text{-}43)$$ 图 034-2　设置封头肋板的梁端构造 1—加劲肋;2—封头肋板 ④ 考虑腹板屈曲后强度的梁,腹板高厚比不应大于250,可按构造需要设置中间横向加劲肋。$a>2.5h_{0}$ 和不设中间横向加劲肋的腹板,当满足本表式(034-1)时,可取水平分力 $H=0$。

注:依据《钢结构设计标准》GB 50017—2017 第6.3节、第6.4节规定。

2. 符号

σ——计算腹板区格内，由平均弯矩产生的腹板计算高度边缘的弯曲压应力（N/mm^2）；

τ——所计算腹板区格内，由平均剪应力产生的腹板平均剪应力（N/mm^2）；

σ_c——腹板计算高度边缘的局部压应力，应按表 030-1 式（030-4）计算，但取式中的 $\psi=1.0$（N/mm^2）；

h_w——腹板高度（mm）；

σ_{cr}、τ_{cr}、$\sigma_{c,cr}$——各种应力单独作用下的临界应力（N/mm^2）；

$\lambda_{n,b}$——梁腹板受弯计算的正则化宽厚比；

h_c——梁腹板弯曲受压区高度，对双轴对称截面 $2h_c=h_0$（mm）；

$\lambda_{n,s}$——梁腹板受剪计算的正则化宽厚比；

η——简支梁取 1.11，框架梁梁端最大应力区取 1；

$\lambda_{n,c}$——梁腹板受局部压力计算时的正则化宽厚比；

h_1——纵向加劲肋至腹板计算高度受压边缘的距离（mm）；

σ_2——所计算区格内由平均弯矩产生的腹板在纵向加劲肋处的弯曲压应力（N/mm^2）；

σ_{c2}——腹板在纵向加劲肋处的横向压应力，取 $0.3\sigma_c$（N/mm^2）；

M、V——所计算同一截面上梁的弯矩设计值（N·mm）和剪力设计值（N）；计算时，当 $V<0.5V_u$，取 $V=0.5V_u$；当 $M<M_f$，取 $M=M_f$；

M_f——梁两翼缘所能承担的弯矩设计值（N·mm）；

A_{f1}、h_{m1}——较大翼缘的截面积（mm^2）及其形心至梁中和轴的距离（mm）；

A_{f2}、h_{m2}——较小翼缘的截面积（mm^2）及其形心至梁中和轴的距离（mm）；

a_e——梁截面模量考虑腹板有效高度的折减系数；

W_x——按受拉或受压最大纤维确定的梁毛截面模量（mm^3）；

I_x——按梁截面全部有效算得的绕 x 轴的惯性矩（mm^4）；

γ_x——梁截面塑性发展系数；

ρ——腹板受压区有效高度系数。

F——作用于中间支承加劲肋上端的集中力（N）；

a——对设中间横向加劲肋的梁，取支座端区格的加劲肋间距；对不设中间横向加劲肋的梁，取梁支座至跨内剪力为零的距离（mm）。

035　实腹式轴心受压构件的局部稳定和屈曲后强度应该如何计算？

实腹式轴心受压构件的局部稳定和屈曲后强度计算，按表 035 采用。

实腹式轴心受压构件的局部稳定和屈曲后强度计算　　　　表 035

项次	计算项目	计算内容
1	局部稳定	(1)实腹轴心受压构件要求不出现局部失稳者,其板件宽厚比应符合下列规定: ① H 形截面腹板 <div align="center">$h_0/t_w \leqslant (25+0.5\lambda)\varepsilon_k$ 　　　　　（035-1）</div>② H 形截面翼缘 <div align="center">$b/t_f \leqslant (10+0.1\lambda)\varepsilon_k$ 　　　　　（035-2）</div>③ 箱形截面壁板

续表

项次	计算项目	计算内容
1	局部稳定	$b/t \leqslant 40\varepsilon_k$ (035-3) ④ T形截面翼缘宽厚比限值应按式(035-2)确定。 T形截面腹板宽厚比限值为： 热轧剖分T型钢 $h_0/t_w \leqslant (15+0.2\lambda)\varepsilon_k$ (035-4) 焊接T型钢 $h_0/t_w \leqslant (13+0.17\lambda)\varepsilon_k$ (035-5) 对焊接构件，h_0取腹板高度h_w；对热轧构件，h_0取腹板平直段长度，简要计算时，可取$h_0=h_w-t_f$，但不小于(h_w-20)mm。 式中：λ——构件的较大长细比；当$\lambda<30$时，取为30；当$\lambda>100$时，取为100； h_0、t_w——分别为腹板计算高度和厚度，按表024-1注2取值(mm)； b、t_f——分别为翼缘板自由外伸宽度和厚度，按表024-1注2取值(mm)； b——壁板的净宽度，当箱形截面设有纵向加劲肋时，为壁板与加劲肋之间的净宽度。 ⑤ 等边角钢轴心受压构件的肢件宽厚比限值为： 当$\lambda \leqslant 80\varepsilon_k$时：$w/t \leqslant 15\varepsilon_k$ (035-6) 当$\lambda > 80\varepsilon_k$时：$w/t \leqslant 5\varepsilon_k + 0.125\lambda$ (035-7) 式中：w、t——分别为角钢的平板宽度和厚度，简要计算时w可取为$b-2t$，b为角钢宽度； λ——按角钢绕非对称主轴回转半径计算的长细比。 ⑥ 圆管压杆的外径与壁厚之比不应超过$100\varepsilon_k^2$。 (2)当轴心受压构件的压力小于稳定承载力φAf时，可将其板件宽厚比限值由本表第(1)条相关公式算得后乘以放大系数$\alpha=\sqrt{\varphi Af/N}$确定。
2	屈曲后强度	(3)板件宽厚比超过本表第(1)条规定的限值时，可采用纵向加劲肋加强；当可考虑屈曲后强度时，轴心受压杆件的强度和稳定性可按下列公式计算： 强度计算：$\frac{N}{A_{ne}} \leqslant f$ (035-8) 稳定性验算：$\frac{N}{\varphi A_e f} \leqslant 1.0$ (035-9) $A_{ne}=\sum \rho_i A_{ni}$ (035-10) $A_e=\sum \rho_i A_i$ (035-11) 式中：A_{ne}、A_e——分别为有效净截面面积和有效毛截面面积(mm^2)； A_{ni}、A_i——分别为各板件净截面面积和毛截面面积(mm^2)； φ——稳定系数，可按毛截面计算； ρ_i——各板件有效截面系数，可按本表第(4)条的规定计算。 (4)H形、工字形、箱形和单角钢截面轴心受压构件的有效截面系数ρ可按下列规定计算： ① 箱形截面的壁板、H形或工字形的腹板： (a)当$b/t \leqslant 42\varepsilon_k$时：$\rho=1.0$ (b)当$b/t > 42\varepsilon_k$时：$\rho=\frac{1}{\lambda_{n,p}}\left(1-\frac{0.19}{\lambda_{n,p}}\right)$ (035-12) $\lambda_{n,p}=\frac{b/t}{56.2\varepsilon_k}$ (035-13) 当$\lambda>52\varepsilon_k$时：$\rho \geqslant (29\varepsilon_k+0.25\lambda)t/b$ (035-14) 式中：b、t——分别为壁板或腹板的净宽度和厚度。 ② 单角钢： 当$w/t>15\varepsilon_k$时：$\rho=\frac{1}{\lambda_{n,p}}\left(1-\frac{0.1}{\lambda_{n,p}}\right)$ (035-15) $\lambda_{n,p}=\frac{w/t}{16.8\varepsilon_k}$ (035-16) 当$\lambda>80\varepsilon_k$时：$\rho \geqslant (5\varepsilon_k+0.13\lambda)t/w$ (035-17) (5)H形、工字形和箱形截面轴心受压构件的腹板，当用纵向加劲肋加强以满足宽厚比限值时，加劲肋宜在腹板两侧成对配置，其一侧外伸宽度不应小于$10t_w$，厚度不应小于$0.75t_w$。

注：依据《钢结构设计标准》GB 50017—2017第7.3节规定。

036　压弯构件的局部稳定和屈曲后强度应该如何计算？

压弯构件的局部稳定和屈曲后强度计算，按表 036 采用。

压弯构件的局部稳定和屈曲后强度计算　　　　　　　　　　　　　表 036

项次	计算项目	计算内容
1	局部稳定	(1)实腹压弯构件要求不出现局部失稳者，其腹板高厚比、翼缘宽厚比应符合表 024-1 的压弯构件 S4 级截面要求。
2	屈曲后强度	(2)工字形和箱形截面压弯构件的腹板高厚比超过本标准表 024-1 规定的 S4 级截面要求时，其构件设计应符合下列规定： ① 应以有效截面代替实际截面按本条第②计算杆件的承载力。 (a)工字形截面腹板受压区的有效宽度应取为： $$h_e = \rho h_c \qquad (036\text{-}1)$$ 当 $\lambda_{n,p} \leqslant 0.75$ 时：$\rho = 1.0$ 当 $\lambda_{n,p} > 0.75$ 时：$$\rho = \frac{1}{\lambda_{n,p}}\left(1 - \frac{0.19}{\lambda_{n,p}}\right) \qquad (036\text{-}2)$$ $$\lambda_{n,p} = \frac{h_w/t_w}{28.1\sqrt{k_\sigma}} \cdot \frac{1}{\varepsilon_k} \qquad (036\text{-}3)$$ $$k_\sigma = \frac{16}{2-\alpha_0+\sqrt{(2-\alpha_0)^2+0.112\alpha_0^2}} \qquad (036\text{-}4)$$ 式中：h_c、h_e——分别为腹板受压区宽度和有效宽度，当腹板全部受压时，$h_c=h_w$(mm)； 　　　ρ——有效截面系数，可按本表式(036-2)计算； 　　　α_0——参数，按式(024)计算。 (b)工字形截面腹板有效宽度 h_e 应按下列公式计算： 当截面全部受压，即 $\alpha_0 \leqslant 1$ 时[图 036(a)]： $$h_{e1} = 2h_e/(4+\alpha_0) \qquad (036\text{-}5)$$ $$h_{e2} = h_e - h_{e1} \qquad (036\text{-}6)$$ 当截面部分受拉，即 $\alpha_0 > 1$ 时[图 036(b)]： $$h_{e1} = 0.4h_e \qquad (036\text{-}7)$$ $$h_{e2} = 0.6h_e \qquad (036\text{-}8)$$ (a)　　　　　　　　　(b) 图 036　有效宽度的分布 (a)截面全部受压；(b)截面部分受拉 (c)箱形截面压弯构件翼缘宽厚比超限时也应按式(036-1)计算其有效宽度，计算时取 $k_\sigma=4.0$。有效宽度在两侧均等分布。 ② 应采用下列公式计算其承载力：

项次	计算项目	计算内容
2	屈曲后强度	强度计算： $$\frac{N}{A_{ne}} \pm \frac{M_x + Ne}{W_{nex}} \leqslant f \qquad (036\text{-}9)$$ 平面内稳定计算： $$\frac{N}{\varphi_x A_e f} + \frac{\beta_{mx} M_x + Ne}{W_{e1x}(1 - 0.8N/N'_{Ex})f} \leqslant 1.0 \qquad (036\text{-}10)$$ 平面外稳定计算： $$\frac{N}{\varphi_y A_e f} + \eta \frac{\beta_{tx} M_x + Ne}{\varphi_b W_{e1x} f} \leqslant 1.0 \qquad (036\text{-}11)$$ 式中：A_{ne}、A_e——分别为有效净截面面积和有效毛截面面积(mm^2)； $\qquad W_{nex}$——有效截面的净截面模量(mm^3)； $\qquad W_{e1x}$——有效截面对较大受压纤维的毛截面模量(mm^3)； $\qquad e$——有效截面形心至原截面形心的距离(mm)。 (3)压弯构件的板件当用纵向加劲肋加强以满足宽厚比限值时,加劲肋宜在板件两侧成对配置,其一侧外伸宽度不应小于板件厚度 t 的 10 倍,厚度不宜小于 $0.75t$。

注：依据《钢结构设计标准》GB 50017—2017 第 8.4 节规定。

2.5 加劲钢板剪力墙

037 加劲钢板剪力墙应该如何计算?

1. 加劲钢板剪力墙计算重点

钢板剪力墙可采用纯钢板剪力墙、防屈曲钢板剪力墙及组合剪力墙,纯钢板剪力墙可采用无加劲钢板剪力墙和加劲钢板剪力墙。加劲钢板剪力墙的计算,按表 037 采用。

加劲钢板剪力墙计算　　　　　　　　　　　　　　　　　　表 037

项次	计算项目	计算内容
1	宽厚比	(1)同时设置水平和竖向加劲肋的钢板剪力墙,纵横加劲肋划分的剪力墙板区格的高宽比宜接近 1,剪力墙板区格的宽厚比宜符合下列规定： 采用开口加劲肋时： $$\frac{a_1 + h_1}{t_w} \leqslant 220\varepsilon_k \qquad (037\text{-}1)$$ 采用闭口加劲肋时： $$\frac{a_1 + h_1}{t_w} \leqslant 250\varepsilon_k \qquad (037\text{-}2)$$
2	刚度参数	(2)同时设置水平和竖向加劲肋的钢板剪力墙,加劲肋的刚度参数宜符合下列公式的要求。 $$\eta_x = \frac{EI_{sx}}{Dh_1} \geqslant 33 \qquad (037\text{-}3)$$ $$\eta_y = \frac{EI_{sy}}{Da_1} \geqslant 50 \qquad (037\text{-}4)$$ $$D = \frac{Et_w^3}{12(1-\nu^2)} \qquad (037\text{-}5)$$

项次	计算项目	计算内容
3	稳定性	（3）设置加劲肋的钢板剪力墙，应根据下列规定计算其稳定性： ① 正则化宽厚比 $\lambda_{n,s}$、$\lambda_{n,\sigma}$、$\lambda_{n,b}$ 应根据下列公式计算： $$\lambda_{n,s}=\sqrt{\frac{f_{yv}}{\tau_{cr}}}\qquad(037\text{-}6)$$ $$\lambda_{n,\sigma}=\sqrt{\frac{f_y}{\sigma_{cr}}}\qquad(037\text{-}7)$$ $$\lambda_{n,b}=\sqrt{\frac{f_y}{\sigma_{bcr}}}\qquad(037\text{-}8)$$ ② 弹塑性稳定系数 φ_s、φ_σ、φ_{bs} 应根据下列公式计算： $$\varphi_s=\frac{1}{(0.378+\lambda_{n,s}^6)^{1/3}}\leqslant1.0\qquad(037\text{-}9)$$ $$\varphi_\sigma=\frac{1}{(1+\lambda_{n,\sigma}^{2.4})^{5/6}}\leqslant1.0\qquad(037\text{-}10)$$ $$\varphi_{bs}=\frac{1}{(0.738+\lambda_{n,b}^6)^{1/3}}\leqslant1.0\qquad(037\text{-}11)$$ ③ 稳定性计算应符合下列公式要求： $$\frac{\sigma_b}{\varphi_{bs}f}\leqslant1.0\qquad(037\text{-}12)$$ $$\frac{\tau}{\varphi_s f_v}\leqslant1.0\qquad(037\text{-}13)$$ $$\frac{\sigma_G}{0.35\varphi_b f}\leqslant1.0\qquad(037\text{-}14)$$ $$\left(\frac{\sigma_b}{\varphi_{bs}f}\right)^2+\left(\frac{\tau}{\varphi_s f_v}\right)^2+\frac{\sigma_\sigma}{\varphi_\sigma f}\leqslant1.0\qquad(037\text{-}15)$$
4	弹性屈曲临界应力	（4）同时设置水平和竖向加劲肋的钢板剪力墙（图037），其弹性剪切屈曲临界应力 τ_{cr} 的计算应符合下列规定： 图 037 带加劲肋的钢板剪力墙 ① 当加劲肋的刚度满足本表第（2）条的要求时，其弹性剪切屈曲临界应力 τ_{cr} 应按下列公式计算： $$\tau_{cr}=\tau_{crp}=k_{ss}^1\frac{\pi^2D}{a_1^2 t_w}\qquad(037\text{-}16)$$ 当 $\frac{h_1}{a_1}\geqslant1$ 时：$\qquad k_{ss}^1=6.5+\frac{5}{(h_1/a_1)^2}\qquad(037\text{-}17)$

项次	计算项目	计算内容
4	弹性屈曲临界应力	当 $\dfrac{h_1}{a_1} < 1$ 时：$\qquad k_{ss}^1 = 5 + \dfrac{6.5}{(h_1/a_1)^2}$ （037-18） ② 当加劲肋的刚度不满足本表第(2)条的要求时，其弹性剪切屈曲临界应力 τ_{cr} 应按下列公式计算： $$\tau_{cr} = \tau_{cr0} + (\tau_{crp} - \tau_{cr0})\left(\dfrac{\eta_{av}}{33}\right)^{0.7} \leqslant \tau_{crp} \quad (037\text{-}19)$$ $$\tau_{cr0} = k_{ss0}\dfrac{\pi^2 D}{L_n^2 t_w} \quad (037\text{-}20)$$ $$\eta_{av} = \sqrt{0.66\dfrac{EI_{sx}}{Da_1}\dfrac{EI_{sy}}{Dh_1}} \quad (037\text{-}21)$$ (5) 同时设置水平和竖向加劲肋的钢板剪力墙，其竖向受压弹性屈曲临界应力 σ_{cr} 的计算应符合下列规定： ① 当加劲肋的刚度满足本表第(2)条的要求时，其竖向受压弹性屈曲临界应力 σ_{cr} 应按下列公式计算： $$\sigma_{cr} = k_{\sigma0}^1 \dfrac{\pi^2 D}{a_1^2 t_w} \quad (037\text{-}22)$$ $$k_{\sigma0}^1 = \chi\left(\dfrac{a_1}{h_1} + \dfrac{h_1}{a_1}\right)^2 \quad (037\text{-}23)$$ ② 当加劲肋的刚度不满足本表第(2)条的要求时，其竖向受压弹性屈曲临界应力 σ_{cr} 的计算应符合下列规定： (a) 参数 D_x、D_y、D_{xy} 应按下列公式计算： $$D_x = D + \dfrac{EI_{sx}}{h_1} \quad (037\text{-}24)$$ $$D_y = D + \dfrac{EI_{sy}}{a_1} \quad (037\text{-}25)$$ $$D_{xy} = D + \dfrac{1}{2}\left[\dfrac{GI_{t,sy}}{a_1} + \dfrac{GI_{t,sx}}{h_1}\right] \quad (037\text{-}26)$$ (b) 竖向临界应力应按下列公式计算： 当 $\dfrac{H_n}{L_n} \leqslant \left(\dfrac{D_y}{D_x}\right)^{0.25}$ 时： $$\sigma_{cr} = \dfrac{\pi^2}{L_n^2 t_w}\left[\left(\dfrac{H_n}{L_n}\right)^2 D_x + \left(\dfrac{L_n}{H_n}\right)^2 D_y + 2D_{xy}\right] \quad (037\text{-}27)$$ 当 $\dfrac{H_n}{L_n} > \left(\dfrac{D_y}{D_x}\right)^{0.25}$ 时： $$\sigma_{cr} = \dfrac{\pi^2}{L_n^2 t_w}\left[\sqrt{D_x D_y} + D_{xy}\right] \quad (037\text{-}28)$$ (6) 同时设置水平和竖向加劲肋的钢板剪力墙，其竖向抗弯弹性屈曲临界应力 σ_{bcr} 应按下列公式计算： 当 $\dfrac{H_n}{L_n} \leqslant \dfrac{2}{3}\left(\dfrac{D_y}{D_x}\right)^{0.25}$ 时： $$\sigma_{bcr} = \dfrac{6\pi^2}{L_n^2 t_w}\left[\left(\dfrac{H_n}{L_n}\right)^2 D_x + \left(\dfrac{L_n}{H_n}\right)^2 D_y + 2D_{xy}\right] \quad (037\text{-}29)$$ 当 $\dfrac{H_n}{L_n} > \dfrac{2}{3}\left(\dfrac{D_y}{D_x}\right)^{0.25}$ 时： $$\sigma_{bcr} = \dfrac{12\pi^2}{L_n^2 t_w}\left[\sqrt{D_x D_y} + D_{xy}\right] \quad (037\text{-}30)$$

注：1 依据《钢结构设计标准》GB 50017—2017 第 9.2 节以及附录 F 第 F.3 的规定。

    2 仅设置竖向加劲肋、仅设置水平加劲肋的钢板剪力墙的弹性屈曲临界应力，应按上述标准附录 F 的规定计算。

2. 符号

a_1——剪力墙板区格宽度（mm）；

h_1——剪力墙板区格高度（mm）；

ε_k——钢号调整系数（mm）；

t_w——钢板剪力墙的厚度（mm）；

η_x、η_y——分别为水平、竖向加劲肋的刚度参数；

E——钢材的弹性模量（N/mm²）；

I_{sx}、I_{sy}——分别为水平、竖向加劲肋的惯性矩（mm⁴），可考虑加劲肋与钢板剪力墙有效宽度组合截面，单侧钢板加劲剪力墙的有效宽度取 15 倍的钢板厚度；

D——单位宽度的弯曲刚度（N·mm）；

ν——钢材的泊松比；

f_{yv}——钢材的屈服抗剪强度（N/mm²），取钢材屈服强度的 58%；

f_y——钢材屈服强度（N/mm²）；

τ_{cr}——弹性剪切屈曲临界应力（N/mm²）；

σ_{cr}——竖向受压弹性屈曲临界应力（N/mm²）；

σ_{bcr}——竖向受弯弹性屈曲临界应力（N/mm²）；

σ_b——由弯矩产生的弯曲压应力设计值（N/mm²）；

τ——钢板剪力墙的剪应力设计值（N/mm²）；

σ_G——竖向重力荷载产生的应力设计值（N/mm²）；

f_v——钢板剪力墙的抗剪强度设计值（N/mm²）；

f——钢板剪力墙的抗压和抗弯强度设计值（N/mm²）；

σ_σ——钢板剪力墙承受的竖向应力设计值（N/mm²）。

τ_{crp}——小区格的剪切屈曲临界应力（N/mm²）；

τ_{cr0}——未加劲板的剪切屈曲临界应力（N/mm²）；

G——加劲肋的剪变模量（N/mm²）；

H_n——钢板剪力墙的净高度（mm）；

L_n——钢板剪力墙的净宽度（mm）。

2.6　塑性及弯矩调幅设计

038　结构或构件应该如何进行塑性及弯矩调幅设计？

塑性及弯矩调幅设计的一般规定、弯矩调幅设计要点、构件的计算以及容许长细比和构造要求，按表 038-1 的规定采用。

塑性及弯矩调幅设计　　　　　　　　　　　　　　　　　　　表 038-1

项次	项目	内　　　　容
1	一般规定	(1)本节规定宜用于不直接承受动力荷载的下列结构或构件： ① 超静定梁；

项次	项目	内　容
1	一般规定	② 由实腹式构件组成的单层框架结构； ③ 2层~6层框架结构其层侧移不大于容许侧移的50%； ④ 满足下列条件之一的框架-支撑(剪力墙、核心筒等)结构中的框架部分： (a)结构下部1/3楼层的框架部分承担的水平力不大于该层总水平力的20%； (b)支撑(剪力墙)系统能够承担所有水平力。 (2)塑性及弯矩调幅设计时，容许形成塑性铰的构件应为单向弯曲的构件。 (3)结构或构件采用塑性或弯矩调幅设计时应符合下列规定： ① 按正常使用极限状态设计时，应采用荷载的标准值，并应按弹性理论进行计算； ② 按承载能力极限状态设计时，应采用荷载的设计值，用简单塑性理论进行内力分析； ③ 柱端弯矩及水平荷载产生的弯矩不得进行调幅。 (4)采用塑性设计的结构及进行弯矩调幅的构件，钢材性能应符合本书表012的有关规定。 (5)采用塑性及弯矩调幅设计的结构构件，其截面板件宽厚比等级应符合下列规定： ① 形成塑性铰并发生塑性转动的截面，其截面板件宽厚比等级应采用S1级； ② 最后形成塑性铰的截面，其截面板件宽厚比等级不应低于S2级截面要求； ③ 其他截面板件宽厚比等级不应低于S3级截面要求。 (6)构成抗侧力支撑系统的梁、柱构件，不得进行弯矩调幅设计。 (7)采用塑性设计，或采用弯矩调幅设计且结构为有侧移失稳时，框架柱的计算长度系数应乘以1.1的放大系数。
2	弯矩调幅设计要点	(1)当采用一阶弹性分析的框架-支撑结构进行弯矩调幅设计时，框架柱计算长度系数可取为1.0，支撑系统应满足本书表033-1式(033-6)的要求。 (2)当采用一阶弹性分析时，对于连续梁、框架梁和钢梁及钢-混凝土组合梁的调幅幅值限值及挠度和侧移增大系数应按表038-2及表038-3的规定采用。
3	构件的计算	(1)除塑性铰部位的强度计算外，受弯构件的强度和稳定性计算应符合本书第2.1节的规定。 (2)受弯构件的剪切强度应符合下式要求： $$V \leqslant h_w t_w f_v \qquad (038\text{-}1)$$ 式中：h_w、t_w——腹板高度和厚度(mm)； 　　　V——构件的剪力设计值(N)； 　　　f_v——钢材抗剪强度设计值(N/mm^2)。 (3)除塑性铰部位的强度计算外，压弯构件的强度和稳定性计算应符合本书第2.3节的规定。 (4)塑性铰部位的强度计算应符合下列规定： ① 采用塑性铰设计和弯矩调幅设计时，塑性铰部位的强度计算应符合下列公式的规定： $$N \leqslant 0.6 A_n f \qquad (038\text{-}2)$$ 当 $\dfrac{N}{A_n f} \leqslant 0.15$ 时： 塑性设计： $$M_x \leqslant 0.9 W_{npx} f \qquad (038\text{-}3)$$ 弯矩调幅设计： $$M_{nx} \leqslant \gamma_x W_{nx} f \qquad (038\text{-}4)$$ 当 $\dfrac{N}{A_n f} > 0.15$ 时： 塑性设计： $$M_x \leqslant 1.05 \left(1 - \dfrac{N}{A_n f}\right) W_{npx} f \qquad (038\text{-}5)$$

项次	项目	内　　容
3	构件的计算	弯矩调幅设计: $$M_{nx} \leqslant 1.15\left(1-\frac{N}{A_n f}\right)\gamma_x W_{nx} f \tag{038-6}$$ ② 当 $V > 0.5 h_w t_w f_v$ 时,验算受弯承载力所用的腹板强度设计值 f 可折减为 $(1-\rho)f$,折减系数 ρ 应按下式计算: $$\rho \leqslant [2V/(h_w t_w f_v)-1]^2 \tag{038-7}$$ 式中:N——构件的压力设计值(N); 　　　M——构件的弯矩设计值(N·mm); 　　　A_n——净截面面积(mm^2); 　　　W_{npx}——对 x 轴的塑性净截面模量(mm^3); 　　　f——钢材抗弯强度设计值(N/mm^2)。
4	容许长细比和构造要求	(1)受压构件的长细比不宜大于 $130\varepsilon_k$。 (2)当钢梁的上翼缘没有通长的刚性铺板或防止侧向弯扭屈曲的构件时,在构件出现塑性铰的截面处应设置侧向支承。该支承点与其相邻支承点间构件的长细比 λ_y 应符合下列规定: 当 $-1 \leqslant \dfrac{M_1}{\gamma_x W_x f} \leqslant 0.5$ 时: $$\lambda_y \leqslant \left(60-40\frac{M_1}{\gamma_x W_x f}\right)\varepsilon_k \tag{038-8}$$ 当 $0.5 < \dfrac{M_1}{\gamma_x W_x f} \leqslant 1$ 时: $$\lambda_y \leqslant \left(45-10\frac{M_1}{\gamma_x W_x f}\right)\varepsilon_k \tag{038-9}$$ $$\lambda_y = \frac{l_1}{i_y} \tag{038-10}$$ 式中:λ_y——弯矩作用平面外的长细比; 　　　l_1——侧向支承点间距离(mm);对不出现塑性铰的构件区段,其侧向支承点间距应由本书第2.1节和第2.3节内有关弯矩作用平面外的整体稳定计算确定; 　　　i_y——截面绕弱轴的回转半径(mm); 　　　M_1——与塑性铰距离为 l_1 的侧向支承点处的弯矩(N·mm);当长度 l_1 内为同向曲率时,$M_1/(\gamma_x' W_x f)$ 为正;当为反向曲率时,$M_1/(\gamma_x W_x f)$ 为负。 (3)当工字钢梁受拉的上翼缘有楼板或刚性铺板与钢梁可靠连接时,形成塑性铰的截面应满足下列要求之一: ① 根据本书表030公式(030-12)计算的正则化长细比不大于0.3; ② 布置间距不大于2倍梁高的加劲肋; ③ 受压下翼缘设置侧向支撑。 (4)用作减少构件弯矩作用平面外计算长度的侧向支撑,其轴心力应按本书031第4段(轴心受压构件的支撑)确定。 (5)所有节点及其连接应有足够的刚度,应保证在出现塑性铰前节点处各构件间的夹角保持不变。构件拼接和构件间的连接应能传递该处最大弯矩设计值的1.1倍,且不得低于 $0.5\gamma_x W_x f$。 (6)当构件采用手工气割或剪切机割时,应将出现塑性铰部位的边缘刨平。当螺栓孔位于构件塑性铰部位的受拉板件上时,应采用钻成孔或先冲后扩钻孔。

注:依据《钢结构设计标准》GB 50017—2017 第10章规定。

钢梁调幅幅度限值及侧移增大系数　　　　　表 038-2

调幅幅度限值	梁截面板件宽厚比等级	侧移增大系数
15％	S1 级	1.00
20％	S1 级	1.05

钢-混凝土组合梁调幅幅度限值及挠度和侧移增大系数　　　　表 038-3

梁分析模型	调幅幅度限值	梁截面板件宽厚比等级	挠度增大系数	侧移增大系数
变截面模型	5％	S1 级	1.00	1.00
	10％	S1 级	1.05	1.05
等截面模型	15％	S1 级	1.00	1.00
	20％	S1 级	1.00	1.05

第3章 连 接

3.1 焊 缝 连 接

039 焊缝连接应该如何计算?

对接焊缝、角接焊缝、对接与角接组合焊缝、塞焊焊缝和槽焊焊缝的强度计算,按表 039-1 采用。

焊缝连接计算 表 039-1

项次	计算项目	计算内容

1	对接焊缝或对接与角接组合焊缝	(1)全熔透对接焊缝或对接与角接组合焊缝应按下列规定进行强度计算:
		 ① 在对接和 T 形连接中,垂直与轴心拉力或轴心压力的对接焊缝或对接与角接组合焊缝,其强度应按下式计算:
		 $$\sigma=\frac{N}{l_w h_e}\leqslant f_t^w 或 f_c^w \qquad (039\text{-}1)$$
		 式中:N——轴心拉力或轴心压力(N);
		   l_w——焊缝长度(mm);
		   h_e——对接焊缝的计算厚度(mm),在对接连接节点中取连接件的较小厚度,在 T 形连接节点中取腹板的厚度;
		 f_t^w、f_c^w——对接焊缝的抗拉、抗压强度设计值(N/mm²),按表 039-3 采用。
		 ② 在对接和 T 形连接中,承受弯矩和剪力共同作用的对接焊缝或对接与角接组合焊缝,其正应力和剪应力应分别进行计算。但在同时受有较大正应力和剪应力处(如梁腹板横向对接焊缝的端部)应按下式计算折算应力:
		 $$\sqrt{\sigma^2+3\tau^2}\leqslant1.1f_t^w \qquad (039\text{-}2)$$
		 (2)部分熔透的对接焊缝(图 039-1)和 T 形对接与角接组合焊缝[图 039-1(c)]的强度,应按本表式(039-3)~(039-5)计算,当熔合线处焊缝截面边长等于或接近于最短距离 s 时,抗剪强度设计值应按角焊缝的强度设计值乘以 0.9。在垂直于焊缝长度
		
		 图 039-1 部分熔透的对接焊缝和 T 形对接与角接组合焊缝截面
		 (a)V 形坡口;(b)单边 V 形坡口;(c)单边 K 形坡口;(d)U 形坡口;(e)J 形坡口

项次	计算项目		计算内容
1	对接焊缝或对接与角接组合焊缝		方向的压力作用下,取 $\beta_f=1.22$,其他情况取 $\beta_f=1.0$,其计算厚度 h_e 宜按下列规定取值,其中 s 为坡口深度,即根部至焊缝表面(不考虑余高)的最短距离(mm);α 为 V 形、单边 V 形或 K 形坡口角度: ① V 形坡口[图 039-1(a)]:当 $\alpha \geqslant 60°$ 时,$h_e=s$;当 $\alpha<60°$ 时,$h_e=0.75s$; ② 单边 V 形和 K 形坡口[图 039-1(b)]、图 039-1(c)]:当 $\alpha=45°\pm5°$ 时,$h_e=s-3$; ③ U 形和 J 形坡口[图 039-1(d)]、图 039-1(e)]:当 $\alpha=45°\pm5°$ 时,$h_e=s$。
2	角焊缝	直角	(3)直角角焊缝应按下列规定进行强度计算: ① 在通过焊缝形心的拉力、压力或剪力作用下: 正面角焊缝(作用力垂直于焊缝长度方向): $$\sigma_f=\frac{N}{h_e l_w}\leqslant \beta_f f_f^w \qquad (039\text{-}3)$$ 侧面角焊缝(作用力平行于焊缝长度方向): $$\tau_f=\frac{N}{h_e l_w}\leqslant f_f^w \qquad (039\text{-}4)$$ ② 在各种力综合作用下,σ_f 和 τ_f 共同作用处: $$\sqrt{\left(\frac{\sigma_f}{\beta_f}\right)^2+\tau_f^2}\leqslant f_f^w \qquad (039\text{-}5)$$ 式中:σ_f——按焊缝有效截面($h_e l_w$)计算,垂直于焊缝长度方向的应力(N/mm²); 　　　τ_f——按焊缝有效截面计算,沿焊缝长度方向的剪应力(N/mm²); 　　　h_e——直角角焊缝的计算厚度(mm),当两焊件间隙 $b\leqslant1.5$mm 时,$h_e=0.7h_f$;1.5mm$<b\leqslant5$mm 时,$h_e=0.7(h_f-b)$,h_f 为焊脚尺寸(图 039-2); (a)　　　　　(b) (c) 图 039-2　直角角焊缝截面 (a)等边直角焊缝截面;(b)不等边直角焊缝截面;(c)等边凹形直角焊缝截面 　　　l_w——角焊缝的计算长度(mm),对每条焊缝取其实际长度减去 $2h_f$; 　　　f_f^w——角焊缝的强度设计值(N/mm²),按表 039-3 采用; 　　　β_f——正面角焊缝的强度设计值增大系数,对承受静力荷载和间接承受动力荷载的结构,$\beta_f=1.22$;对直接承受动力荷载的结构,$\beta_f=1.0$。

项次	计算项目		计算内容
2	角焊缝	斜角	(4)两焊脚边夹角为 $60°≤α≤135°$ 的 T 形连接的斜角焊缝(图 039-3),其强度按本表式(039-3)~(039-5)计算,但取 $β_f=1.0$,其计算厚度 h_e(图 039-4)的计算应符合下列规定: ① 当根部间隙 b、b_1 或 $b_2≤1.5mm$ 时: $$h_e = h_f \cos\frac{α}{2} \qquad (039-6)$$ ② 当根部间隙 b、b_1 或 $b_2>1.5mm$ 但≤5mm 时: $$h_e = \left[h_f - \frac{b(或 b_1、b_2)}{\sinα}\right]\cos\frac{α}{2} \qquad (039-7)$$ ③ 当 $30°≤α<60°$ 时,斜角角焊缝计算厚度 h_e 应将式(039-6)、式(039-7)所计算的焊缝计算厚度 h_e 减去折减值 z,不同焊接条件的折减值 z 应符合表 039-2 的规定; ④ 当 $α<30°$ 时:必须进行焊接工艺评定,确定焊缝计算厚度。 图 039-3 T 形连接的斜角角焊缝截面 (a)凹形锐角焊缝截面;(b)钝角焊缝截面;(c)凹形钝角焊缝截面 图 039-4 T 形连接的根部间隙和焊缝截面
3	塞焊焊缝和槽焊焊缝		(5)圆形塞焊焊缝和圆孔或槽孔内角焊缝的强度应分别按式(039-8)和式(039-9)计算: $$τ_f = \frac{N}{A_w} ≤ f_f^w \qquad (039-8)$$ $$τ_f = \frac{N}{h_e l_w} ≤ f_f^w \qquad (039-9)$$ 式中:A_w——塞焊圆孔面积(mm^2); 　　　l_w——圆孔内或槽孔内角焊缝的计算长度(mm)。
4	折减系数		(6)角焊缝的搭接焊缝连接中,当焊缝计算长度 l_w 超过 $60h_f$ 时,焊缝的承载力设计值应乘以折减系数 $α_f$,$α_f = 1.5 - \dfrac{l_w}{120h_f}$,并不小于 0.5。

项次	计算项目	计算内容
5	焊接截面工字形梁	(7)焊接截面工字形梁翼缘与腹板的焊接连接强度计算应符合下列规定： ① 双面角焊缝连接，其强度应按下式计算，当梁上翼缘受有固定集中荷载时，宜在该处设置顶紧上翼缘的支承加劲肋，按式(039-10)计算时取 $F=0$。 $$\frac{1}{2h_e}\sqrt{\left(\frac{VS_f}{I}\right)^2+\left(\frac{\psi F}{\beta_f l_z}\right)^2}\leqslant f_f^w \qquad (039\text{-}10)$$ 式中：S_f——所计算翼缘毛截面对梁中和轴的面积矩(mm^3)； $\quad\quad I$——梁的毛截面惯性矩(mm^4)； $\quad F$、ψ、l_z——按表 030-1 第(4)条采用。 ② 当腹板与翼缘的连接焊缝采用焊透的 T 形对接与角接组合焊缝时，其焊缝强度可不计算。

注：依据《钢结构设计标准》GB 50017—2017 第 11.2 节规定。

$30°\leqslant\alpha<60°$时的焊缝计算厚度折减值 z　　　　　　　表 039-2

两面角 α	焊接方法	折减值 z(mm)	
		焊接位置立焊或仰焊	焊接位置平焊或横焊
$60°>\alpha\geqslant45°$	焊条电弧焊	3	3
	药芯焊丝自保护焊	3	0
	药芯焊丝气体保护焊	3	0
	实心焊丝气体保护焊	3	0
$45°>\alpha\geqslant30°$	焊条电弧焊	6	6
	药芯焊丝自保护焊	6	3
	药芯焊丝气体保护焊	10	6
	实心焊丝气体保护焊	10	6

焊缝的强度指标（N/mm²）　　　　　　　表 039-3

焊接方法和焊条型号	构件钢材		对接焊缝强度设计值				角焊缝强度设计值	对接焊缝抗拉强 f_u^w	角焊缝抗拉、抗压和抗剪强度 f_u^f
	牌号	厚度或直径(mm)	抗压 f_c^w	焊缝质量为下列等级时，抗拉 f_t^w		抗剪 f_v^w	抗拉、抗压和抗剪 f_f^w		
				一级、二级	三级				
自动焊、半自动焊和 E43 型焊条手工焊	Q235	≤16	215	215	185	125	160	415	240
		>16,≤40	205	205	175	120			
		>40,≤100	200	200	170	115			
自动焊、半自动焊和 E50、E55 型焊条手工焊	Q355	≤16	305	305	260	175	200	480(E50) 540(E55)	280(E50) 315(E55)
		>16,≤40	295	295	250	170			
		>40,≤63	290	290	245	165			
		>63,≤80	280	280	240	160			
		>80,≤100	270	270	230	155			

续表

焊接方法和焊条型号	构件钢材		对接焊缝强度设计值				角焊缝强度设计值	对接焊缝抗拉强 f_u^w	角焊缝抗拉、抗压和抗剪强度 f_u^f
	牌号	厚度或直径（mm）	抗压 f_c^w	焊缝质量为下列等级时,抗拉 f_t^w		抗剪 f_v^w	抗拉、抗压和抗剪 f_t^w		
				一级、二级	三级				
自动焊、半自动焊和E50、E55型焊条手工焊	Q390	≤16	345	345	295	200	200(E50) 220(E55)	480(E50) 540(E55)	280(E50) 315(E55)
		>16,≤40	330	330	280	190			
		>40,≤63	310	310	265	180			
		>63,≤100	295	295	250	170			
自动焊、半自动焊和E55、E60型焊条手工焊	Q420	≤16	375	375	320	215	220(E55) 240(E60)	540(E55) 590(E60)	315(E55) 340(E60)
		>16,≤40	355	355	300	205			
		>40,≤63	320	320	270	185			
		>63,≤100	305	305	260	175			
自动焊、半自动焊和E55、E60型焊条手工焊	Q460	≤16	410	410	350	235	220(E55) 240(E60)	540(E55) 590(E60)	315(E55) 340(E60)
		>16,≤40	390	390	330	235			
		>40,≤63	355	355	300	205			
		>63,≤100	340	340	290	195			
自动焊、半自动焊和E50、E55型焊条手工焊	Q345GJ	>16,≤35	310	310	265	180	200	480(E50) 540(E55)	280(E50) 315(E55)
		>35,≤50	290	290	245	170			
		>50,≤100	285	285	240	165			

注：表中厚度系指计算点的钢材厚度，对轴心受拉和轴心受压构件系指截面中较厚板件的厚度。

040 钢结构焊接连接构造设计应符合哪些规定？焊缝的质量等级应该如何选用？

1. 钢结构焊接连接构造设计应符合下列规定：

（1）尽量减少焊缝的数量和尺寸；

（2）焊缝的布置宜对称于构件截面的形心轴；

（3）节点区留有足够空间，便于焊接操作和焊后检测；

（4）应避免焊缝密集和双向、三向相交；

（5）焊缝位置宜避开最大应力区；

（6）焊缝连接宜选择等强匹配；当不同强度的钢材连接时，可采用与低强度钢材相匹配的焊接材料。

2. 焊缝的质量等级应根据结构的重要性、荷载特性、焊缝形式、工作环境以及应力状态等情况，按下列原则选用：

（1）在承受动荷载且需要进行疲劳验算的构件中，凡要求与母材等强连接的焊缝应焊透，其质量等级应符合下列规定：

① 作用力垂直于焊缝长度方向的横向对接焊缝或T形对接与角接组合焊缝，受拉时应为一级，受压时不应低于二级；

② 作用力平行于焊缝长度方向的纵向对接焊缝不应低于二级；

③ 重级工作制（A6～A8）和起重量 $Q \geqslant 50t$ 的中级工作制（A4、A5）吊车梁的腹板

与上翼缘之间以及吊车桁架上弦杆与节点板之间的 T 形连接部位焊缝应焊透，焊缝形式宜为对接与角接的组合焊缝，其质量等级不应低于二级。

（2）在工作温度等于或低于 -20℃的地区，构件对接焊缝的质量不得低于二级。

（3）不需要疲劳验算的构件中，凡要求与母材等强的对接焊缝宜焊透，其质量等级受拉时不应低于二级，受压时不宜低于二级。

（4）部分焊透的对接焊缝、采用角焊缝或部分焊透的对接与角接组合焊缝的 T 形连接部位，以及搭接连接角焊缝，其质量等级应符合下列规定：

① 直接承受动荷载且需要疲劳验算的结构和吊车起重量等于或大于 50t 的中级工作制吊车梁以及梁柱、牛腿等重要节点不应低于二级；

② 其他结构可为三级。

注：依据《钢结构设计标准》GB 50017—2017 第 11.1.5 条、第 11.1.6 条规定。

041　角焊缝的尺寸应符合哪些规定？

角焊缝的尺寸应符合下列规定：

（1）角焊缝的最小计算长度应为其焊脚尺寸 h_f 的 8 倍，且不应小于 40mm；焊缝计算长度应为扣除引弧、收弧长度后的焊缝长度；

（2）断续角焊缝焊段的最小长度不应小于最小计算长度；

（3）角焊缝最小焊脚尺寸宜按表 041 取值，承受动荷载时角焊缝焊脚尺寸不宜小于 5mm；

（4）被焊构件中较薄板厚度不小于 25mm 时，宜采用开局部坡口的角焊缝；

（5）采用角焊缝焊接连接，不宜将厚板焊接到较薄板上。

角焊缝最小焊脚尺寸（mm）　　　　　　　　　　　　　　表 041

母材厚度 t	角焊缝最小焊脚尺寸 h_f	母材厚度 t	角焊缝最小焊脚尺寸 h_f
$t \leqslant 6$	3	$12 < t \leqslant 20$	6
$6 < t \leqslant 12$	5	$t > 20$	8

注：1　采用不预热的非低氢焊接方法进行焊接时，t 等于焊接连接部位中较厚件厚度，宜采用单道焊缝；采用预热的非低氢焊接方法或低氢焊接方法进行焊接时，t 等于焊接连接部位中较薄件厚度；

　　　2　焊缝尺寸 h_f 不要求超过焊接连接部位中较薄件厚度的情况除外。

注：依据《钢结构设计标准》GB 50017—2017 第 11.3.5 条规定。

042　搭接连接角焊缝的尺寸及布置应符合哪些规定？

搭接连接角焊缝的尺寸及布置应符合下列规定：

（1）传递轴向力的部件，其搭接连接最小搭接长度应为较薄件厚度的 5 倍，且不应小于 25mm（图 042-1），并应施焊纵向或横向双角缝；

（2）只采用纵向角焊缝连接型钢杆件端部时，型钢杆件的宽度不应大于 200mm，当宽度大于 200mm 时，应加横向角焊缝或中间塞焊；型钢杆件每一侧纵向角焊缝的长度不应小于型钢杆件的宽度；

（3）型钢杆件搭接连接采用围焊时，在转角处应连续施焊；杆件端部搭接角焊缝作绕焊时，绕焊长度不应小于焊脚尺寸的 2 倍，并应连续施焊；

（4）搭接焊缝沿母材棱边的最大焊脚尺寸，当板厚不大于 6mm 时，应为母材厚度，当板厚大于 6mm 时，应为母材厚度或减去 1mm～2mm（图 042-2）；

（5）用搭接焊缝传递荷载的套管连接可只焊一条角焊缝，其管材搭接长度 L 不应小于 5 (t_1+t_2)，且不应小于 25mm。搭接焊缝焊脚尺寸应符合设计要求（图 042-3）。

注：依据《钢结构设计标准》GB 50017—2017 第 11.3.6 条规定。

图 042-1 搭接连接双角焊缝的要求

t—t_1 和 t_2 中较小者；h_f—焊脚尺寸，按设计要求

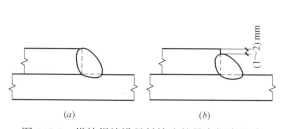

图 042-2 搭接焊缝沿母材棱边的最大焊脚尺寸

（a）母材厚度小于等于 6mm 时；（b）母材厚度大于 6mm 时

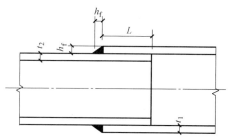

图 042-3 管材套管连接的搭接焊缝最小长度

h_f—焊脚尺寸，按设计要求

043 塞焊和槽焊焊缝的尺寸、间距、焊缝高度应符合哪些规定？

塞焊和槽焊焊缝的尺寸、间距、焊缝高度应符合下列规定：

（1）塞焊和槽焊的有效面积应为贴合面上圆孔或长槽孔的标称面积；

（2）塞焊焊缝的最小中心间隔应为孔径的 4 倍，槽焊焊缝的纵向最小间距应为槽孔长度的 2 倍，垂直于槽孔长度方向的两排槽孔的最小间距应为槽孔宽度的 4 倍；

（3）塞焊孔的最小直径不得小于开孔板厚度加 8mm，最大直径应为最小直径加 3mm 和开孔件厚度的 2.25 倍两值中较大者。槽孔长度不应超过开孔件厚度的 10 倍，最小及最大槽宽规定应与塞焊孔的最小及最大孔径规定相同。

（4）塞焊和槽焊的焊缝高度应符合下列规定：

① 当母材厚度不大于 16mm 时，应与母材厚度相同；

② 当母材厚度大于 16mm 时，不应小于母材厚度的一半和 16mm 两值中较大者。

（5）塞焊焊缝和槽焊焊缝的尺寸应根据贴合面上承受的剪力计算确定。

注：依据《钢结构设计标准》GB 50017—2017 第 11.3.7 条规定。

044 直角角焊缝轴拉、轴压或剪力设计值应该如何选用？

角焊缝的有效面积应为焊缝计算长度与计算厚度的乘积。直角角焊缝的正面轴拉、轴压或侧面剪力设计值按表 044 选用。

直角角焊缝轴拉、轴压或剪力设计值（kN/cm）　　表 044

焊接方法和焊条型号	钢材牌号	f_f^w (N/mm²)	角焊缝设计值 (kN/cm)	角焊缝焊脚尺寸 h_f(mm)							
				3	4	5	6	7	8	9	10
自动焊、半自动焊和 E43 型焊条手工焊	Q235	160	正面轴拉 N_t^w	4.10	5.47	6.83	8.20	9.56	10.93	12.30	13.66
			正面轴压 N_c^w	4.10	5.47	6.83	8.20	9.56	10.93	12.30	13.66
			侧面剪力 N_v^w	3.36	4.48	5.60	6.72	7.84	8.96	10.08	11.20
自动焊、半自动焊和 E50、E55 型焊条手工焊	Q355 Q345GJ	200	正面轴拉 N_t^w	5.12	6.83	8.54	10.25	11.96	13.66	15.37	17.08
			正面轴压 N_c^w	5.12	6.83	8.54	10.25	11.96	13.66	15.37	17.08
			侧面剪力 N_v^w	4.20	5.60	7.00	8.40	9.80	11.20	12.60	14.00
自动焊、半自动焊和 E50 型焊条手工焊	Q390	200	正面轴拉 N_t^w	5.12	6.83	8.54	10.25	11.96	13.66	15.37	17.08
			正面轴压 N_c^w	5.12	6.83	8.54	10.25	11.96	13.66	15.37	17.08
			侧面剪力 N_v^w	4.20	5.60	7.00	8.40	9.80	11.20	12.60	14.00
自动焊、半自动焊和 E55 型焊条手工焊		220	正面轴拉 N_t^w	5.64	7.52	9.39	11.27	13.15	15.03	16.91	18.79
			正面轴压 N_c^w	5.64	7.52	9.39	11.27	13.15	15.03	16.91	18.79
			侧面剪力 N_v^w	4.62	6.16	7.70	9.24	10.78	12.32	13.86	15.40
自动焊、半自动焊和 E55 型焊条手工焊	Q420 Q460	220	正面轴拉 N_t^w	5.64	7.52	9.39	11.27	13.15	15.03	16.91	18.79
			正面轴压 N_c^w	5.64	7.52	9.39	11.27	13.15	15.03	16.91	18.79
			侧面剪力 N_v^w	4.62	6.16	7.70	9.24	10.78	12.32	13.86	15.40
自动焊、半自动焊和 E60 型焊条手工焊		240	正面轴拉 N_t^w	6.15	8.20	10.25	12.30	14.35	16.40	18.45	20.50
			正面轴压 N_c^w	6.15	8.20	10.25	12.30	14.35	16.40	18.45	20.50
			侧面剪力 N_v^w	5.04	6.72	8.40	10.08	11.76	13.44	15.12	16.80

注：1　施工条件较差的高空安装焊缝应乘以系数 0.9；
　　2　进行无垫板的单面施焊对接焊缝的连接计算应乘以折减系数 0.85；
　　3　几种情况同时存在时，其折减系数应连乘；
　　4　角焊缝的计算长度（mm），对每条焊缝取其实际长度减去 $2h_f$；
　　5　计算公式：$N_c^w = h_e \beta_f f_f^w/100$；$N_t^w = h_e \beta_f f_f^w/100$；$N_v^w = h_e f_f^w/100$，其中 $h_e = 0.7h_f$（当两焊件间隙 $b \leqslant 1.5$mm 时），$\beta_f = 1.22$。

045　对接焊缝轴压、轴拉或剪力设计值应该如何选用？

凡要求等强的对接焊缝施焊时均应采用引弧板和引出板，以避免焊缝两端的起、落弧缺陷。对接焊缝轴压、轴拉或剪力设计值按表 045-1、表 045-2、表 045-3 选用。

对接焊缝轴压、轴拉或剪力设计值（kN/cm）　　表 045-1

焊接方法和焊条型号	钢材牌号	连接件的较小厚度 t (mm)	对接焊缝轴压、轴拉或剪力设计值(kN/cm)			
			轴压 N_c^w	焊缝质量为下列等级时，轴拉 N_t^w		剪力 N_v^w
				一、二级	三级	
自动焊、半自动焊和 E43 型焊条手工焊	Q235	6	12.9	12.9	11.1	7.5
		8	17.2	17.2	14.8	10.0
		10	21.5	21.5	18.5	12.5
		12	25.8	25.8	22.2	15.0

续表

焊接方法和焊条型号	钢材牌号	连接件的较小厚度 t（mm）	对接焊缝轴压、轴拉或剪力设计值(kN/cm)			
			轴压 N_c^w	焊缝质量为下列等级时，轴拉 N_t^w		剪力 N_v^w
				一、二级	三级	
自动焊、半自动焊和 E43 型焊条手工焊	Q235	14	30.1	30.1	25.9	17.5
		16	34.4	34.4	29.6	20.0
		18	36.9	36.9	31.5	21.6
		20	41.0	41.0	35.0	24.0
		22	45.1	45.1	38.5	26.4
		24	49.2	49.2	42.0	28.8
		26	53.3	53.3	45.5	31.2
		28	57.4	57.4	49.0	33.6
		30	61.5	61.5	52.5	36.0
		32	65.6	65.6	56.0	38.4
自动焊、半自动焊和 E50、E55 型焊条手工焊	Q355	6	18.3	18.3	15.6	10.5
		8	24.4	24.4	20.8	14.0
		10	30.5	30.5	26.0	17.5
		12	36.6	36.6	31.2	21.0
		14	42.7	42.7	36.4	24.5
		16	48.8	48.8	41.6	28.0
		18	53.1	53.1	45.0	30.6
		20	59.0	59.0	50.0	34.0
		22	64.9	64.9	55.0	37.4
		24	70.8	70.8	60.0	40.8
		26	76.7	76.7	65.0	44.2
		28	82.6	82.6	70.0	47.6
		30	88.5	88.5	75.0	51.0
		32	94.4	94.4	80.0	54.4

注：1 施工条件较差的高空安装焊缝应乘以系数 0.9；
　　2 进行无垫板的单面施焊对接焊缝的连接计算应乘以折减系数 0.85；
　　3 几种情况同时存在时，其折减系数应连乘；
　　4 在某些情特殊况下无法采用引弧板和引出板时，计算每条焊缝长度时应减去 2t；
　　5 计算公式：$N_c^w = h_e f_c^w / 100$；$N_t^w = 10 h_e f_t^w / 100$；$N_v^w = 10 h_e f_v^w / 100$，其中 h_e 取连接件的较小厚度 t。

对接焊缝轴压、轴拉或剪力设计值（kN/cm）　　　　表 045-2

焊接方法和焊条型号	钢材牌号	连接件的较小厚度 t（mm）	对接焊缝轴压、轴拉或剪力设计值(kN/cm)			
			轴压 N_c^w	焊缝质量为下列等级时，轴拉 N_t^w		剪力 N_v^w
				一、二级	三级	
自动焊、半自动焊和 E50、E55 型焊条手工焊	Q390	6	20.7	20.7	17.7	12.0
		8	27.6	27.6	23.6	16.0

焊接方法和焊条型号	钢材牌号	连接件的较小厚度 t (mm)	对接焊缝轴压、轴拉或剪力设计值(kN/cm)			
			轴压 N_c^w	焊缝质量为下列等级时,轴拉 N_t^w		剪力 N_v^w
				一、二级	三级	
自动焊、半自动焊和E50、E55型焊条手工焊	Q390	10	34.5	34.5	29.5	20.0
		12	41.4	41.4	35.4	24.0
		14	48.3	48.3	41.3	28.0
		16	55.2	55.2	47.2	32.0
		18	59.4	59.4	50.4	34.2
		20	66.0	66.0	56.0	38.0
		22	72.6	72.6	61.6	41.8
		24	79.2	79.2	67.2	45.6
		26	85.8	85.8	72.8	49.4
		28	92.4	92.4	78.4	53.2
		30	99.0	99.0	84.0	57.0
		32	105.6	105.6	89.6	60.8
		34	112.2	112.2	95.2	64.6
		36	118.8	118.8	100.8	68.4
		38	125.4	125.4	106.4	72.2
自动焊、半自动焊和E55、E60型焊条手工焊	Q420	6	22.5	22.5	19.2	12.9
		8	30.0	30.0	25.6	17.2
		10	37.5	37.5	32.0	21.5
		12	45.0	45.0	38.4	25.8
		14	52.5	52.5	44.8	30.1
		16	60.0	60.0	51.2	34.4
		18	63.9	63.9	54.0	36.9
		20	71.0	71.0	60.0	41.0
		22	78.1	78.1	66.0	45.1
		24	85.2	85.2	72.0	49.2
		26	92.3	92.3	78.0	53.3
		28	99.4	99.4	84.0	57.4
		30	106.5	106.5	90.0	61.5
		32	113.6	113.6	96.0	65.6
		34	120.7	120.7	102.0	69.7
		36	127.8	127.8	108.0	73.8
		38	134.9	134.9	114.0	77.9

注: 1 施工条件较差的高空安装焊缝应乘以系数0.9;

2 进行无垫板的单面施焊对接焊缝的连接计算应乘以折减系数0.85;

3 几种情况同时存在时,其折减系数应连乘;

4 在某些情特殊况下无法采用引弧板和引出板时,计算每条焊缝长度时应减去 $2t$;

5 计算公式: $N_c^w = h_e f_c^w / 100$; $N_t^w = 10 h_e f_t^w / 100$; $N_v^w = 10 h_e f_v^w / 100$, 其中 h_e 取连接件的较小厚度 t。

对接焊缝轴压、轴拉或剪力设计值（kN/cm）　　　　　　　　表 045-3

焊接方法和焊条型号	钢材牌号	连接件的较小厚度 t（mm）	对接焊缝轴压、轴拉或剪力设计值（kN/cm）			
			轴压 N_c^w	焊缝质量为下列等级时，轴拉 N_t^w		剪力 N_v^w
				一、二级	三级	
自动焊、半自动焊和 E55、E60 型焊条手工焊	Q460	6	24.6	24.6	21.0	14.1
		8	32.8	32.8	28.0	18.8
		10	41.0	41.0	35.0	23.5
		12	49.2	49.2	42.0	28.2
		14	57.4	57.4	49.0	32.9
		16	65.6	65.6	56.0	37.6
		18	70.2	70.2	59.4	40.5
		20	78.0	78.0	66.0	45.0
		22	85.8	85.8	72.6	49.5
		24	93.6	93.6	79.2	54.0
		26	101.4	101.4	85.8	58.5
		28	109.2	109.2	92.4	63.0
		30	117.0	117.0	99.0	67.5
		32	124.8	124.8	105.6	72.0
		34	132.6	132.6	112.2	76.5
		36	140.4	140.4	118.8	81.0
		38	148.2	148.2	125.4	85.5
自动焊、半自动焊和 E50、E55 型焊条手工焊	Q345GJ	18	55.8	55.8	47.7	32.4
		20	62.0	62.0	53.0	36.0
		22	68.2	68.2	58.3	39.6
		24	74.4	74.4	63.6	43.2
		26	80.6	80.6	68.9	46.8
		28	86.8	86.8	74.2	50.4
		30	93.0	93.0	79.5	54.0
		32	99.2	99.2	84.8	57.6
		34	105.4	105.4	90.1	61.2
		35	108.5	108.5	92.8	63.0
		36	104.4	104.4	88.2	61.2
		38	110.2	110.2	93.1	64.6

注：1　施工条件较差的高空安装焊缝应乘以系数 0.9；
　　2　进行无垫板的单面施焊对接焊缝的连接计算应乘以折减系数 0.85；
　　3　几种情况同时存在时，其折减系数应连乘；
　　4　在某些情特殊况下无法采用引弧板和引出板时，计算每条焊缝长度时应减去 $2t$；
　　5　计算公式：$N_c^w = h_e f_c^w / 100$；$N_t^w = 10 h_e f_t^w / 100$；$N_v^w = 10 h_e f_v^w / 100$，其中 h_e 取连接件的较小厚度 t。

3.2 紧固件连接

046 普通螺栓、锚栓或铆钉的连接承载力应该如何计算?

普通螺栓、锚栓或铆钉的连接承载力,按表 046-1 采用。

普通螺栓、锚栓或铆钉的连接承载力计算 表 046-1

项次	计算项目	计算内容
1	普通螺栓或铆钉的受剪和承压承载力	(1)在普通螺栓或铆钉抗剪连接中,每个螺栓的承载力设计值应取受剪和承压承载力设计值中的较小值。受剪和承压承载力设计值应分别按式(046-1)、式(046-2)和式(046-3)、式(046-4)计算。 普通螺栓: $N_v^b = n_v \frac{\pi d^2}{4} f_v^b$ (046-1) 铆钉: $N_v^r = n_v \frac{\pi d_0^2}{4} f_v^r$ (046-2) 普通螺栓: $N_c^b = d \sum t\, f_c^b$ (046-3) 铆钉: $N_c^r = d_0 \sum t f_c^r$ (046-4) 式中:n_v——受剪面数目; 　　　d——螺杆直径(mm); 　　　d_0——铆钉孔直径(mm); 　　　$\sum t$——在不同受力方向中一个受力方向承压构件总厚度的较小值(mm); 　　　f_v^b、f_c^b——螺栓的抗剪和承压强度设计值(N/mm²),按表 046-2 采用; 　　　f_v^r、f_c^r——铆钉的抗剪和承压强度设计值(N/mm²),按表 046-2 采用。
2	普通螺栓、锚栓或铆钉的杆轴向受拉承载力	(2)在普通螺栓、锚栓或铆钉轴向方向受拉的连接中,每个普通螺栓、锚栓或铆钉的承载力设计值应按下列公式计算: 普通螺栓: $N_t^b = \frac{\pi d_e^2}{4} f_t^b$ (046-5) 锚栓: $N_t^a = \frac{\pi d_e^2}{4} f_t^a$ (046-6) 铆钉: $N_t^r = \frac{\pi d_0^2}{4} f_t^r$ (046-7) 式中: d_e——螺栓或锚栓在螺纹处的有效直径(mm); 　　　f_t^b、f_t^a、f_t^r——普通螺栓、锚栓和铆钉的抗拉强度设计值(N/mm²),按表 046-2 采用。
3	同时承受剪力和杆轴向拉力	(3)同时承受剪力和杆轴方向拉力的普通螺栓和铆钉,其承载力应分别符合下列公式的要求: 普通螺栓: $\sqrt{\left(\frac{N_v}{N_v^b}\right)^2 + \left(\frac{N_t}{N_t^b}\right)^2} \leqslant 1.0$ (046-8) $\qquad\qquad\qquad N_v \leqslant N_c^b$ (046-9) 铆钉: $\sqrt{\left(\frac{N_v}{N_v^r}\right)^2 + \left(\frac{N_t}{N_t^r}\right)^2} \leqslant 1.0$ (046-10) $\qquad\qquad\qquad N_v \leqslant N_c^r$ (046-11) 式中: N_v、N_t——分别为某个普通螺栓所承受的剪力和拉力(N); 　　　N_v^b、N_t^b、N_c^b——一个普通螺栓的抗剪、抗拉和承压承载力设计值(N); 　　　N_v^r、N_t^r、N_c^r——一个铆钉抗剪、抗拉和承压承载力设计值(N)。

注:依据《钢结构设计标准》GB 50017—2017 第 11.4.1 条规定。

螺栓连接的强度指标　　　　　　　　　表 046-2

螺栓的性能等级、锚栓和构件钢材的牌号		强度设计值										高强度螺栓的抗拉强度 f_u^b
		普通螺栓						锚栓	承压型连接或网架用高强度螺栓			
		C 级螺栓			A 级、B 级螺栓							
		抗拉 f_t^b	抗剪 f_v^b	承压 f_c^b	抗拉 f_t^b	抗剪 f_v^b	承压 f_c^b	抗拉 f_t^a	抗拉 f_t^b	抗剪 f_v^b	承压 f_c^b	
普通螺栓	4.6 级、4.8 级	170	140	—	—	—	—	—	—	—	—	—
	5.6 级	—	—	—	210	190	—	—	—	—	—	—
	8.8 级	—	—	—	400	320	—	—	—	—	—	—
锚栓	Q235	—	—	—	—	—	—	140	—	—	—	—
	Q345	—	—	—	—	—	—	180	—	—	—	—
	Q390	—	—	—	—	—	—	185	—	—	—	—
承压型连接高强度螺栓	8.8 级	—	—	—	—	—	—	—	400	250	—	830
	10.9 级	—	—	—	—	—	—	—	500	310	—	1040
螺栓球节点用高强度螺栓	9.8 级	—	—	—	—	—	—	—	385			
	10.9 级	—	—	—	—	—	—	—	430			
构件钢材牌号	Q235	—	—	305	—	—	405	—	—	—	470	—
	Q355	—	—	385	—	—	510	—	—	—	590	—
	Q390	—	—	400	—	—	530	—	—	—	615	—
	Q420	—	—	425	—	—	560	—	—	—	655	—
	Q460	—	—	450	—	—	595	—	—	—	695	—
	Q345GJ	—	—	400	—	—	530	—	—	—	615	—

注：1　A 级螺栓用于 $d \leqslant 24mm$ 和 $L \leqslant 10d$ 或 $L \leqslant 150mm$（按较小值）的螺栓；B 级螺栓用于 $d > 24mm$ 和 $L > 10d$ 或 $L > 150mm$（按较小值）的螺栓；d 为公称直径，L 为螺栓公称长度；

2　A 级、B 级螺栓孔的精度和孔壁表面粗糙度，C 级螺栓孔的允许偏差和孔壁表面粗糙度，均应符合现行国家标准《钢结构工程施工质量验收规范》GB 50205 的要求；

3　用于螺栓球节点网架的高强度螺栓，M12～M36 为 10.9 级，M39～M64 为 9.8 级。

047　普通螺栓的受剪、承压、杆轴向的受拉承载力设计值应该如何选用？

在普通螺栓抗剪连接中，每个螺栓的承载力设计值应取受剪和承压承载力设计值中的较小值。每个普通螺栓的受剪承载力设计值、承压承载力设计值、杆轴向的受拉承载力设计值，对钢材牌号 Q235、Q355、Q390、Q420、Q460 分别按表 047-1、表 047-2、表 047-3、表 047-4、表 047-5 选用。

每个普通螺栓的承载力设计值（kN）　　　　　表 047-1

螺栓的性能等级	公称直径 d	有效直径 d_e	钢材牌号 Q235,构件厚度以下时(mm),承压 N_c^b									受剪 N_v^b		杆轴向受拉 N_t^b
			6	8	10	12	14	16	20	24	28	$n_v=1$	$n_v=2$	
C 级螺栓	4.6 级、4.8 级	M12	10.36	22	29	—	—	—	—	—	—	—	16	32	14
		M16	14.12	29	39	49	—	—	—	—	—	—	28	56	27
		M20	17.65	37	49	61	73	85	—	—	—	—	44	88	42

螺栓的性能等级		公称直径 d	有效直径 d_e	钢材牌号 Q235，构件厚度以下时(mm)，承压 N_c^b									受剪 N_v^b		杆轴向受拉 N_t^b
				6	8	10	12	14	16	20	24	28	$n_v=1$	$n_v=2$	
C级螺栓	4.6级、4.8级	M22	19.65	40	54	67	81	94	—	—	—	—	53	106	52
		M24	21.19	44	59	73	88	102	117	—	—	—	63	127	60
		M27	24.19	49	66	82	99	115	132	—	—	—	80	160	78
		M30	26.72	55	73	92	110	128	146	183	—	—	99	198	95
A级、B级螺栓	5.6级	M12	10.36	29	39	—	—	—	—	—	—	—	21	43	18
		M16	14.12	39	52	65	—	—	—	—	—	—	38	76	33
		M20	17.65	49	65	81	97	113	—	—	—	—	60	119	51
		M22	19.65	53	71	89	107	125	143	—	—	—	72	144	64
		M24	21.19	58	78	97	117	136	156	—	—	—	86	172	74
		M27	24.19	66	87	109	131	153	175	—	—	—	109	218	97
		M30	26.72	73	97	122	146	170	194	243	—	—	134	269	118
	8.8级	M12	10.36	29	39	49	58	68	—	—	—	—	36	72	34
		M16	14.12	39	52	65	78	91	104	—	—	—	64	129	63
		M20	17.65	49	65	81	97	113	130	162	194	—	101	201	98
		M22	19.65	53	71	89	107	125	143	178	214	—	122	243	121
		M24	21.19	58	78	97	117	136	156	194	233	272	145	290	141
		M27	24.19	66	87	109	131	153	175	219	262	306	183	366	184
		M30	26.72	73	97	122	146	170	194	243	292	340	226	452	224

注：依据《钢结构设计标准》GB 50017—2017 第 11.4.1 条规定。

每个普通螺栓的承载力设计值（kN） 表 047-2

螺栓的性能等级		公称直径 d	有效直径 d_e	钢材牌号 Q355，构件厚度以下时(mm)，承压 N_c^b									受剪 N_v^b		杆轴向受拉 N_t^b
				6	8	10	12	14	16	20	24	28	$n_v=1$	$n_v=2$	
C级螺栓	4.6级、4.8级	M12	10.36	28	—	—	—	—	—	—	—	—	16	32	14
		M16	14.12	37	49	—	—	—	—	—	—	—	28	56	27
		M20	17.65	46	62	77	—	—	—	—	—	—	44	88	42
		M22	19.65	51	68	85	102	—	—	—	—	—	53	106	52
		M24	21.19	55	74	92	111	—	—	—	—	—	63	127	60
		M27	24.19	62	83	104	125	146	—	—	—	—	80	160	78
		M30	26.72	69	92	116	139	162	185	—	—	—	99	198	95
A级、B级螺栓	5.6级	M12	10.36	37	—	—	—	—	—	—	—	—	21	43	18
		M16	14.12	49	65	—	—	—	—	—	—	—	38	76	33
		M20	17.65	61	82	102	—	—	—	—	—	—	60	119	51
		M22	19.65	67	90	112	135	—	—	—	—	—	72	144	64
		M24	21.19	73	98	122	147	171	—	—	—	—	86	172	74
		M27	24.19	83	110	138	165	193	—	—	—	—	109	218	97
		M30	26.72	92	122	153	184	214	245	—	—	—	134	269	118

续表

螺栓的性能等级		公称直径 d	有效直径 d_e	钢材牌号 Q355，构件厚度以下时(mm)，承压 N_c^b									受剪 N_v^b		杆轴向受拉 N_t^b
				6	8	10	12	14	16	20	24	28	$n_v=1$	$n_v=2$	
A 级、B 级螺栓	8.8级	M12	10.36	37	49	61	—	—	—	—	—	—	36	72	34
		M16	14.12	49	65	82	98	114	—	—	—	—	64	129	63
		M20	17.65	61	82	102	122	143	163	—	—	—	101	201	98
		M22	19.65	67	90	112	135	157	180	224	—	—	122	243	121
		M24	21.19	73	98	122	147	171	196	245	—	—	145	290	141
		M27	24.19	83	110	138	165	193	220	275	330	—	183	366	184
		M30	26.72	92	122	153	184	214	245	306	367	428	226	452	224

注：依据《钢结构设计标准》GB 50017—2017 第 11.4.1 条规定。

每个普通螺栓的承载力设计值（kN）　　表 047-3

螺栓的性能等级		公称直径 d	有效直径 d_e	钢材牌号 Q390，构件厚度以下时(mm)，承压 N_c^b									受剪 N_v^b		杆轴向受拉 N_t^b
				6	8	10	12	14	16	20	24	28	$n_v=1$	$n_v=2$	
C 级螺栓	4.6级、4.8级	M12	10.36	29	—	—	—	—	—	—	—	—	16	32	14
		M16	14.12	38	51	—	—	—	—	—	—	—	28	56	27
		M20	17.65	48	64	80	—	—	—	—	—	—	44	88	42
		M22	19.65	53	70	88	106	—	—	—	—	—	53	106	52
		M24	21.19	58	77	96	115	—	—	—	—	—	63	127	60
		M27	24.19	65	86	108	130	151	—	—	—	—	80	160	78
		M30	26.72	72	96	120	144	168	192	—	—	—	99	198	95
A 级、B 级螺栓	5.6级	M12	10.36	38	—	—	—	—	—	—	—	—	21	43	18
		M16	14.12	51	68	—	—	—	—	—	—	—	38	76	33
		M20	17.65	64	85	106	—	—	—	—	—	—	60	119	51
		M22	19.65	70	93	117	140	—	—	—	—	—	72	144	64
		M24	21.19	76	102	127	153	—	—	—	—	—	86	172	74
		M27	24.19	86	114	143	172	200	—	—	—	—	109	218	97
		M30	26.72	95	127	159	191	223	254	—	—	—	134	269	118
	8.8级	M12	10.36	38	51	64	—	—	—	—	—	—	36	72	34
		M16	14.12	51	68	85	102	119	—	—	—	—	64	129	63
		M20	17.65	64	85	106	127	148	170	—	—	—	101	201	98
		M22	19.65	70	93	117	140	163	187	233	—	—	122	243	121
		M24	21.19	76	102	127	153	178	204	254	—	—	145	290	141
		M27	24.19	86	114	143	172	200	229	286	343	—	183	366	184
		M30	26.72	95	127	159	191	223	254	318	382	445	226	452	224

注：依据《钢结构设计标准》GB 50017—2017 第 11.4.1 条规定。

每个普通螺栓的承载力设计值（kN） 表 047-4

螺栓的性能等级		公称直径 d	有效直径 d_e	钢材牌号 Q420,构件厚度以下时(mm),承压 N_c^b									受剪 N_v^b		杆轴向受拉 N_t^b
				6	8	10	12	14	16	20	24	28	$n_v=1$	$n_v=2$	
C级螺栓	4.6级、4.8级	M12	10.36	31	—	—	—	—	—	—	—	—	16	32	14
		M16	14.12	41	54	—	—	—	—	—	—	—	28	56	27
		M20	17.65	51	68	85	—	—	—	—	—	—	44	88	42
		M22	19.65	56	75	94	—	—	—	—	—	—	53	106	52
		M24	21.19	61	82	102	122	—	—	—	—	—	63	127	60
		M27	24.19	69	92	115	138	—	—	—	—	—	80	160	78
		M30	26.72	77	102	128	153	179	—	—	—	—	99	198	95
A级、B级螺栓	5.6级	M12	10.36	40	—	—	—	—	—	—	—	—	21	43	18
		M16	14.12	54	72	—	—	—	—	—	—	—	38	76	33
		M20	17.65	67	90	112	—	—	—	—	—	—	60	119	51
		M22	19.65	74	99	123	—	—	—	—	—	—	72	144	64
		M24	21.19	81	108	134	161	—	—	—	—	—	86	172	74
		M27	24.19	91	121	151	181	212	—	—	—	—	109	218	97
		M30	26.72	101	134	168	202	235	269	—	—	—	134	269	118
	8.8级	M12	10.36	40	54	67	—	—	—	—	—	—	36	72	34
		M16	14.12	54	72	90	108	125	—	—	—	—	64	129	63
		M20	17.65	67	90	112	134	157	179	—	—	—	101	201	98
		M22	19.65	74	99	123	148	172	197	—	—	—	122	243	121
		M24	21.19	81	108	134	161	188	215	269	—	—	145	290	141
		M27	24.19	91	121	151	181	212	242	302	363	—	183	366	184
		M30	26.72	101	134	168	202	235	269	336	403	—	226	452	224

注：依据《钢结构设计标准》GB 50017—2017 第 11.4.1 条规定。

每个普通螺栓的承载力设计值（kN） 表 047-5

螺栓的性能等级		公称直径 d	有效直径 d_e	钢材牌号 Q460,构件厚度以下时(mm),承压 N_c^b									受剪 N_v^b		杆轴向受拉 N_t^b
				6	8	10	12	14	16	20	24	28	$n_v=1$	$n_v=2$	
C级螺栓	4.6级、4.8级	M12	10.36	32	—	—	—	—	—	—	—	—	16	32	14
		M16	14.12	43	—	—	—	—	—	—	—	—	28	56	27
		M20	17.65	54	72	—	—	—	—	—	—	—	44	88	42
		M22	19.65	59	79	99	—	—	—	—	—	—	53	106	52
		M24	21.19	65	86	108	—	—	—	—	—	—	63	127	60
		M27	24.19	73	97	122	146	—	—	—	—	—	80	160	78
		M30	26.72	81	108	135	162	189	—	—	—	—	99	198	95

续表

螺栓的性能等级	公称直径 d	有效直径 d_e	钢材牌号 Q460,构件厚度以下时(mm),承压 N_c^b									受剪 N_v^b		杆轴向受拉 N_t^b
			6	8	10	12	14	16	20	24	28	$n_v=1$	$n_v=2$	
A级、B级螺栓														
(5.6级)	M12	10.36	43	—	—	—	—	—	—	—	—	21	43	18
	M16	14.12	57	76	—	—	—	—	—	—	—	38	76	33
	M20	17.65	71	95	119	—	—	—	—	—	—	60	119	51
	M22	19.65	79	105	131	—	—	—	—	—	—	72	144	64
	M24	21.19	86	114	143	171	—	—	—	—	—	86	172	74
	M27	24.19	96	129	161	193	—	—	—	—	—	109	218	97
	M30	26.72	107	143	179	214	250	—	—	—	—	134	269	118
(8.8级)	M12	10.36	43	57	71	—	—	—	—	—	—	36	72	34
	M16	14.12	57	76	95	114	—	—	—	—	—	64	129	63
	M20	17.65	71	95	119	143	167	190	—	—	—	101	201	98
	M22	19.65	79	105	131	157	183	209	—	—	—	122	243	121
	M24	21.19	86	114	143	171	200	228	286	—	—	145	290	141
	M27	24.19	96	129	161	193	225	257	321	—	—	183	366	184
	M30	26.72	107	143	179	214	250	286	357	428	—	226	452	224

注：依据《钢结构设计标准》GB 50017—2017 第11.4.1条规定。

048 高强度螺栓摩擦型连接和承压型连接的承载力应该如何计算？

高强度螺栓摩擦型连接是靠被连接板叠间的摩阻力传递内力，以摩擦阻力刚被克服作为连接承载力的极限状态。由于高强度螺栓承压型连接是以承载力极限状值作为设计准则，其最后破坏形式与普通螺栓相同，即栓杆被剪断或连接板被挤压破坏，因此其计算方法也与普通螺栓相同。高强度螺栓摩擦型连接和承压型连接的承载力计算，按表048-1采用。

高强度螺栓连接的承载力计算 表 048-1

项次	计算项目	计算内容
1	高强度螺栓摩擦型连接	(1)高强度螺栓摩擦型连接应按下列规定计算： ① 在受剪连接中，每个高强度螺栓的承载力设计值应按下式计算： $$N_v^b=0.9kn_f\mu P \qquad (048\text{-}1)$$ 式中：N_v^b——一个高强度螺栓的受剪承载力设计值(N)； 　　　k——孔型系数，标准孔取 1.0；大圆孔取 0.85；内力与槽孔长向垂直时取 0.7；内力与槽孔长向平行时取 0.6； 　　　n_f——传力摩擦面数目； 　　　μ——摩擦面的抗滑移系数，可按表048-2取值； 　　　P——一个高强度螺栓的预拉力设计值(N)，按表048-3取值； ② 在螺栓杆轴方向受拉的连接中，每个高强度螺栓的承载力应按下式计算： $$N_t^b=0.8P \qquad (048\text{-}2)$$

项次	计算项目	计算内容
1	高强度螺栓摩擦型连接	③ 当高强度螺栓摩擦型连接同时承受摩擦面间的剪力和螺栓杆轴方向的外拉力时,承载力应符合下式要求: $$\frac{N_v}{N_v^b}+\frac{N_t}{N_t^b}\leq 1.0 \qquad (048\text{-}3)$$ 式中:N_v、N_t——分别为某个高强度螺栓所承受的剪力和拉力(N); N_v^b、N_t^b——一个高强度螺栓的受剪、受拉承载力设计值(N)。
2	高强度螺栓承压型连接	(2)高强度螺栓承压型连接应按下列规定计算: ① 承压型连接的高强度螺栓预拉力 P 的施拧工艺和设计值取值应与摩擦型连接高强度螺栓相同; ② 承压型连接中每个高强度螺栓的受剪承载力设计值,其计算方法与普通螺栓相同,但当计算剪切面在螺纹处时,其受剪承载力设计值应按螺纹处的有效截面面积进行计算; ③ 在杆轴受拉的连接中,每个高强度螺栓的受拉承载力设计值的计算方法与普通螺栓相同; ④ 同时承受剪力和杆轴方向拉力的承压型连接,承载力应符合下列公式的要求: $$\sqrt{\left(\frac{N_v}{N_v^b}\right)^2+\left(\frac{N_t}{N_t^b}\right)^2}\leq 1.0 \qquad (048\text{-}4)$$ $$N_v\leq N_c^b/1.2 \qquad (048\text{-}5)$$ 式中:N_v、N_t——所计算的某个高强度螺栓所承受的剪力和拉力(N); N_v^b、N_t^b、N_c^b——一个高强度螺栓按普通螺栓计算时的受剪、受拉和承压承载力设计值(N)。
3	增大系数	(3)在下列情况的连接中,螺栓或铆钉的数目应予增加: ① 一个构件借助填板或其他中间板与另一构件连接的螺栓(摩擦型连接的高强螺栓除外)或铆钉数目,应按计算增加10%; ② 当采用搭接或拼接板的单面连接传递轴向力、因偏心引起连接部位发生弯曲时,螺栓(摩擦型连接的高强螺栓除外)数目应按计算增加10%; ③ 在构件的端部连接中,当利用短角钢连接型钢(角钢或槽钢)的外伸肢以缩短连接长度时,在短角钢两肢中的一肢上,所用的螺栓或铆钉数目应按计算增加50%; ④ 当铆钉连接的铆合总厚度超过铆钉孔径的5倍时,总厚度每超过2mm,铆钉数目应按计算增加1%(至少应增加1个铆钉),但铆钉总厚度不得超过铆钉孔径的7倍。
4	折减系数	(4)在构件连接节点的一端,当螺栓沿轴向受力方向的连接长度 l_1 大于 $15d_0$ 时(d_0 为孔径),应将螺栓的承载力设计值乘以折减系数$\left(1.1-\dfrac{l_1}{150d_0}\right)$,当大于 $60d_0$ 时,折减系数取为定值0.7。

注:依据《钢结构设计标准》GB 50017—2017 第 11.4.2 条、第 11.4.3 条、第 11.4.4 条、第 11.4.5 条规定。

钢材摩擦面的抗滑移系数 μ　　　　　　　　　　表 048-2

连接处构件接触面的处理方法	构件的钢材牌号		
	Q235	Q355 钢或 Q390 钢	Q420 钢或 Q460 钢
喷硬质石英砂或铸钢棱角砂	0.45	0.45	0.45
抛丸(喷砂)	0.40	0.40	0.40
钢丝刷清除浮锈或未经处理的干净轧制面	0.30	0.35	—

注:1　钢丝刷除锈方向应与受力方向垂直;
　　2　当连接构件采用不同钢材牌号时,μ 按相应较低强度者取值;
　　3　采用其他方法处理时,其处理工艺及抗滑移系数值均需经试验确定。

一个高强度螺栓的预应力设计值 P （kN）　　表 048-3

螺栓的承载性能等级	螺栓公称直径(mm)					
	M16	M20	M22	M24	M27	M30
8.8 级	80	125	150	175	230	280
10.9 级	100	155	190	225	290	355

049　紧固件连接构造有哪些规定？

（1）螺栓孔的孔径与孔型应符合下列规定：

① B 级普通螺栓的孔径 d_0 较螺栓公称直径 d 大 0.2mm～0.5mm，C 级普通螺栓的孔径 d_0 较螺栓公称直径 d 大 1.0mm～1.5mm；

② 高强度螺栓承压型连接采用标准圆孔时，其孔径 d_0 可按表 049-1 采用；

③ 高强度螺栓摩擦型连接可采用标准孔、大圆孔和槽孔，孔型尺寸可按表 049-1 采用；采用扩大孔连接时，同一连接面只能在盖板和芯板其中之一的板上采用大圆孔或槽孔，其余仍采用标准孔；

高强度螺栓连接的孔型尺寸匹配 （mm）　　表 049-1

螺栓公称直径			M12	M16	M20	M22	M24	M27	M30
孔型	标准孔	直径	13.5	17.5	22	24	26	30	33
	大圆孔	直径	16	20	24	28	30	35	38
	槽孔	短向	13.5	17.5	22	24	26	30	33
		长向	22	30	37	40	45	50	55

④ 高强度螺栓摩擦型连接盖板按大圆孔、槽孔制孔时，应增大垫圈厚度或采用连续型垫板，其孔径与标准垫圈相同，对 M24 及以下的螺栓，厚度不宜小于 8mm；对 M24 以上的螺栓，厚度不宜小于 10mm。

注：依据《钢结构设计标准》GB 50017—2017 第 11.5.1 条规定。

（2）螺栓（铆钉）连接宜采用紧凑布置，其连接中心宜与被连接构件截面的重心相一致。螺栓或铆钉的间距、边距和端距容许值应符合表 049-2 的规定。

螺栓或铆钉的孔距、边距和端距容许值　　表 049-2

名称	位置和方向			最大容许间距（取两者的较小值）	最小容许间距
中心间距	外排（垂直内力方向或顺内力方向）			$8d_0$ 或 $12t$	$3d_0$
	中间排	垂直内力方向		$16d_0$ 或 $24t$	
		顺内力方向	构件受压力	$12d_0$ 或 $18t$	
			构件受拉力	$16d_0$ 或 $24t$	
	沿对角线方向			—	

名称	位置和方向			最大容许间距 （取两者的较小值）	最小容许间距
中心至构件 边缘距离	顺内力方向			4d_0 或 8t	2d_0
	垂直内力方向	剪切边或手工切割边			1.5d_0
		轧制边、自动气割或锯割边	高强度螺栓		
			其他螺栓或铆钉		1.2d_0

注：1 d_0 为螺栓或铆钉的孔径，对槽孔为短向尺寸，t 为外层较薄板件的厚度；

2 钢板边缘与刚性构件（如角钢、槽钢等）相连的高强度螺栓的最大间距，可按中间排的数值采用；

3 计算螺栓孔引起的截面消弱时可取 $d+4$mm 和 d_0 的较大者。

（3）直接承受动力荷载构件的螺栓连接应符合下列规定：

① 抗剪连接时应采用摩擦型高强度螺栓；

② 普通螺栓受拉连接应采用双螺帽或其他能防止螺帽松动的有效措施。

（4）高强度螺栓连接设计应符合下列规定：

① 本章的高强度螺栓连接均应按本书表048-3施加预拉力；

② 采用承压型连接时，连接处构件接触面应清除油污及浮锈，仅承受拉力的高强度螺栓，不要求对接触面进行抗滑移处理；

③ 高强度螺栓承压型连接不应用于直接承受动力荷载的结构，抗剪承压型连接在正常使用极限状态下应符合摩擦型连接的设计要求；

④ 当高强度螺栓连接的环境温度为 100℃～150℃ 时，其承载力应降低10%。

（5）当型钢构件拼接采用高强度螺栓连接时，其拼接件宜采用钢板。

（6）螺栓连接设计应符合下列规定：

① 连接处应有必要的螺栓施拧空间；

② 螺栓连接或拼接节点中，每一杆件一端的永久性的螺栓数不宜少于 2 个；对组合构件的缀条，其端部连接可采用 1 个螺栓；

③ 沿杆轴方向受拉的螺栓连接中的端板（法兰板），宜设置加劲肋。

注：依据《钢结构设计标准》GB 50017—2017 第11.5节规定。

050 高强度螺栓摩擦型连接的受剪、杆轴向的受拉承载力设计值应该如何选用？

每个高强度螺栓摩擦型连接的受剪承载力设计值、杆轴向的受拉承载力设计值，对构件的钢材牌号 Q235、Q355 钢或 Q390 钢、Q420 钢或 Q460 钢，依据连接处构件接触面处理方法，分别按表050-1、表050-2选用。

每个高强度螺栓摩擦型连接的承载力设计值（kN）　　　　表 050-1

连接处构件接触面处理方法	传力摩擦面数目	螺栓公称直径(mm)	构件的钢材牌号、孔型系数 k 及螺栓的承载性能等级								杆轴向受拉 N_t^b	
			Q235 钢、Q355 钢或 Q390 钢、Q420 钢或 Q460 钢，$\mu=0.45$									
			8.8 级，受剪承载力设计值 N_v^b				10.9 级，受剪承载力设计值 N_v^b					
			$k=1.0$	$k=0.85$	$k=0.7$	$k=0.6$	$k=1.0$	$k=0.85$	$k=0.7$	$k=0.6$	8.8 级	10.9 级
喷硬质石英砂或铸钢棱角砂	$n_f=1$	M16	32.4	27.5	22.7	19.4	40.5	34.4	28.4	24.3	64.0	80.0
		M20	50.6	43.0	35.4	30.4	62.8	53.4	43.9	37.7	100.0	124.0

续表

连接处构件接触面处理方法	传力摩擦面数目	螺栓公称直径(mm)	构件的钢材牌号、孔型系数 k 及螺栓的承载性能等级								杆轴向受拉 N_t^b	
			Q235 钢、Q355 钢或 Q390 钢、Q420 钢或 Q460 钢									
			8.8 级,受剪承载力设计值 N_v^b				10.9 级,受剪承载力设计值 N_v^b					
			$k=1.0$	$k=0.85$	$k=0.7$	$k=0.6$	$k=1.0$	$k=0.85$	$k=0.7$	$k=0.6$	8.8 级	10.9 级
喷硬质石英砂或铸钢棱角砂 $\mu=0.45$	$n_f=1$	M22	60.8	51.6	42.5	36.5	77.0	65.4	53.9	46.2	120.0	152.0
		M24	70.9	60.2	49.6	42.5	91.1	77.5	63.8	54.7	140.0	180.0
		M27	93.2	79.2	65.2	55.9	117.5	99.8	82.2	70.5	184.0	232.0
		M30	113.4	96.4	79.4	68.0	143.8	122.2	100.6	86.3	224.0	284.0
	$n_f=2$	M16	64.8	55.1	45.4	38.9	81.0	68.9	56.7	48.6	64.0	80.0
		M20	101.3	86.1	70.9	60.8	125.6	106.7	87.9	75.3	100.0	124.0
		M22	121.5	103.3	85.1	72.9	153.9	130.8	107.7	92.3	120.0	152.0
		M24	141.8	120.5	99.2	85.1	182.3	154.9	127.6	109.4	140.0	180.0
		M27	186.3	158.4	130.4	111.8	234.9	199.7	164.4	140.9	184.0	232.0
		M30	226.8	192.8	158.8	136.1	287.6	244.4	201.3	172.5	224.0	284.0
抛丸(喷砂) $\mu=0.40$	$n_f=1$	M16	28.8	24.5	20.2	17.3	36.0	30.6	25.2	21.6	64.0	80.0
		M20	45.0	38.3	31.5	27.0	55.8	47.4	39.1	33.5	100.0	124.0
		M22	54.0	45.9	37.8	32.4	68.4	58.1	47.9	41.0	120.0	152.0
		M24	63.0	53.6	44.1	37.8	81.0	68.9	56.7	48.6	140.0	180.0
		M27	82.8	70.4	58.0	49.7	104.4	88.7	73.1	62.6	184.0	232.0
		M30	100.8	85.7	70.6	60.5	127.8	108.6	89.5	76.7	224.0	284.0
	$n_f=2$	M16	57.6	49.0	40.3	34.6	72.0	61.2	50.4	43.2	64.0	80.0
		M20	90.0	76.5	63.0	54.0	111.6	94.9	78.1	67.0	100.0	124.0
		M22	108.0	91.8	75.6	64.8	136.8	116.3	95.8	82.1	120.0	152.0
		M24	126.0	107.1	88.2	75.6	162.0	137.7	113.4	97.2	140.0	180.0
		M27	165.6	140.8	115.9	99.4	208.8	177.5	146.2	125.3	184.0	232.0
		M30	201.6	171.4	141.1	121.0	255.6	217.3	178.9	153.4	224.0	284.0

注:计算公式:$N_v^b=0.9kn_f\mu P$;$N_t^b=0.8P$。

每个高强度螺栓摩擦型连接的承载力设计值(kN)　　　　　　　　表 050-2

连接处构件接触面处理方法	传力摩擦面数目	螺栓公称直径(mm)	构件的钢材牌号、孔型系数 k 及螺栓的承载性能等级								杆轴向受拉 N_t^b	
			Q235 钢,$\mu=0.30$									
			8.8 级,受剪承载力设计值 N_v^b				10.9 级,受剪承载力设计值 N_v^b					
			$k=1.0$	$k=0.85$	$k=0.7$	$k=0.6$	$k=1.0$	$k=0.85$	$k=0.7$	$k=0.6$	8.8 级	10.9 级
钢丝刷清除浮锈或未经处理的干净轧制面	$n_f=1$	M16	21.6	18.4	15.1	13.0	27.0	23.0	18.9	16.2	64.0	80.0
		M20	33.8	28.7	23.6	20.3	41.9	35.6	29.3	25.1	100.0	124.0
		M22	40.5	34.4	28.4	24.3	51.3	43.6	35.9	30.8	120.0	152.0
		M24	47.3	40.2	33.1	28.4	60.8	51.6	42.5	36.5	140.0	180.0
		M27	62.1	52.8	43.5	37.3	78.3	66.6	54.8	47.0	184.0	232.0
		M30	75.6	64.3	52.9	45.4	95.9	81.5	67.1	57.5	224.0	284.0

连接处构件接触面处理方法	传力摩擦面数目	螺栓公称直径(mm)	构件的钢材牌号、孔型系数 k 及螺栓的承载性能等级								杆轴向受拉 N_t^b	
			Q235 钢,$\mu=0.30$									
			8.8级,受剪承载力设计值 N_v^b				10.9级,受剪承载力设计值 N_v^b					
			$k=1.0$	$k=0.85$	$k=0.7$	$k=0.6$	$k=1.0$	$k=0.85$	$k=0.7$	$k=0.6$	8.8级	10.9级
钢丝刷清除浮锈或未经处理的干净轧制面	$n_f=2$	M16	43.2	36.7	30.2	25.9	54.0	45.9	37.8	32.4	64.0	80.0
		M20	67.5	57.4	47.3	40.5	83.7	71.1	58.6	50.2	100.0	124.0
		M22	81.0	68.9	56.7	48.6	102.6	87.2	71.8	61.6	120.0	152.0
		M24	94.5	80.3	66.2	56.7	121.5	103.3	85.1	72.9	140.0	180.0
		M27	124.2	105.6	86.9	74.5	156.6	133.1	109.6	94.0	184.0	232.0
		M30	151.2	128.5	105.8	90.7	191.7	162.9	134.2	115.0	224.0	284.0
	$n_f=1$	M16	25.2	21.4	17.6	15.1	31.5	26.8	22.1	18.9	64.0	80.0
		M20	39.4	33.5	27.6	23.6	48.8	41.5	34.2	29.3	100.0	124.0
		M22	47.3	40.2	33.1	28.4	59.9	50.9	41.9	35.9	120.0	152.0
		M24	55.1	46.9	38.6	33.1	70.9	60.2	49.6	42.5	140.0	180.0
		M27	72.5	61.6	50.7	43.5	91.4	77.6	63.9	54.8	184.0	232.0
		M30	88.2	75.0	61.7	52.9	111.8	95.1	78.3	67.1	224.0	284.0
	$n_f=2$	M16	50.4	42.8	35.3	30.2	63.0	53.6	44.1	37.8	64.0	80.0
		M20	78.8	66.9	55.1	47.3	97.7	83.0	68.4	58.6	100.0	124.0
		M22	94.5	80.3	66.2	56.7	119.7	101.7	83.8	71.8	120.0	152.0
		M24	110.3	93.7	77.2	66.2	141.8	120.5	99.2	85.1	140.0	180.0
		M27	144.9	123.2	101.4	86.9	182.7	155.3	127.9	109.6	184.0	232.0
		M30	176.4	149.9	123.5	105.8	223.7	190.1	156.6	134.2	224.0	284.0

注：计算公式：$N_v^b=0.9kn_f\mu P$；$N_t^b=0.8P$。

注：依据《钢结构设计标准》GB 50017—2017 第 11.4.2 条规定。

051　高强度螺栓承压型连接的受剪、杆轴向的受拉承载力设计值应该如何选用？

每个高强度螺栓承压型连接的受剪承载力设计值、杆轴向的受拉承载力设计值按表051选用。

每个高强螺栓承压型连接的承载力设计值（kN）　　　表 051

公称直径	钢材牌号	构件厚度以下时(mm)，承压 N_c^b							性能等级	螺杆处受剪 N_v^b		螺纹处受剪 N_v^b		杆轴向受拉 N_t^b
		8	10	12	14	16	20	24		$n_f=1$	$n_f=2$	$n_f=1$	$n_f=2$	
M16	Q235	60	75	90	105	120	—	—	8.8级(10.9级)	50 (62)	101 (125)	39 (49)	78 (97)	63 (78)
	Q355	76	94	113	—	—	—	—						
	Q390	79	98	108	118	—	—	—						
	Q420	84	105	—	—	—	—	—						
	Q460	89	111	—	—	—	—	—						

续表

公称直径	钢材牌号	构件厚度以下时(mm)，承压 N_c^b							性能等级	螺杆处受剪 N_v^b		螺纹处受剪 N_v^b		杆轴向受拉 N_t^b
		8	10	12	14	16	20	24		$n_f=1$	$n_f=2$	$n_f=1$	$n_f=2$	
M20	Q235	75	94	113	132	150	188	—	8.8 级 (10.9 级)	79 (97)	157 (195)	61 (76)	122 (152)	98 (122)
	Q355	94	118	142	165	189	—	—						
	Q390	98	123	148	172	—	—	—						
	Q420	105	131	157	183	—	—	—						
	Q460	111	139	167	195	—	—	—						
M22	Q235	83	103	124	145	165	207	—	8.8 级 (10.9 级)	95 (118)	190 (236)	76 (94)	152 (188)	121 (152)
	Q355	104	130	156	182	208	—	—						
	Q390	108	135	162	189	216	—	—						
	Q420	115	144	173	202	231	—	—						
	Q460	122	153	183	214	—	—	—						
M24	Q235	90	113	135	158	180	226	271	8.8 级 (10.9 级)	113 (140)	226 (280)	88 (109)	176 (219)	141 (176)
	Q355	113	142	170	198	227	—	—						
	Q390	118	148	177	207	236	—	—						
	Q420	126	157	189	220	252	—	—						
	Q460	133	167	200	234	267	—	—						
M27	Q235	102	127	152	178	203	254	305	8.8 级 (10.9 级)	143 (177)	286 (355)	115 (142)	230 (285)	184 (230)
	Q355	127	159	191	223	255	319	—						
	Q390	133	166	199	232	266	332	—						
	Q420	141	177	212	248	283	354	—						
	Q460	150	188	225	263	300	—	—						
M30	Q235	113	141	169	197	226	282	338	8.8 级 (10.9 级)	177 (219)	353 (438)	140 (174)	280 (348)	224 (280)
	Q355	142	177	212	248	283	354	425						
	Q390	148	185	221	258	295	369	—						
	Q420	157	197	236	275	314	393	—						
	Q460	167	209	250	292	334	417	—						

注：计算公式：$N_c^b = d \sum t f_c^b$；$N_v^b = n_v \dfrac{\pi d^2}{4} f_v^b$；$N_t^b = \dfrac{\pi d_e^2}{4} f_t^b$。

注：依据《钢结构设计标准》GB 50017—2017 第 11.4.3 条规定。

052　同一连接部位可以采用栓焊并用连接接头吗？

（1）同一连接部位中不得采用普通螺栓或承压型高强度螺栓与焊接共用的连接；在改、扩建工程中作为加固补强措施，可采用摩擦型高强度螺栓与焊接承受同一作用力的栓焊并用连接，其计算与构造宜符合行业标准《钢结构高强度螺栓连接技术规程》JGJ 82—2011 第 5.5 节的规定。

注：依据《钢结构设计标准》GB 50017—2017 第 11.1.2 条规定。

（2）栓焊并用连接接头（图052）宜用于改造、加固的工程。其连接构造应符合下列规定：

① 平行于受力方向的侧焊缝端部起弧点距板边不应小于 h_f，且与最外端的螺栓距离应不小于 $1.5d$；同时侧焊缝末端应连续绕角焊不小于 $2h_f$ 长度；

② 栓焊并用连接的连接板边缘与焊件边缘距离不应小于 30mm。

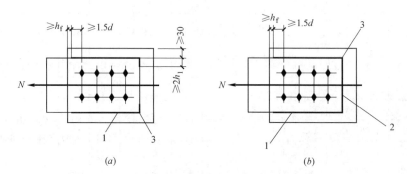

图 052　栓焊并用连接接头

（a）高强度螺栓与侧焊缝并用；（b）高强度螺栓与侧焊缝及端焊缝并用

1—侧焊缝；2—端焊缝；3—连续绕焊

（3）栓焊并用连接的施工顺序应先高强度螺栓紧固，后实施焊接。焊接形式应为贴角焊缝。高强度螺栓直径和焊缝尺寸应按栓、焊各自受剪承载力设计值相差不超过 3 倍的要求进行匹配。

（4）在既有摩擦型高强度螺栓连接接头上新增角焊缝进行加固补强时，其栓焊并用连接设计应符合下列规定：

① 摩擦型高强度螺栓连接和角焊缝焊接连接应分别承担加固焊接补强前的荷载和加固焊接补强后所增加的荷载；

② 当加固前进行结构卸载或加固焊接补强前的荷载小于摩擦型高强度螺栓连接承载力设计值 25％时，可按本规程第 5.5.3 条进行连接设计。

（5）摩擦型高强度螺栓连接不宜与垂直受力方向的贴角焊缝（端焊缝）单独并用连接。

注：依据《钢结构高强度螺栓连接技术规程》JGJ 82—2011 第 5.5 节规定。

3.3　销　轴　连　接

053　连接耳板、销轴的强度应该如何计算？

1. 连接耳板、销轴的强度计算按表 053 采用。

连接耳板、销轴的强度计算

表 053

项次	计算项目	计算内容
1	连接耳板	（1）连接耳板应按下列公式进行抗拉、抗剪强度计算： ① 耳板孔净截面处的抗拉强度： $$\sigma = \frac{N}{2tb_1} \leq f \qquad (053\text{-}1)$$

项次	计算项目	计算内容	
1	连接耳板	$$b_1 = \min\left(2t+16, b-\frac{d_0}{3}\right)$$	(053-2)
		② 耳板端部截面抗拉(劈开)强度:	
		$$\sigma = \frac{N}{2t\left(a-\frac{2d_0}{3}\right)} \leqslant f$$	(053-3)
		③ 耳板抗剪强度:	
		$$\tau = \frac{N}{2tZ} \leqslant f_v$$	(053-4)
		$$Z = \sqrt{(a+d_0/2)^2-(d_0/2)^2}$$	(053-5)
2	销轴	(2)销轴应按下列公式进行承压、抗剪与抗弯强度的计算:	
		① 销轴承压强度:	
		$$\sigma_c = \frac{N}{dt} \leqslant f_c^b$$	(053-6)
		② 销轴抗剪强度:	
		$$\tau_b = \frac{N}{n_v\pi\dfrac{d^2}{4}} \leqslant f_v^b$$	(053-7)
		③ 销轴的抗弯强度:	
		$$\sigma_b = \frac{M}{1.5\dfrac{\pi d^3}{32}} \leqslant f^b$$	(053-8)
		$$M = \frac{N}{8}(2t_e+t_m+4s)$$	(053-9)
		④ 计算截面同时受弯受剪时组合强度应按下式验算:	
		$$\sqrt{\left(\frac{\sigma_b}{f^b}\right)^2+\left(\frac{\tau_b}{f_v^b}\right)^2} \leqslant 1.0$$	(053-10)

2. 符号

N——构件轴向拉力设计值（N）；

b_1——计算宽度（mm）；

d_0——销轴孔径（mm）；

f——耳板抗拉强度设计值（N/mm²）；

Z——耳板端部抗剪截面宽度（图053）（mm）；

f_v——耳板钢材抗剪强度设计值（N/mm²）。

d——销轴直径（mm）；

f_c^b——销轴连接中耳板的承压强度设计值（N/mm²）；

n_v——受剪面数目；

f_v^b——销轴的抗剪强度设计值（N/mm²）；

M——销轴计算截面弯矩设计值（N·mm）；

f^b——销轴的抗弯强度设计值（N/mm²）

t_e——两端耳板厚度（mm）；

t_m——中间耳板厚度（mm）；

s——端耳板和中间耳板间间距（mm）。

注：依据《钢结构设计标准》GB 50017—2017 第11.6.3条、第11.6.4条规定。

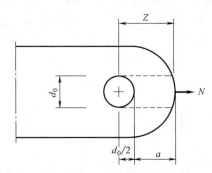

图053 销轴连接耳板受剪面示意图

054 销轴连接适用的范围及销轴与耳板采用的钢材如何选取？

销轴连接适用于铰接柱脚或拱脚以及拉索、拉杆端部的连接。销轴与耳板宜采用 Q355、Q390 与 Q420，也可采用 45 号钢、35CrMo 或 40Cr 等钢材。当销孔和销轴表面要求机加工时，其质量要求应符合相应的机械零件加工标准的规定。当销轴直径大于 120mm 时，宜采用锻造加工工艺制作。

注：1 钢材 Q355、Q390 与 Q420 的设计用强度指标见本书表 030-2。
　　2 45 号钢的力学性能见表 054-1。
　　3 35CrMo 或 40Cr 钢的力学性能见表 054-2。
　　4 依据《钢结构设计标准》GB 50017—2017 第11.6.1条规定。

45 号钢力学性能　　　　表 054-1

牌号	抗拉强度 R_m (MPa)	下屈服强度 R_{el}^d (MPa)	断后伸长率 A (%)	断面收缩率 Z (%)	冲击吸收能量 KU_2 (J)	交货硬度 HBW	
						未热处理钢	退火钢
45	600	355	16	40	39	≤229	≤197

注：依据国家标准《优质碳素结构钢》GB/T 699—2011。

35CrMo 或 40Cr 钢力学性能　　　　表 054-2

牌号	抗拉强度 R_m (MPa)	下屈服强度 R_{el}^b (MPa)	断后伸长率 A (%)	断面收缩率 Z (%)	冲击吸收能量 KU_2 (J)	供货状态为退火或高温回火钢棒布氏硬度 HBW
35CrMo	980	835	12	45	63	≤229
40Cr	980	785	9	45	47	≤207

注：依据国家标准《合金结构钢》GB/T 3077—2011。

055 销轴连接的构造应符合哪些规定？

销轴连接的构造应符合下列规定（图 055）：

（1）销轴孔中心应位于耳板的中心线上，其孔径与直径相差不应大于 1mm。

（2）耳板两侧宽厚比 b/t 不宜大于 4，几何尺寸应符合下列公式规定：

$$a \geqslant \frac{4}{3} b_e \qquad (055\text{-}1)$$

$$b_e = 2t + 16 \leqslant b \qquad\qquad (055\text{-}2)$$

式中：b——连接耳板两侧边缘与销轴孔边缘净距（mm）；

　　　t——耳板厚度（mm）；

　　　a——顺受力方向，销轴孔边距板边缘最小距离（mm）。

（3）销轴表面与耳板孔周表面宜进行机加工。

注：依据《钢结构设计标准》GB 50017—2017 第 11.6.2 条规定。

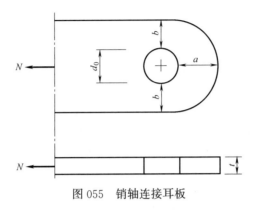

图 055　销轴连接耳板

第4章 节　　点

4.1　梁柱连接节点

056　梁柱连接节点应该如何选取？

（1）梁柱连接节点可采用栓焊混合连接、螺栓连接、焊接连接、端板连接、顶底角钢连接等构造。

（2）梁柱采用刚性或半刚性节点时，节点应进行在弯矩和剪力作用下的强度验算。

注：依据《钢结构设计标准》GB 50017—2017 第 12.3.1 条、第 12.3.2 条规定。

（3）钢框架抗侧力构件的梁与柱连接应符合下列规定：

① 梁与 H 形柱（绕强轴）刚性连接以及梁与箱形柱或圆管柱刚性连接时，弯矩由梁翼缘和腹板受弯区的连接承受，剪力由腹板受剪区的连接承受。

② 梁与柱的连接宜采用翼缘焊接和腹板高强度螺栓连接的形式，也可采用全焊接连接。一、二级时梁与柱宜采用加强型连接或骨式连接。

③ 梁腹板用高强度螺栓连接时，应先确定腹板受弯区的高度，并应对设置于连接板上的螺栓进行合理布置，再分别计算腹板连接的受弯承载力和受剪承载力。

注：依据《高层民用建筑钢结构技术规程》JGJ 99—2015 第 8.1.2 条规定。

（4）梁柱连接节点，按表 056-1 采用；高层民用钢结构梁与柱连接的形式和构造要求，按表 056-2 采用。

梁柱连接节点　　　　　　　　　　　　　　　　　　　　　　**表 056-1**

连接形式	适用范围	梁与柱的连接构造
栓焊混合连接或焊接连接	框架梁柱的现场连接与构件拼接	梁与柱的连接构造应符合下列要求： (1)梁与柱的连接宜采用柱贯通型。 (2)柱在两个互相垂直的方向都与梁刚接时宜采用箱形截面，并在梁翼缘连接处设置隔板；隔板采用电渣焊时，柱壁板厚度不宜小于 16mm，小于 16mm 时可改用工字形柱或采用贯通式隔板。当柱仅在一个方向与梁刚接时，宜采用工字形截面，并将柱腹板置于刚接框架平面内。 (3)工字形柱(绕强轴)和箱形柱与梁刚接时(图 056-1)，应符合下列要求： ① 梁翼缘与柱翼缘间应采用全熔透坡口焊缝，一、二级时，应检验焊缝的 V 形切口冲击韧性，其夏比冲切韧性在−20℃时不低于 27J； ② 柱在梁翼缘对应位置应设置横向加劲肋(隔板)，加劲肋(隔板)厚度不应小于梁翼缘厚度，强度与梁翼缘相同； ③ 梁腹板宜采用摩擦型高强度螺栓与柱连接板连接(经工艺试验合格能确保现场焊接质量时，可用气体保护焊进行焊接)；腹板角部应设置焊接孔，孔形应使其端部与梁翼缘和柱翼缘间的全熔透坡口焊缝完全隔开； ④ 腹板连接板与柱的焊接，当板厚不大于 16mm 时应采用双面角焊缝，焊缝有效厚度应满足等强度要求，且不小于 5mm；板厚大于 16mm 时采用 K 形坡口对接焊缝。该焊缝宜采用气体保护焊，且板端应绕焊；

连接形式	适用范围	梁与柱的连接构造
栓焊混合连接或焊接连接	框架梁柱的现场连接与构件拼接	⑤ 一级和二级时,宜采用能将塑性铰自梁端外移的端部扩大形连接、梁端加盖板或骨形连接。 (4)框架梁采用悬臂梁端与柱刚性连接时(图 056-2),悬臂梁端与柱应采用全焊接连接,此时上下翼缘焊接孔的形式宜相同,梁的现场拼接可采用翼缘焊接腹板螺栓连接或全部螺栓连接。 (5)箱形柱在与梁翼缘对应位置设置的隔板,应采用全熔透对接焊缝连接,与腹板可采用角焊缝连接。 图 056-1 框架梁与柱的现场连接 图 056-2 框架柱与梁悬臂段的连接
螺栓连接	梁柱 T 形件连接节点	T 形件受拉连接接头的构造应符合下列规定: (1)T 形受拉件的翼缘厚度不宜小于 16mm,且不宜小于连接螺栓的直径; (2)有预拉力的高强度螺栓受拉连接接头中,高强度螺栓预拉力及其施工要求应与摩擦型连接相同; (3)螺栓应紧凑布置,其间距除应符合表 049-2 规定外,尚应满足 $e_1 \leqslant 1.25e_2$ 的要求(e_1 为螺栓中心到 T 形件翼缘边缘的距离,e_2 为螺栓中心到 T 形件腹板边缘的距离); (4)T 形受拉件宜选用热轧剖分 T 形钢。
外伸式端板连接	钢结构框架(刚架)梁柱连接节点	外伸式端板连接接头的构造应符合下列规定: (1)端板连接宜采用摩擦型高强度螺栓连接; (2)端板的厚度不宜小于 16mm,且不宜小于连接螺栓的直径; (3)连接螺栓至板件边缘的距离在满足螺栓施拧条件下应采用最小间距紧凑布置,端板螺栓竖向最大间距不应大于 400mm;螺栓布置与间距除应符合表 049-2 规定外,尚应满足 $e_1 \leqslant 1.25e_2$ 的要求; (4)端板直接与柱翼缘连接时,相连部位的柱翼缘板厚度不应小于端板厚度; (5)端板外伸部位宜设加劲肋; (6)梁端与端板的焊接宜采用熔透焊缝。

注:依据《建筑抗震设计要求》GB 50011—2010（2016 年版）第 8.3.4 条规定,《钢结构高强度螺栓连接技术规程》JGJ 82—2011 第 5.2.2 条、第 5.3.2 条规定。

梁与柱连接的形式和构造要求	表 056-2

项次	内　　容
1	框架梁与柱的连接宜采用柱贯通型。在互相垂直的两个方向都与梁刚性连接时,宜采用箱形柱。箱形柱壁板厚度小于 16mm 时,不宜采用电渣焊焊接隔板。
2	冷成型箱形柱应在梁对应位置设置隔板,并应采用隔板贯通式连接。柱段与隔板的连接应采用全熔透对接焊缝(图 056-3)。隔板宜采用 Z 向钢制作。其外伸部分长度 e 宜为 25mm～30mm,以便将相邻焊缝热影响区隔开。 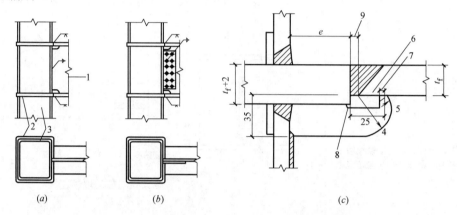 图 056-3　框架梁与冷成型箱形柱隔板的连接 (a)梁与柱工厂焊接;(b)梁翼缘焊接腹板栓接;(c)梁翼缘焊接详图 1—H 形钢梁;2—横隔板;3—箱形柱;4—大圆弧半径≈35mm;5—小圆弧半径≈10mm;6—衬板厚度 8mm 以上;7—圆弧端点至衬板边缘 5mm;8—隔板外侧衬板边缘采用连接焊缝;9—焊根宽度 7mm,坡口角度 35°
3	当梁与柱在现场焊接时,梁与柱连接的过焊孔,可采用常规型(图 056-4)和改进型(图 056-5)两种形式。采用改进型时,梁翼缘与柱的连接焊缝应采用气体保护焊。 梁翼缘与柱翼缘间应采用全熔透坡口焊缝,抗震等级一、二级时,应检验焊缝的 V 形切口冲击韧性,其夏比冲击韧性在−20℃时不低于 27J。 梁腹板(连接板)与柱的连接焊缝,当板厚小于 16mm 时可采用双面角焊缝,焊缝的有效截面高度应符合受力要求,且不得小于 5mm。当腹板厚度等于或大于 16mm 时应采用 K 形坡口焊。设防烈度 7 度(0.15g)及以上时,梁腹板与柱的连接焊缝应采用围焊,围焊在竖向部分的长度 l 应大于 400mm 且连续施焊(图 056-6)。 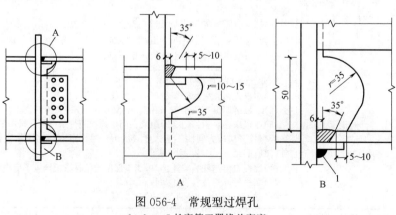 图 056-4　常规型过焊孔 1—h_w≈5 长度等于翼缘总宽度

项次	内　容

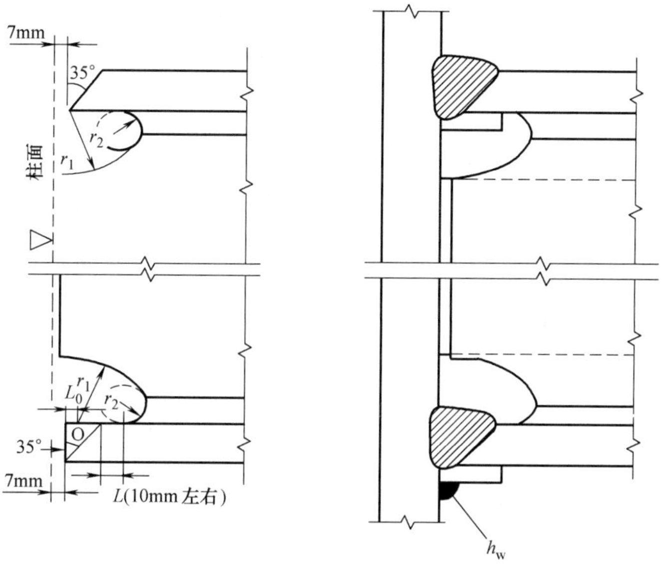

(a)　　　　　　　　　　　　　　(b)

图 056-5　改进型过焊孔

(a)坡口和焊接孔加工;(b)全焊透焊缝

$r_1=35\text{mm}$ 左右;$r_2=10\text{mm}$ 以上;

O 点位置:$t_f<22\text{mm}$:$L_0(\text{mm})=0$

$t_f\geqslant22\text{mm}$:$L_0(\text{mm})=0.75t_f-15$,$t_f$ 为下翼缘板厚

$h_w\approx5$ 长度等于翼缘总宽度

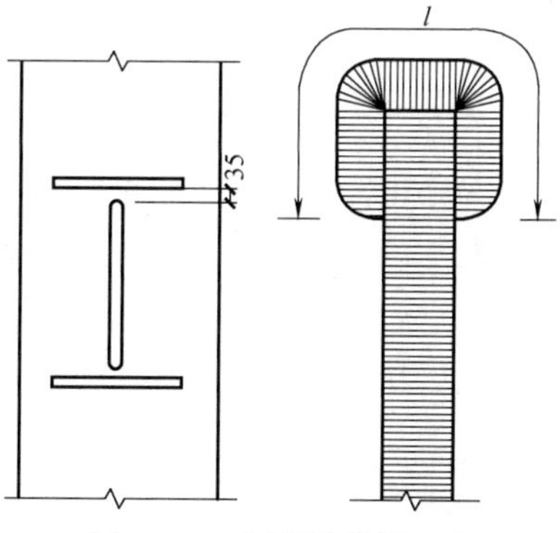

图 056-6　围焊的施焊要求

梁与柱的加强型连接或骨式连接包含下列形式,有依据时也可采用其他形式。

(1)梁翼缘扩翼式连接(图 056-7),图中尺寸应按下列公式确定:

$$l_a=(0.50\sim0.75)b_f \tag{056-1}$$

$$l_b=(0.30\sim0.45)h_b \tag{056-2}$$

$$b_{wf}=(0.15\sim0.25)b_f \tag{056-3}$$

项次 3 和 4。

项次	内 容

$$R=\frac{l_{\rm b}^2+b_{\rm wf}^2}{2b_{\rm wf}}$$ (056-4)

式中：$h_{\rm b}$——梁的高度(mm)；

$b_{\rm f}$——梁翼缘的宽度(mm)；

R——梁翼缘扩翼半径(mm)。

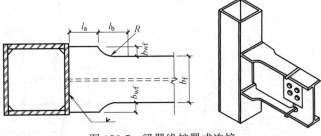

图 056-7　梁翼缘扩翼式连接

(2)梁翼缘局部加宽式连接(图 056-8)，图中尺寸应按下列公式确定：

$$l_{\rm a}=(0.50\sim0.75)h_{\rm b}$$ (056-5)

$$b_{\rm s}=(1/4\sim1/3)b_{\rm f}$$ (056-6)

$$b_{\rm s}'=2t_{\rm f}+6$$ (056-7)

$$t_{\rm s}=t_{\rm f}$$ (056-8)

式中：$t_{\rm f}$——梁翼缘厚度(mm)；

$t_{\rm s}$——局部加宽板厚度(mm)。

4

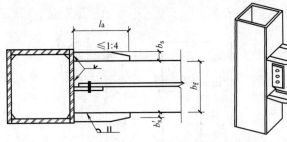

图 056-8　梁翼缘局部加宽式连接

(3)梁翼缘盖板式连接(图 056-9)：

$$l_{\rm cp}=(0.50\sim0.75)h_{\rm b}$$ (056-9)

$$b_{\rm cp1}=b_{\rm f}-3t_{\rm cp}$$ (056-10)

$$b_{\rm cp2}=b_{\rm f}+3t_{\rm cp}$$ (056-11)

$$t_{\rm cp}\geqslant t_{\rm f}$$ (056-12)

式中：$t_{\rm cp}$——契形盖板厚度(mm)。

项次	内 容

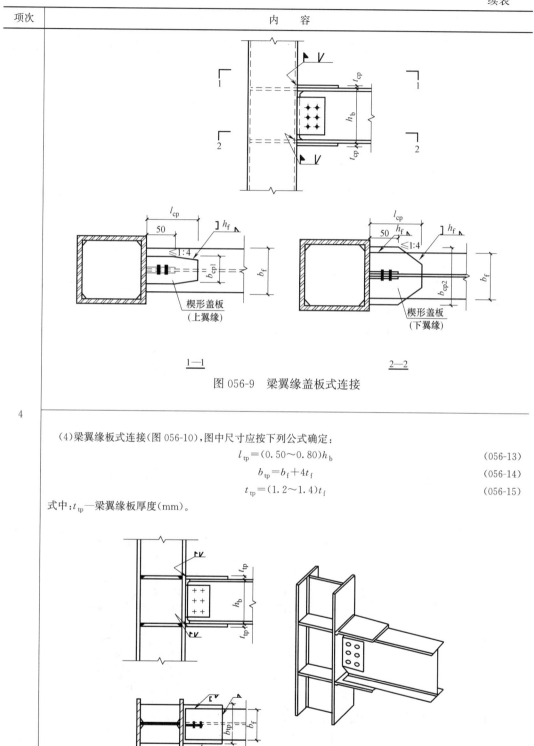

图 056-9 梁翼缘盖板式连接

4

(4)梁翼缘板式连接(图 056-10),图中尺寸应按下列公式确定:

$$l_{tp}=(0.50\sim0.80)h_b \qquad (056\text{-}13)$$

$$b_{tp}=b_f+4t_f \qquad (056\text{-}14)$$

$$t_{tp}=(1.2\sim1.4)t_f \qquad (056\text{-}15)$$

式中:t_{tp}—梁翼缘板厚度(mm)。

图 056-10 梁翼缘板式连接

项次	内　　容

4

(5)梁骨式连接(图 056-11),切割面应采用铣刀加工。图中尺寸应按下列公式确定:

$$a=(0.50\sim0.75)b_f \qquad (056\text{-}16)$$

$$b=(0.65\sim0.85)h_b \qquad (056\text{-}17)$$

$$c=0.25b_b \qquad (056\text{-}18)$$

$$R=\frac{4c^2+b^2}{8c} \qquad (056\text{-}19)$$

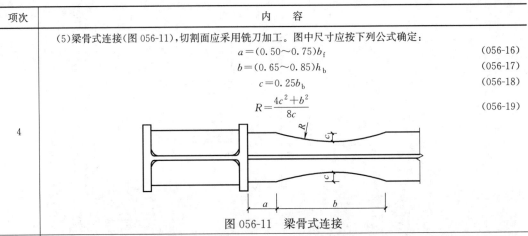

图 056-11　梁骨式连接

5

梁与 H 形柱(绕弱轴)刚性连接时(图 056-12),加劲肋应伸至柱翼缘以外 75mm,并以变宽度形式伸至梁翼缘,与后者用全熔透对接焊缝连接。加劲肋应两面设置(无梁外侧加劲肋厚度不应小于梁翼缘厚度之半)。翼缘加劲肋应大于梁翼缘厚度,以协调翼缘的允许偏差。梁腹板与柱连接板用高强度螺栓连接。

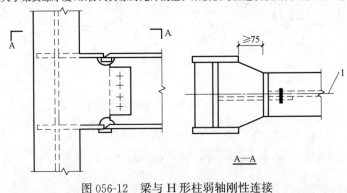

图 056-12　梁与 H 形柱弱轴刚性连接
1—梁柱轴线

6

框架梁与柱刚性连接时,应在梁翼缘的对应位置设置水平加劲肋(隔板)。对抗震设计的结构,水平加劲肋(隔板)厚度不得小于梁翼缘厚度加 2mm,其钢材强度不得低于梁翼缘的钢材强度,其外侧应与梁翼缘外侧对齐(图 056-13)。对非抗震设计的结构,水平加劲肋(隔板)应能传递梁翼缘的集中力,厚度应由计算确定;当内力较小时,其厚度不得小于梁翼缘厚度的 1/2,并应符合板件宽厚比限值。水平加劲肋宽度应从柱边缘后退 10mm。

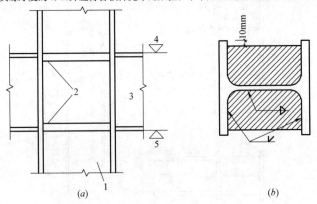

图 056-13　柱水平加劲肋与梁翼缘外侧对齐
(a)水平加劲肋标高;(b)水平加劲肋位置和焊接方法
1—柱;2—水平加劲肋;3—梁;4—强轴方向梁上端;5—强轴方向梁下端

项次	内　　容
7	当柱两侧的梁高不等时,每个梁翼缘对应位置均应按本条的要求设置柱的水平加劲肋。加劲肋的间距不应小于150mm,且不应小于水平加劲肋的宽度[图056-14(*a*)]。当不能满足此要求时,应调整梁的端部高度,可将截面高度较小的梁腹板高度局部加大,腋部翼缘的坡度不得大于1:3[图056-14(*b*)]。当与柱相连的梁在柱的两个相互垂直的方向高度不等时,应分别设置柱的水平加劲肋[图056-14(*c*)]。 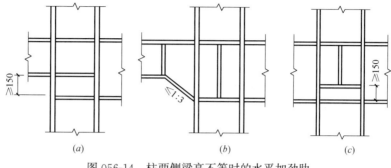 (*a*)　　　　　(*b*)　　　　　(*c*) 图 056-14　柱两侧梁高不等时的水平加劲肋
8	当节点域厚度不满足本规程第7.3.5~7.3.8条要求时,对焊接组合柱宜将腹板在节点域局部加厚(图056-15),腹板加厚的范围应伸出梁上下翼缘外不小于150mm;对轧制H形钢柱可贴焊补强板加强(图056-16)。 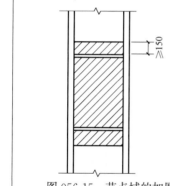　　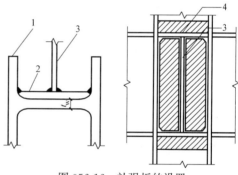 图 056-15　节点域的加厚　　　图 056-16　补强板的设置 1—翼缘;2—补强板;3—弱轴方向梁腹板;4—水平加劲肋
9	梁与柱铰接时(图056-17),与梁腹板相连的高强度螺栓,除应承受梁端剪力外,尚应承受偏心弯矩的作用,偏心弯矩M应按下式计算。当采用现浇钢筋混凝土楼板将主梁和次梁连成整体时,可不计算偏心弯矩的影响。 $$M = V \cdot e \qquad (056\text{-}20)$$ 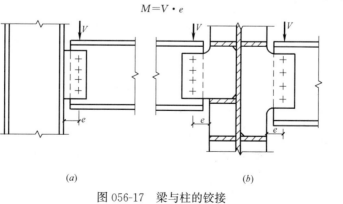 (*a*)　　　　　　　　(*b*) 图 056-17　梁与柱的铰接 (*a*)绕柱强轴连接;(*b*)绕柱弱轴连接

注：依据《高层民用建筑钢结构技术规程》JGJ 99—2015 第 8.3 节规定。

057 **当梁柱采用刚性连接，对应于梁翼缘的柱腹板部位设置横向加劲肋时，节点域应符合哪些规定？钢框架节点处的抗震承载力验算应符合哪些规定？**

1. 当梁柱采用刚性连接，对应于梁翼缘的柱腹板部位设置横向加劲肋时，节点域应符合表 057-1 的规定。

梁柱刚性连接节点域的计算　　　　　　　　表 057-1

项次	计算项目	计算内容
1	节点域的受剪正则化宽厚比	(1)当横向加劲肋厚度不小于梁的翼缘板厚度时,节点域的受剪正则化宽厚比 $\lambda_{n,s}$ 不应大于 0.8;对单层和低层轻型建筑,$\lambda_{n,s}$ 不得大于 1.2。节点域的受剪正则化宽厚比 $\lambda_{n,s}$ 应按下式计算： 当 $h_c/h_b \geqslant 1.0$ 时： $\lambda_{n,s} = \dfrac{h_b/t_w}{37\sqrt{5.34+4(h_b/h_c)^2}}\dfrac{1}{\varepsilon_k}$ (057-1) 当 $h_c/h_b < 1.0$ 时： $\lambda_{n,s} = \dfrac{h_b/t_w}{37\sqrt{4+5.34(h_b/h_c)^2}}\dfrac{1}{\varepsilon_k}$ (057-2) 式中：h_c、h_b——分别为节点域腹板的宽度和高度。
2	节点域的承载力	(2)节点域的承载力应满足下式要求： $$\dfrac{M_{b1}+M_{b2}}{V_p} \leqslant f_{ps}$$ (057-3) H 形截面柱： $V_p = h_{b1}h_{c1}t_w$ (057-4) 箱形截面柱： $V_p = 1.8h_{b1}h_{c1}t_w$ (057-5) 圆管截面柱： $V_p = (\pi/2)h_{b1}d_c t_c$ (057-6) 式中：M_{b1}、M_{b2}——分别为节点域两侧梁端弯矩设计值(N·mm)； 　　　V_p——节点域的体积(mm³)； 　　　h_{c1}——柱翼缘中心线之间的宽度(mm)； 　　　h_{b1}——梁翼缘中心线之间的高度(mm)； 　　　t_w——柱腹板节点域的厚度(mm)； 　　　d_c——钢管直径线上管壁中心线之间的距离(mm)； 　　　t_c——节点域钢管壁厚(mm)； 　　　f_{ps}——节点域的抗剪强度(N/mm²)。
3	节点域的受剪承载力	(3)节点域的受剪承载力 f_{ps} 应根据节点域受剪正则化宽厚比 $\lambda_{n,s}$ 按下列规定取值： ① 当 $\lambda_{n,s} \leqslant 0.6$ 时,$f_{ps} = \dfrac{4}{3}f_v$； ② 当 $0.6 < \lambda_{n,s} \leqslant 0.8$ 时,$f_{ps} = \dfrac{1}{3}(7-5\lambda_{n,s})f_v$； ③ 当 $0.8 < \lambda_{n,s} \leqslant 1.2$ 时,$f_{ps} = \dfrac{1}{3}[1-0.75(\lambda_{n,s}-0.8)]f_v$； ④ 当轴压比 $\dfrac{N}{Af} > 0.4$ 时,受剪承载力 f_{ps} 应乘以修正系数,当 $\lambda_{n,s} \leqslant 0.8$ 时,修正系数可取为 $\sqrt{1-\left(\dfrac{N}{Af}\right)^2}$。

续表

项次	计算项目	计算内容
4	补强措施	(4)当节点域厚度不满足式(057-3)的要求时,对 H 形截面柱节点域可采用下列补强措施: ① 加厚节点域的柱腹板,腹板加厚的范围应伸出梁的上下翼缘外不小于 150mm; ② 节点域处焊贴补强板加强,补强板与柱加劲肋和翼缘可采用角焊缝连接,与柱腹板采用塞焊连成整体,塞焊点之间的距离不应大于较薄焊件厚度的 $21\varepsilon_k$ 倍。 ③ 设置节点域斜向加劲肋加强。

注:依据《钢结构设计标准》GB 50017—2017 第 12.3.3 条规定。

2. 钢框架节点处的抗震承载力验算,应符合表 057-2 的规定。

钢框架节点处的抗震承载力验算　　　　　　　　表 057-2

项次	计算项目	计算内容
1	钢框架节点处的抗震承载力	(1)节点左右梁端和上下柱端的全塑性承载力,除下列情况之一外,应符合下式要求: ① 柱所在楼层的受剪承载力比相邻上一层的受剪承载力高出 25%; ② 柱轴压比不超过 0.4,或 $N_2 \leqslant \varphi A_c f$ (N_2 为 2 倍地震作用下的组合轴力设计值); ③ 与支撑斜杆相连的节点。 等截面梁:　　$\sum W_{pc}(f_{yc}-N/A_c) \geqslant \eta \sum W_{pb} f_{yb}$　　(057-7) 端部翼缘变截面的梁:　$\sum W_{pc}(f_{yc}-N/A_c) \geqslant \sum(\eta W_{pb1} f_{yb}+V_{pb}s)$　(057-8) 式中:W_{pc},W_{pb}——分别为交汇于节点的柱和梁的塑性截面模量; 　　　W_{pb1}——梁塑性铰所在截面的梁塑性截面模量; 　　　f_{yc}、f_{yb}——分别为柱和梁的钢材屈服强度; 　　　N——地震组合的柱轴力; 　　　A_c——框架柱的截面面积; 　　　η——强柱系数,一级取 1.15,二级取 1.10,三级取 1.05; 　　　V_{pb}——梁塑性铰剪力; 　　　s——塑性铰至柱面的距离,塑性铰可取梁端部变截面翼缘的最小处。 (2)节点域的屈服承载力应符合下列要求: 　　　$\psi(M_{pb1}+M_{pb1})/V_p \leqslant (4/3)f_{yv}$　　(057-9) 工字形截面柱:　　$V_p=h_{b1}h_{c1}t_w$　　(057-10) 箱形截面柱:　　$V_p=1.8h_{b1}h_{c1}t_w$　　(057-11) 圆管截面柱:　　$V_p=(\pi/2)h_{b1}h_{c1}t_w$　　(057-12) (3)工字形截面柱和箱形截面柱的节点域应按下列公式验算: 　　　$t_w \geqslant (h_{b1}+h_{c1})/90$　　(057-13) 　　　$(M_{b1}+M_{b1})/V_p \leqslant (4/3)f_v/\gamma_{RE}$　　(057-14) 式中:V_p——节点域的体积(mm³); 　M_{pb1},M_{pb2}——分别为节点域两侧梁的全塑性受弯承载力; 　　　f_v——钢材的抗剪强度设计值; 　　　f_{yv}——钢材的屈服抗剪强度,取钢材屈服强度的 0.58 倍; 　　　ψ——折减系数;三、四级取 0.6,一、二级取 0.7; 　h_{b1},h_{c1}——分别为梁翼缘厚度中点间的距离和柱翼缘(或钢管直径线上管壁)厚度中点间的距离; 　　　t_w——柱在节点域的腹板厚度(mm); 　M_{b1}、M_{b2}——分别为节点域两侧梁的弯矩设计值; 　　　γ_{RE}——节点域承载力抗震调整系数,取 0.75。

注:依据《建筑抗震设计要求》GB 50011—2010（2016 年版）第 8.2.5 条规定。

058 梁柱刚性节点中当工字形梁翼缘采用焊透的 T 形对接焊缝与 H 形柱的翼缘焊接，同时对应的柱腹板未设置水平加劲肋时，柱翼缘和腹板厚度应符合哪些规定？

梁柱刚性节点中当工字形梁翼缘采用焊透的 T 形对接焊缝与 H 形柱的翼缘焊接，同时对应的柱腹板未设置水平加劲肋时，柱翼缘和腹板厚度应符合表 058 规定。

柱翼缘和腹板厚度　　　　　　　　　　　　　表 058

项次	计算项目	计算内容
1	柱腹板厚度	(1)在梁的受压翼缘处,柱腹板厚度 t_w 应同时满足: $$t_w \geqslant \frac{A_{fb}f_b}{b_e f_c} \tag{058-1}$$ $$t_w \geqslant \frac{h_c}{30}\frac{1}{\varepsilon_{k,c}} \tag{058-2}$$ $$b_e = t_f + 5h_y \tag{058-3}$$ 式中:b_e——在垂直于柱翼缘的集中压力作用下,柱腹板计算高度边缘处压应力的假定分布长度(mm); A_{fb}、t_f——分别为梁受压翼缘的截面积(mm^2)、梁受压翼缘厚度(mm); f_b、f_c——分别为梁和柱钢材抗拉、抗压强度设计值(N/mm^2); h_y——自柱顶面至腹板计算高度上边缘的距离,对轧制型钢截面取柱翼缘边缘至内弧起点间的距离,对焊接截面取柱翼缘厚度(mm); h_c——柱腹板的宽度(mm); $\varepsilon_{k,c}$——柱的钢号修正系数。
2	柱翼缘板的厚度	(2)在梁的受拉翼缘处,柱翼缘板的厚度 t_c 应满足下式要求: $$t_c \geqslant 0.4\sqrt{A_{ft}f_b/f_c} \tag{058-4}$$ 式中:A_{ft}——梁受拉翼缘的截面积(mm^2)。

注：依据《钢结构设计标准》GB 50017—2017 第 12.3.4 条规定。

059 采用焊接连接或栓焊混合连接（梁翼缘与柱焊接，腹板与柱高强度螺栓连接）的梁柱刚性节点，其构造应符合哪些规定？

采用焊接连接或栓焊混合连接（梁翼缘与柱焊接，腹板与柱高强度螺栓连接）的梁柱刚性节点，其构造应符合下列规定：

（1）H 形钢柱腹板对应于梁翼缘部位宜设置横向加劲肋，箱形（钢管）柱对应于梁翼缘的位置宜设置水平隔板。

（2）梁柱节点宜采用柱贯通构造，当柱采用冷成型管截面或壁板厚度小于梁翼缘厚度较多时，梁柱节点宜采用隔板贯通式构造。

（3）节点采用隔板贯通式构造时，柱与贯通式隔板应采用全熔透坡口焊缝连接。贯通式隔板挑出长度 l 宜满足 $25mm \leqslant l \leqslant 60mm$；隔板宜采用拘束度较小的焊接构造与工艺，其厚度不应小于梁翼缘厚度和柱腹板的厚度。当隔板厚度不小于 36mm 时，宜选用厚度方向钢板。

（4）梁柱节点区柱腹板加劲肋或隔板应符合下列规定：

① 横向加劲肋的截面尺寸应经计算确定，其厚度不宜小于梁翼缘厚度；其宽度应符合传力、构造和板件宽厚比限值的要求；

② 横向加劲肋的上表面宜与梁翼缘的上表面对齐，并以焊透的 T 形对接焊缝与柱翼缘连接，当梁与 H 形截面柱弱轴方向连接，即与腹板垂直相连形成刚接时，横向加劲肋与柱腹板的连接宜采用焊透对接焊缝；

③ 箱形柱中的横向隔板与柱翼缘的连接宜采用焊透的 T 形对接焊缝，对无法进行电弧焊的焊缝且柱壁板厚度不小于 16mm 的可采用熔化嘴电渣；

④ 当采用斜向加劲肋加强节点域时，加劲肋及其连接应能传递柱腹板所能承担剪力之外的剪力；其截面尺寸应符合传力和板件宽厚比限值的要求。

注：依据《钢结构设计标准》GB 50017—2017 第 12.3.5 条规定。

060 端板连接的梁柱刚接节点、采用端板连接的节点应分别符合哪些规定？

1. 端板连接的梁柱刚接节点应符合下列规定：

（1）端板宜采用外伸式端板。端板的厚度不宜小于螺栓直径；

（2）节点中端板厚度与螺栓直径应由计算决定，计算时宜计入撬力的影响；

（3）节点区柱腹板对应于梁翼缘部位应设置横向加劲肋，其与柱翼缘围隔成的节点域应按本书表 057-1 进行抗剪强度的验算，强度不足时宜设斜向加劲肋加强。

2. 采用端板连接的节点，应符合下列规定：

（1）连接应采用高强度螺栓，螺栓间距应满足本书表 049-2 的规定；

（2）螺栓应成对称布置，并应满足拧紧螺栓的施工要求。

注：依据《钢结构设计标准》GB 50017—2017 第 12.3.6 条、第 12.3.7 条规定。

4.2 柱 脚

061 框架柱的柱脚应该如何选取？

（1）多高层结构框架柱的柱脚可采用埋入式柱脚、插入式柱脚及外包式柱脚，多层结构框架柱尚可采用外露式柱脚，单层厂房刚接柱脚可采用插入式柱脚、外露式柱脚，铰接柱脚宜采用外露式柱脚。

注：依据《钢结构设计标准》GB 50017—2017 第 12.7.1 条规定。

（2）钢结构的刚接柱脚宜采用埋入式，也可采用外包式；6、7 度且高度不超过 50m 时也可采用外露式。

注：依据《建筑抗震设计要求》GB 50011—2010（2016 年版）第 8.3.8 条规定。

（3）钢柱柱脚包括外露式柱脚、外包式柱脚和埋入式柱脚三类（图 061-1）。抗震设计时，宜优先采用埋入式；外包式柱脚可在有地下室的高层民用建筑中采用。各类柱脚均应进行受压、受弯、受剪承载力计算，其轴力、弯矩、剪力的设计值取钢柱底部的相应设计值。各类柱脚构造应分别符合表 061-3 规定。

注：依据《高层民用建筑钢结构技术规程》JGJ 99—2015 第 8.6.1 条规定。

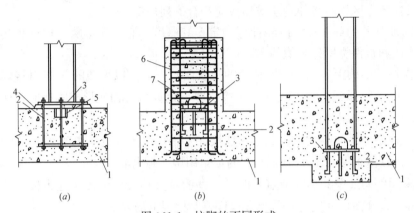

图 061-1　柱脚的不同形式

（a）外露式柱脚；（b）外包式柱脚；（c）埋入式柱脚

1—基础；2—锚栓；3—底板；4—无收缩砂浆；5—抗剪键；6—主筋；7—箍筋

（4）框架柱的柱脚按表 061-1 采用。

框架柱的柱脚　　　　　　　　　　　　　　　　　表 061-1

项次	类别	设计要求
1	一般规定	（1）外包式、埋入式及插入式柱脚，钢柱与混凝土接触的范围内不得涂刷油漆；柱脚安装时，应将钢柱表面的泥土、油污、铁锈和焊渣等用砂轮清刷干净。 （2）轴心受压柱或压弯柱的端部为铣平端时，柱身的最大压力应直接由铣平端传递，其连接焊缝或螺栓应按最大压力的 15% 与最大剪力中的较大值进行抗剪计算；当压弯柱出现受拉区时，该区的连接尚应按最大拉力计算。
2	外露式柱脚	（3）柱脚锚栓不宜用以承受柱脚底部的水平反力，此水平反力由底板与混凝土基础间的摩擦力（摩擦系数可取 0.4）或设置抗剪键承受。 （4）柱脚底板尺寸和厚度应根据柱端弯矩、轴心力、底板的支承条件和底板下混凝土的反力以及柱脚构造确定。外露式柱脚的锚栓应考虑使用环境由计算确定。 （5）柱脚锚栓应有足够的埋置深度，当埋置深度受限或锚栓在混凝土中的锚固较长时，则可设置锚板或锚梁。
3	外包式柱脚	（6）外包式柱脚（图 061-2）的计算与构造应符合下列规定： ① 外包式柱脚底板应位于基础梁或筏板的混凝土保护层内；外包混凝土厚度，对 H 形截面柱不宜小于 160mm，对矩形管或圆管柱不宜小于 180mm，同时不宜小于钢柱截面高度的 30%；混凝土强度等级不宜低于 C30；柱脚混凝土外包高度，H 形截面柱不宜小于柱截面高度的 2 倍，矩形管柱或圆管柱宜为矩形管截面长边尺寸或圆管直径的 2.5 倍；当没有地下室时，外包宽度和高度宜增大 20%；当仅有一层地下室时，外包宽度宜增大 10%； ② 柱脚底板尺寸和厚度应按结构安装阶段荷载作用下轴心力、底板的支承条件计算确定，其厚度不宜小于 16mm； ③ 柱脚锚栓应按构造要求设置，直径不宜小于 16mm，锚固长度不宜小于其直径的 20 倍； ④ 柱在外包混凝土的顶部箍筋处应设置水平加劲肋或横隔板，其宽厚比应符合本书表 034 项次 2 的相关规定； ⑤ 当框架柱为圆管或矩形管时，应在管内浇灌混凝土，强度等级不应小于基础混凝土。浇灌高度应高于外包混凝土，且不宜小于圆管直径或矩形管的长边； ⑥ 外包钢筋混凝土的受弯和受剪承载力验算及受拉钢筋和箍筋的构造要求应符合现行国家标准《混凝土结构设计规范》GB 50010 的有关规定，主筋伸入基础内的长度不应小于 25 倍直径，四角主筋两端应加弯钩，下弯段长度不应小于 150mm，下弯段宜与钢柱焊接，顶部箍筋应加强加密，并不应小于 3 根直径 12mm 的 HRB400 级热轧钢筋。

项次	类别	设计要求
3	外包式柱脚	 图 061-2　外包式柱脚 1—钢柱；2—水平加劲肋；3—柱底板；4—栓钉(可选)；5—锚栓； 6—外包混凝土；7—基础梁；L_r—外包混凝土顶部箍筋至柱底板的距离
4	埋入式柱脚	(7)埋入式柱脚应符合下列规定： ① 柱埋入部分四周设置的主筋、箍筋应根据柱脚底部弯矩和剪力按现行国家标准《混凝土结构设计规范》GB 50010 计算确定，并应符合相关的构造要求。柱翼缘或管柱外边缘混凝土保护层厚度(图 061-3)、边列柱的翼缘或管柱外边缘至基础梁端部的距离不应小于 400mm，中间柱翼缘或管柱外边缘至基础梁边相交线的距离不应小于 250mm；基础梁梁边相交线的夹角应做成钝角，其坡度不应大于 1：4 的斜角；在基础柱脚的边部，应配置水平 U 形箍筋抵抗柱的水平冲切； ② 柱脚端部及底板、锚栓、水平加劲肋或横隔板的构造要求应符合本表第(6)条的有关规定； ③ 圆管柱和矩形管柱应在管内浇灌混凝土； ④ 对于有拔力的柱，宜在柱埋入混凝土部分设置栓钉。 (8)埋入式柱脚埋入钢筋混凝土的深度 d 应符合下列公式的要求与本书表 061-2 的规定： H 形、箱形截面柱： $$\frac{V}{b_f d}+\frac{2M}{b_f d^2}+\frac{1}{2}\sqrt{\left(\frac{2V}{b_f d}+\frac{4M}{b_f d^2}\right)^2+\frac{4V^2}{b_f^2 d^2}}\leqslant f_c \qquad (061\text{-}1)$$ 圆管柱： $$\frac{V}{Dd}+\frac{2M}{Dd^2}+\frac{1}{2}\sqrt{\left(\frac{2V}{Dd}+\frac{4M}{Dd^2}\right)^2+\frac{4V^2}{D^2 d^2}}\leqslant 0.8f_c \qquad (061\text{-}2)$$ 式中：M、V——柱脚底部的弯矩(N·mm)和剪力设计值(N)； 　　　　d——柱脚埋深(mm)； 　　　　b_f——柱翼缘宽度(mm)； 　　　　D——钢管外径(mm)； 　　　　f_c——混凝土抗压强度设计值，应按现行国家标准《混凝土结构设计规范》GB 50010 的 　　　　　　　规定采用(N/mm²)。

项次	类别	设计要求
4	埋入式柱脚	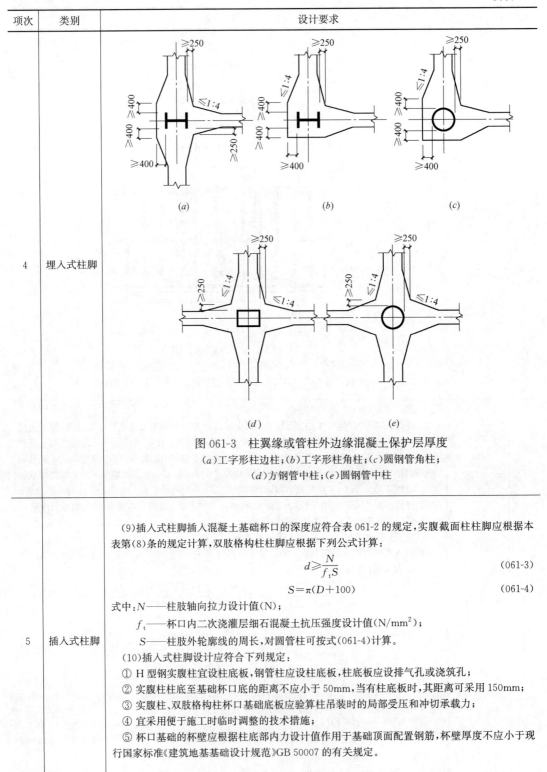 图 061-3　柱翼缘或管柱外边缘混凝土保护层厚度 (a)工字形柱边柱；(b)工字形柱角柱；(c)圆钢管角柱； (d)方钢管中柱；(e)圆钢管中柱
5	插入式柱脚	(9)插入式柱脚插入混凝土基础杯口的深度应符合表 061-2 的规定,实腹截面柱柱脚应根据本表第(8)条的规定计算,双肢格构柱柱脚应根据下列公式计算： $$d \geqslant \frac{N}{f_t S} \qquad (061\text{-}3)$$ $$S = \pi(D+100) \qquad (061\text{-}4)$$ 式中：N——柱肢轴向拉力设计值(N)； 　f_t——杯口内二次浇灌层细石混凝土抗压强度设计值(N/mm^2)； 　S——柱肢外轮廓线的周长,对圆管柱可按式(061-4)计算。 (10)插入式柱脚设计应符合下列规定： ① H 型钢实腹柱宜设柱底板,钢管柱应设柱底板,柱底板应设排气孔或浇筑孔； ② 实腹柱柱底至基础杯口底的距离不应小于 50mm,当有柱底板时,其距离可采用 150mm； ③ 实腹柱、双肢格构柱杯口基础底板应验算柱吊装时的局部受压和冲切承载力； ④ 宜采用便于施工时临时调整的技术措施； ⑤ 杯口基础的杯壁应根据柱底部内力设计值作用于基础顶面配置钢筋,杯壁厚度不应小于现行国家标准《建筑地基基础设计规范》GB 50007 的有关规定。

注：依据《钢结构设计标准》GB 50017—2017 第 12.7 节规定。

钢柱插入杯口的最小深度　　　　　　　　　　　　　　　表 061-2

柱截面形式	实腹柱	双肢格构柱(单杯口或双杯口)
最小插入深度 d_{min}	$1.5h_c$ 或 $1.5D$	$0.5h_c$ 和 $1.5b_c$(或 D)的较大值

注：1　实腹 H 形柱或矩形管柱的 h_c 为截面高度（长边尺寸），b_c 为柱截面宽度，D 为圆管柱的外径；
　　2　格构柱的 h_c 为两肢垂直于虚轴方向最外边的距离，b_c 为沿虚轴方向的柱肢宽度；
　　3　双肢格构柱柱脚插入混凝土基础杯口的最小深度不宜小于 500mm，亦不宜小于吊装时柱长度的 1/20。

注：依据《钢结构设计标准》GB 50017—2017 第 12.7.10 条表 12.7.10 规定。

高层民用建筑各类柱脚构造　　　　　　　　　　　　　　表 061-3

项次	类别	设计要求
1	钢柱外露式柱脚	(1)钢柱外露式柱脚应通过底板锚栓固定于混凝土基础上[图 061-1(a)]，高层民用建筑的钢柱应采用刚接柱脚。三级及以上抗震等级时，锚栓截面面积不宜小于钢柱下端截面面积的 20%。
2	钢柱外包式柱脚	(2)钢柱外包式柱脚由钢柱脚和外包混凝土组成，位于混凝土基础顶面以上[图 061-1(b)]，钢柱脚与基础的连接应采用抗弯连接。外包混凝土的高度不应小于钢柱截面高度的 2.5 倍，且从柱脚底板到外包层顶部箍筋的距离与外包混凝土宽度之比不应小于 1.0。外包层内纵向受力钢筋在基础内的锚固长度(l_a、l_{aE})应根据现行国家标准《混凝土结构设计规范》GB 50010 的有关规定确定，且四角主筋的上、下都应加弯钩，弯钩投影长度不应小于 15d；外包层中应配置箍筋，箍筋的直径、间距和配箍率应符合现行国家标准《混凝土结构设计规范》GB 50010 中钢筋混凝土柱的要求；外包层顶部箍筋应加密且不应少于 3 道，其间距不应大于 50mm。外包部分的钢柱翼缘表面宜设置栓钉。
3	钢柱埋入式柱脚	(3)钢柱埋入式柱脚是将柱脚埋入混凝土基础内[图 061-1(c)]，H 形截面柱的埋置深度不应小于钢柱截面高度的 2 倍，箱形柱的埋置深度不应小于柱截面长边的 2.5 倍，圆管柱的埋置深度不应小于柱外径的 3 倍；钢柱脚底板应设置锚栓与下部混凝土连接。钢柱埋入部分的侧边混凝土保护层厚度要求[图 061-4(a)]：C_1 不得小于钢柱受弯方向截面高度的一半，且不小于 250mm；C_2 不得小于钢柱受弯方向截面高度的 2/3，且不小于 400mm。 图 061-4　埋入式柱脚的其他构造要求 (a)埋入式钢柱脚的保护层厚度；(b)边柱 U 形加强筋的设置示意 1—U 形加强筋(二根)

项次	类别	设计要求
3	钢柱埋入式柱脚	钢柱埋入部分的四角应设置竖向钢筋,四周应配置箍筋,箍筋直径不应小于10mm,其间距不大于250mm;在边柱和角柱柱脚中,埋入部分的顶部和底部尚应设置U形钢筋[图061-4(b)],U形钢筋的开口应向内;U形钢筋的锚固长度应从钢柱内侧算起,锚固长度(l_a、l_{aE})应根据现行国家标准《混凝土结构设计规范》GB 50010 的有关规定确定。埋入部分的柱表面宜设置栓钉。 在混凝土基础顶部,钢柱应设置水平加劲肋。当箱形柱壁板宽厚比大于 30 时,应在埋入部分的顶部设置隔板;也可在箱形柱的埋入部分填充混凝土,当混凝土填充至基础顶部以上 1 倍箱形截面高度时,埋入部分的顶部可不设隔板。
4	钢柱柱脚的底板	(4)钢柱柱脚的底板均应布置锚栓按抗弯连接设计(图 061-5),锚栓埋入长度不应小于其直径的 25 倍,锚栓底部应设锚板或弯钩,锚板厚度宜大于 1.3 倍锚栓直径。应保证锚栓四周及底部的混凝土有足够厚度,避免基础冲切破坏;锚栓应按混凝土基础要求设置保护层。 图 061-5　抗弯连接钢柱底板形状和锚栓的配置
5	冷成型箱形柱	(5)埋入式柱脚不宜采用冷成型箱形柱。

注：依据《高层民用建筑钢结构技术规程》JGJ 99—2015 第 8.6.1 条规定。

4.3　连接板节点

062　连接板节点应该如何计算以及有哪些构造要求?

连接节点处板件在拉、剪作用下的强度计算、桁架节点板在斜腹杆压力作用下的稳定性计算、计算桁架节点板时的规定、未加劲 T 形连接节点的有效宽度、杆件与节点板的连接焊缝构造要求和节点板厚度构造要求,按表 062 采用。

连接板节点　　　　　　　　　　　　　　　　表 062

项次	项目	计算内容和构造要求
1	在拉、剪作用下的强度(拟合法)	(1)连接节点处板件在拉、剪作用下的强度应按下列公式计算: $$\frac{N}{\sum(\eta_i A_i)} \leqslant f \qquad (062\text{-}1)$$ $$A_i = t l_i \qquad (062\text{-}2)$$ $$\eta_i = \frac{1}{\sqrt{1+2\cos^2\alpha_i}} \qquad (062\text{-}3)$$ 式中:N——作用于板件的拉力(N); 　　　A_i——第 i 段破坏面的截面积,当为螺栓连接时,应取净截面面积(mm²); 　　　t——板件厚度(mm); 　　　l_i——第 i 破坏段的长度,应取板件中最危险的破坏线长度(图 062-1)(mm); 　　η_i、α_i——分别为第 i 段的拉剪折算系数、第 i 段破坏线与拉力轴线的夹角。

项次	项目	计算内容和构造要求
1	在拉、剪作用下的强度（拟合法）	 图 062-1　板件的拉、剪撕裂 (a)焊缝连接；(b)螺栓连接；(c)螺栓连接
2	有效宽度法	(2)桁架节点板(杆件轧制 T 形和双板焊接 T 形截面者除外)的强度除可按本表第(1)条相关公式计算外，也可用有效宽度法按下式计算： $$\sigma=\frac{N}{b_e t}\leqslant f \qquad (062\text{-}4)$$ 式中：b_e——板件的有效宽度（图 062-2）(mm)；当用螺栓(或铆钉)连接时，应减去孔径，孔径应取比螺栓(或铆钉)标称尺寸大 4mm。 图 062-2　板件的有效宽度 (a)焊缝连接；(b)螺栓(铆钉)连接；(c)螺栓(铆钉)连接 θ—应力扩散角，焊接及单排螺栓时可取 30°，多排螺栓时可取 22°
3	在斜腹杆压力作用下的稳定性	(3)桁架节点板在斜腹杆压力作用下的稳定性可用下列方法进行计算： ① 对有竖腹杆相连的节点板，当 $c/t\leqslant15\varepsilon_k$ 时，可不计算稳定，否则应按本标准附录 G 进行稳定计算，在任何情况下，c/t 不得大于 $22\varepsilon_k$，c 为受压腹杆连接肢端面中点沿腹杆轴线方向至弦杆的净距离； ② 对无竖腹杆相连的节点板，当 $c/t\leqslant10\varepsilon_k$ 时，节点板的稳定承载力可取为 $0.8b_e t f$；当 $c/t>10\varepsilon_k$ 时，应按本标准附录 G 进行稳定计算，在任何情况下，c/t 不得大于 $17.5\varepsilon_k$。

项次	项目	计算内容和构造要求
4	计算桁架节点板时的规定	(4)当采用本表第(1)条～第(3)条方法计算桁架节点板时,尚应符合下列规定: ① 节点板边缘与腹杆轴线之间的夹角不应小于 15°; ② 斜腹杆与弦杆的夹角应为 30°～60°; ③ 节点板的自由边长度 l_f 与厚度 t 之比不得大于 $60\varepsilon_k$。
5	未加劲 T 形连接节点的有效宽度	(5)垂直于杆件轴向设置的连接板或梁的翼缘采用焊接方式与工字形、H 形或其他截面的未设水平加劲肋的杆件翼缘相连,形成 T 形接合时,其母材和焊缝均应根据有效宽度进行强度计算。 ① 工字形或 H 形截面杆件的有效宽度应按下列公式计算[图 062-3(a)]: $$b_e = t_w + 2s + 5kt_f \quad (062\text{-}5)$$ $$k = \frac{t_f}{t_p} \cdot \frac{f_{yc}}{f_{yp}}; \text{当 } k>1.0 \text{ 时取 } 1 \quad (062\text{-}6)$$ 式中:b_e——T 形接合的有效宽度(mm); f_{yc}、f_{yp}——分别为被连接杆件翼缘的钢材屈服强度、连接板的钢材屈服强度(N/mm²); t_w、t_f——分别为被连接杆件的腹板厚度、翼缘厚度(mm); t_p——连接板厚度(mm); s——对于被连接杆件,轧制工字形或 H 形截面杆件取为圆角半径 r;焊接工字形或 H 形截面杆件取为焊脚尺寸 h_f(mm)。 ② 当被连接杆件截面为箱形或槽形,且其翼缘宽度与连接板件宽度相近时,有效宽度应按下式计算[图 062-3(b)]: $$b_e = 2t_w + 5kt_f \quad (062\text{-}7)$$ ③ 有效宽度 b_e 尚应满足下式要求: $$b_e \geqslant \frac{f_{yp}b_p}{f_{up}} \quad (062\text{-}8)$$ 式中:f_{up}——连接板的极限强度(N/mm²); b_p——连接板宽度(mm)。 *(a)* *(b)* 图 062-3 未加劲 T 形连接节点的有效宽度 (a)被连接截面为 T 形或 H 形;(b)被连接截面为箱形或槽形 ④ 当节点板不满足式(062-8)要求时,被连接杆件的翼缘应设置加劲肋。 ⑤ 连接板与翼缘的焊缝应按能传递连接板的抗力 $b_p t_p f_{yp}$(假定为均布应力)进行设计。
6	构件与节点板的连接焊缝	(6)杆件与节点板的连接焊缝(图 062-4)宜采用两面侧焊,也可以三面围焊,所有围焊的转角处必须连续施焊;弦杆与腹杆、腹杆与腹杆之间的间隙不应小于 20mm,相邻角焊缝焊趾间净距不应小于 5mm。

续表

项次	项目	计算内容和构造要求
6	构件与节点板的连接焊缝	 图 062-4　杆件与节点板的焊缝连接 (a) 两面侧焊；(b) 三面围焊
7	节点板厚度	(7) 节点板厚度宜根据所连接杆件内力的计算确定，但不得小于 6mm。节点板的平面尺寸应考虑制作和装配的误差。

注：依据《钢结构设计标准》GB 50017—2017 第 12.2 节规定。

4.4　焊接空心球节点

063　焊接空心球节点应该如何计算以及有哪些构造要求?

空心球节点受压和受拉承载力、压弯或拉弯承载力、加肋空心球承载力提高系数、焊接空心球的设计及钢管杆件与空心球的连接构造要求，按表 063 采用。

焊接空心球节点　　　　　　　　　　　　　　　　　　　　　　　　　表 063

项次	项目	计算内容和构造要求
1	定义	(1) 由两个半球焊接而成的空心球，可根据受力大小分别采用不加肋空心球 (图 063-1) 和加肋空心球 (图 063-2)。空心球的钢材宜采用现行国家标准《碳素结构钢》GB/T 700 规定的 Q235B 钢或《低合金高强度结构钢》GB/T 1591 规定的 Q355B、Q355C 钢。产品质量应符合现行行业标准《钢网架焊接空心球节点》JG/T 11 的规定。 图 063-1　不加肋空心球

项次	项目	计算内容和构造要求
1	定义	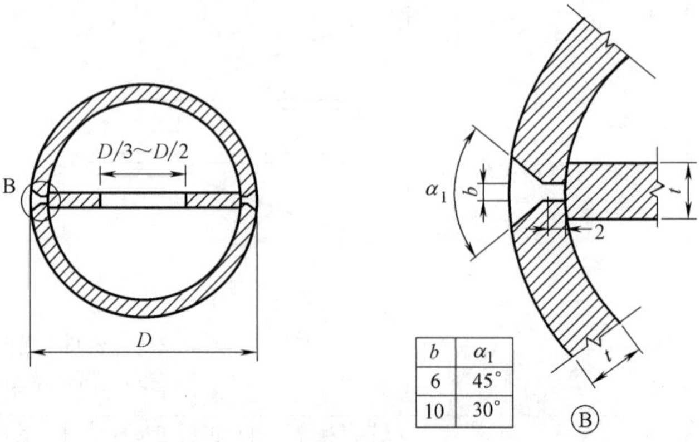 图 063-2　加肋空心球
2	受压和受拉承载力	（2）当空心球直径为 120mm～900mm 时，其受压和受拉承载力设计值 N_R(N)可按下式计算： $$N_R = \eta_0\left(0.29 + 0.54\frac{d}{D}\right)\pi t d f \qquad (063\text{-}1)$$ 式中：η_0——大直径空心球节点承载力调整系数，当空心球直径≤500mm 时，$\eta_0=$1.0；当空心球直径＞500mm 时，$\eta_0=0.9$； 　　　D——空心球外径(mm)； 　　　t——空心球壁厚(mm)； 　　　d——与空心球相连的主钢管杆件的外径(mm)； 　　　f——钢材的抗拉强度设计值(N/mm²)。
3	压弯或拉弯承载力	（3）对于单层网壳结构，空心球承受压弯或拉弯的承载力设计值 N_m 可按下式计算： $$N_m = \eta_m N_R \qquad (063\text{-}2)$$ 式中：N_m——空心球受压和受拉承载力设计值(N)； 　　　η_m——考虑空心球受压弯或拉弯作用的影响系数，应按图 063-3 确定，图中偏心系数 c 应按下式计算： $$c = \frac{2M}{Nd} \qquad (063\text{-}3)$$ 式中：M——杆件作用于空心球节点的弯矩(N·m)； 　　　N——杆件作用于空心球节点的轴力(N)； 　　　d——杆件的外径(mm)。 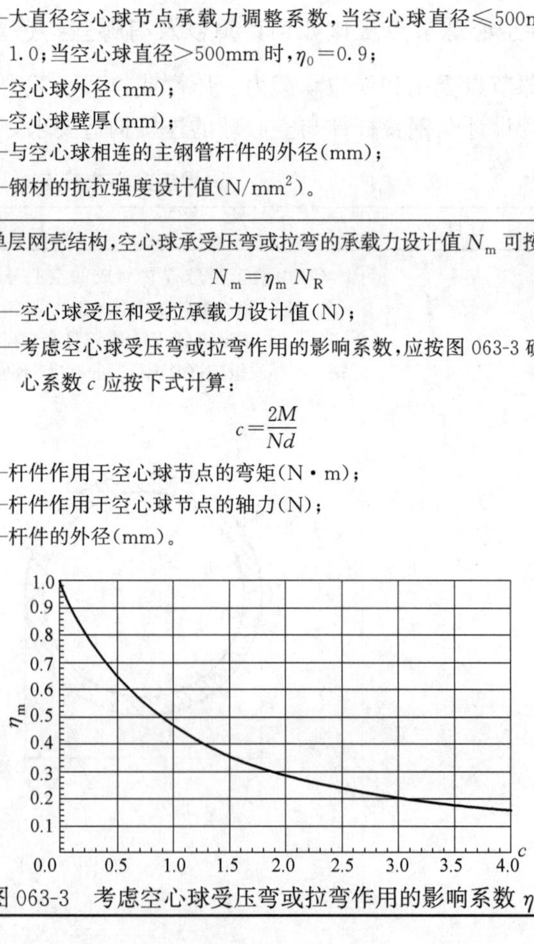 图 063-3　考虑空心球受压弯或拉弯作用的影响系数 η_m

项次	项目	计算内容和构造要求
4	加肋空心球	(4)对加肋空心球,当仅承受轴力或轴力与弯矩共同作用但以轴力为主($\eta_m \geqslant 0.8$)且轴力方向和加肋方向一致时,其承载力可乘以加肋空心球承载力提高系数 η_d,受压球取 $\eta_d = 1.4$,受拉球取 $\eta_d = 1.1$。
5	构造要求	(5)焊接空心球的设计及钢管杆件与空心球的连接应符合下列构造要求: ① 网架和双层网壳空心球的外径与壁厚之比宜取 25~45;单层网壳空心球的外径与壁厚之比宜取 20~35;空心球外径与主钢管外径之比宜取 2.4~3.0;空心球壁厚与主钢管的壁厚之比宜取 1.5~2.0;空心球壁厚不宜小于 4mm。 ② 不加肋空心球和加肋空心球的成型对接焊接,应分别满足图 063-1 和图 063-2 的要求。加肋空心球的肋板可用平台或凸台,采用凸台时,其高度不等大于 1mm。 ③ 钢管杆件与空心球连接,钢管应开坡口,在钢管与空心球之间留有一定缝隙并予以焊透,以实现焊缝与钢管等强,否则应按角焊缝计算。钢管端头可加套管与空心球焊接(图 063-4)。套管壁厚不应小于 3mm,长度可为 30mm~50mm。 图 063-4　钢管加套管的连接 ④ 角焊缝的焊脚尺寸 h_f 应符合下列规定: (a)当钢管壁厚 $t_c \leqslant 4mm$ 时,$1.5t_c \geqslant h_f \geqslant t_c$; (b)当 $t_c > 4mm$ 时,$1.2t_c \geqslant h_f \geqslant t_c$。 (6)在确定空心球外径时,球面上相邻杆件之间的净距 a 不宜小于 10mm(图 063-5),空心球直径可按下式估算: $$D = (d_1 + 2a + d_2)/\theta \quad (063\text{-}4)$$ 式中:θ——汇集于球节点任意两相邻钢管杆件间的夹角(rad); 　　　d_1、d_2——组成 θ 角两钢管外径(mm); 　　　a——球面上相邻杆件之间的净距(mm)。 图 063-5　空心球节点相邻钢管杆件 (7)当空心球直径过大、且连接杆件有较多时,为了减少空心球节点直径,允许部分腹杆与腹杆或腹杆与弦杆相汇交,但应符合下列构造要求: ① 所有汇交杆件的轴线必须通过球中心线;

项次	项目	计算内容和构造要求
5	构造要求	② 汇交两杆中,截面积大的杆件必须全截面焊在球上(当两杆截面积相等时,取受拉杆),另一杆坡口焊在相汇交杆上,但应保证有 3/4 截面焊在球上,并应按图 063-6 设置加劲板; ③ 受力大的杆件,可按图 063-7 增设支托板。 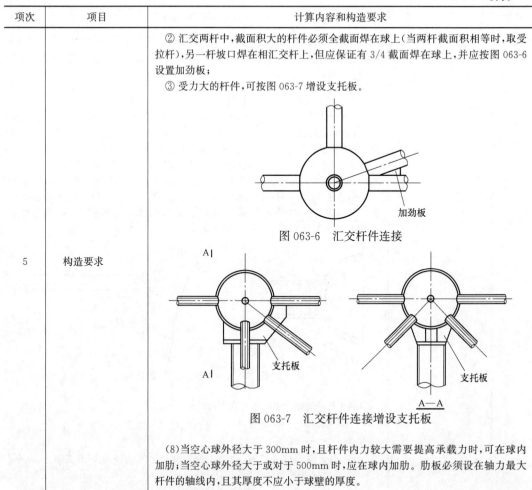 图 063-6　汇交杆件连接 图 063-7　汇交杆件连接增设支托板 (8)当空心球外径大于 300mm 时,且杆件内力较大需要提高承载力时,可在球内加肋;当空心球外径大于或对于 500mm 时,应在球内加肋。肋板必须设在轴力最大杆件的轴线内,且其厚度不应小于球壁的厚度。

注: 依据《空间网格结构技术规程》JGJ 7—2010 第 5.2 节规定。

064　焊接空心球产品主要规格有哪些?

不加肋焊接空心球产品主要规格按表 064-1 选用;加肋焊接空心球产品主要规格按表 064-2 选用。

不加肋焊接空心球产品标记和主要规格　　　　　　　　　　　　表 064-1

序号	产品标记	规格尺寸(mm) 直径×壁厚	理论重量 (kg)	序号	产品标记	规格尺寸(mm) 直径×壁厚	理论重量 (kg)
1	WS2006	D200×6	5.57	10	WS2808	D280×8	14.60
2	WS2008	D200×8	7.28	11	WS2810	D280×10	17.99
3	WS2206	D220×6	6.78	12	WS2812	D280×12	21.27
4	WS2208	D220×8	8.87	13	WS3008	D300×8	16.83
5	WS2406	D240×6	8.10	14	WS3010	D300×10	20.75
6	WS2408	D240×8	10.62	15	WS3012	D300×12	24.56
7	WS2410	D240×10	13.05	16	WS3510	D350×10	28.52
8	WS2608	D260×8	12.53	17	WS3512	D350×12	33.82
9	WS2610	D260×10	15.42	18	WS3514	D350×14	39.00

序号	产品标记	规格尺寸(mm) 直径×壁厚	理论重量 (kg)	序号	产品标记	规格尺寸(mm) 直径×壁厚	理论重量 (kg)
19	WS4012	D400×12	44.57	46	WS7020	D700×20	228.14
20	WS4014	D400×14	51.47	47	WS7022	D700×22	249.49
21	WS4016	D400×16	58.22	48	WS7025	D700×25	281.04
22	WS4018	D400×18	64.82	49	WS7028	D700×28	312.01
23	WS4514	D450×14	65.66	50	WS7030	D700×30	332.34
24	WS4516	D450×16	74.36	51	WS7522	D750×22	287.63
25	WS4518	D450×18	82.89	52	WS7525	D750×25	324.20
26	WS4520	D450×20	91.26	53	WS7528	D750×28	360.14
27	WS5016	D500×16	92.47	54	WS7530	D750×30	383.76
28	WS5018	D500×18	103.18	55	WS7535	D750×35	441.62
29	WS5020	D500×20	113.71	56	WS8022	D800×22	328.49
30	WS5022	D500×22	124.05	57	WS8025	D800×25	370.44
31	WS5516	D550×16	112.55	58	WS8028	D800×28	411.72
32	WS5518	D550×18	125.68	59	WS8030	D800×30	438.88
33	WS5520	D550×20	138.61	60	WS8035	D800×35	505.49
34	WS5522	D550×22	151.34	61	WS8522	D850×22	372.05
35	WS5525	D550×25	170.06	62	WS8525	D850×25	419.76
36	WS6018	D600×18	150.41	63	WS8528	D850×28	466.75
37	WS6020	D600×20	165.99	64	WS8530	D850×30	497.69
38	WS6022	D600×22	181.35	65	WS8535	D850×35	573.68
39	WS6025	D600×25	203.97	66	WS8540	D850×40	647.74
40	WS6028	D600×28	226.11	67	WS9025	D900×25	472.16
41	WS6030	D600×30	240.60	68	WS9028	D900×28	525.24
42	WS6520	D650×20	195.83	69	WS9030	D900×30	560.21
43	WS6525	D650×25	240.96	70	WS9035	D900×35	646.18
44	WS6528	D650×28	267.33	71	WS9040	D900×40	730.11
45	WS6530	D650×30	284.62	72	WS9045	D900×45	812.02

注：依据《钢网架焊接空心球节点》JG/T 11—2009 第 4.2.1 条规定。

加肋焊接空心球产品标记和主要规格　　　　表 064-2

序号	产品标记	规格尺寸(mm) 直径×壁厚	理论重量 (kg)	序号	产品标记	规格尺寸(mm) 直径×壁厚	理论重量 (kg)
1	WSR3008	D300×8	20.31	10	WSR4018	D400×18	77.56
2	WSR3010	D300×10	24.97	11	WSR4514	D450×14	79.08
3	WSR3012	D300×12	29.46	12	WSR4516	D450×16	89.37
4	WSR3510	D350×10	34.39	13	WSR4518	D450×18	99.42
5	WSR3512	D350×12	40.68	14	WSR4520	D450×20	109.22
6	WSR3514	D350×14	46.78	15	WSR5016	D500×16	111.33
7	WSR4012	D400×12	53.71	16	WSR5018	D500×18	123.99
8	WSR4014	D400×14	61.88	17	WSR5020	D500×20	136.37
9	WSR4016	D400×16	69.82	18	WSR5022	D500×22	148.49

序号	产品标记	规格尺寸(mm) 直径×壁厚	理论重量 (kg)	序号	产品标记	规格尺寸(mm) 直径×壁厚	理论重量 (kg)
19	WSR5516	D550×16	135.71	40	WSR7525	D750×25	390.09
20	WSR5518	D550×18	151.27	41	WSR7528	D750×28	432.49
21	WSR5520	D550×20	166.54	42	WSR7530	D750×30	460.26
22	WSR5522	D550×22	181.51	43	WSR7535	D750×35	527.91
23	WSR5525	D550×25	203.41	44	WSR8022	D800×22	396.36
24	WSR6018	D600×18	181.27	45	WSR8025	D800×25	446.18
25	WSR6020	D600×20	199.73	46	WSR8028	D800×28	495.00
26	WSR6022	D600×22	217.85	47	WSR8030	D800×30	527.01
27	WSR6025	D600×25	244.43	48	WSR8035	D800×35	605.14
28	WSR6028	D600×28	270.29	49	WSR8522	D850×22	449.28
29	WSR6030	D600×30	287.13	50	WSR8525	D850×25	506.03
30	WSR6520	D650×20	235.92	51	WSR8528	D850×28	561.73
31	WSR6525	D650×25	289.22	52	WSR8530	D850×30	598.28
32	WSR6528	D650×28	320.14	53	WSR8535	D850×35	687.64
33	WSR6530	D650×30	340.32	54	WSR8540	D850×40	774.16
34	WSR7020	D700×20	275.13	55	WSR9025	D900×25	569.65
35	WSR7022	D700×22	300.48	56	WSR9028	D900×28	632.68
36	WSR7025	D700×25	337.77	57	WSR9030	D900×30	674.07
37	WSR7028	D700×28	374.21	58	WSR9035	D900×35	775.42
38	WSR7030	D700×30	398.03	59	WSR9040	D900×40	873.74
39	WSR7522	D750×22	346.76	60	WSR9045	D900×45	969.08

注：依据《钢网架焊接空心球节点》JG/T 11—2009 第4.2.2条规定。

4.5　螺栓球节点

065　螺栓球节点应该如何计算以及有哪些构造要求？

螺栓球节点的钢球直径、高强度螺栓、锥头或封板、紧固螺钉选用按表065-1采用。

螺栓球节点　　　　　　　　　　　　　　　　　　　　表 065-1

项次	项目	计算内容和构造要求
1	定义	(1)螺栓球节点(图065-1)应由钢球、高强度螺栓、套筒、紧固螺钉、锥头或封板等零件组成,可用于连接网架和双层网壳等空间网格结构的圆钢管杆件。 (2)用于制造螺栓球节点的钢球、高强度螺栓、套筒、紧固螺钉、封板、锥头的材料可按表065-2的规定选用,并应符合相应标准技术条件的要求。产品质量应符合现行行业标准《钢网架螺栓球节点》JG/T 10 的规定。

项次	项目	计算内容和构造要求
1	定义	 图 065-1　螺栓球节点 1—钢球；2—高强度螺栓；3—套筒；4—紧固螺钉；5—锥头；6—封板
2	钢球直径	(3)钢球直径应保证相邻螺栓在球体内不相碰并满足套筒接触面的要求(图 065-2)，可分别按下列公式核算，并按计算结果中较大者选用。 图 065-2　螺栓球与直径有关的尺寸

$$D \geqslant \sqrt{\left(\frac{d_s^b}{\sin\theta}+d_1^b\cos\theta+2\xi d_1^b\right)^2+\lambda^2 d_1^{b^2}} \qquad (065\text{-}1)$$

$$D \geqslant \sqrt{\left(\frac{\lambda d_s^b}{\sin\theta}+\lambda d_1^b\cos\theta\right)^2+\lambda^2 d_1^{b^2}} \qquad (065\text{-}2)$$

式中：D——钢球直径(mm)；

　　　θ——两相邻螺栓之间的最小夹角(rad)；

　　　d_1^b——两相邻螺栓的较大直径(mm)；

　　　d_s^b——两相邻螺栓的较小直径(mm)；

　　　ξ——螺栓拧入球体长度与螺栓直径的比值，可取为 1.1；

　　　λ——套筒外接圆直径与螺栓直径的比值，可取为 1.8。

当相邻杆件夹角 θ 较小时，尚应根据相邻杆件及相关封板、锥头、套筒等零部件不相碰的要求核算螺栓球直径。此时可通过检查可能相碰点至球心的连线与相邻杆件轴线间的夹角不大于 θ 的条件进行核算。

项次	项目	计算内容和构造要求
3	高强度螺栓	(4)高强度螺栓的性能等级应按规格分别选用。对于 M12～M36 的高强度螺栓,其强度等级应按 10.9 级选用;对于 M39～M64 的高强度螺栓,其强度等级应按 9.8 级选用。螺栓的形式与尺寸应符合现行国家标准《钢网架螺栓球节点用高强度螺栓》GB/T 16939 的要求。选用高强度螺栓的直径应由杆件内力确定,高强度螺栓的受拉承载力设计值 N_t^b 应按下式计算: $$N_t^b = A_{eff} f_t^b \quad (065\text{-}3)$$ 式中:f_t^b——高强度螺栓经热处理后的抗拉强度设计值,对 10.9 级,取 430N/mm²;对 9.8 级,取 385N/mm²; 　　A_{eff}——高强度螺栓的有效截面积,可按表 065-3 选取。当螺栓上钻有键槽或钻孔时,A_{eff} 值取螺纹处或键槽、钻孔处二者中的较小值。 (5)受压杆件的连接螺栓直径,可按其内力设计值绝对值求得螺栓直径计算值后,按表 065-3 的螺栓直径系列减少 1～3 个级差。
4	套筒	(6)套筒(即六角形无纹螺母)外形尺寸应符合扳手开口系列,端部要求平整,内孔径可比螺栓直径大 1mm。 套筒可按现行国家标准《钢网架螺栓球节点用高强螺栓》GB/T 16939 的规定与高强度螺栓配套使用,对于应受压杆件的套筒应根据其传递的最大压应力值验算其抗压承载力和端部有效截面的局部承压力。 对于开设滑槽的套筒应验算套筒端部到滑槽端部的距离,应使该处有效截面的抗剪力不低于紧固螺钉的抗剪力,且不小于 1.5 倍滑槽宽度。 套筒长度 l_s(mm)和螺栓长度 l(mm)可按下列公式计算(图 065-3): $$l_s = m + B + n \quad (065\text{-}4)$$ $$l = \xi d + l_s + h \quad (065\text{-}5)$$ 式中:B——滑槽长度(mm),$B = \xi d - K$; 　　ξd——螺栓伸入钢球长度(mm),d 为螺栓直径,ξ 一般取 1.1; 　　m——滑槽端部紧固螺钉中心到套管端部的距离(mm); 　　n——滑槽顶部紧固螺钉中心到套管顶部的距离(mm); 　　K——螺栓露出套筒距离(mm),预留 4mm～5mm,但不应少于 2 个丝扣; 　　h——锥头底板厚度或封板厚度(mm)。 图 065-3 套筒长度及螺栓长度 (a)拧入前;(b)拧入后 图中:t——螺纹根部到滑槽附加余量,取 2 个丝扣; 　　x——螺纹收尾长度; 　　e——紧固螺钉的半径; 　　$\triangle$——滑槽预留量,一般取 4mm。

项次	项目	计算内容和构造要求
5	锥头或封板	(7)杆件端部应采用锥头[图065-4(a)]或封板连接[图065-4(b)],其连接焊缝的承载力应不低于连接钢管,焊缝底部宽度 b 可根据连接钢管壁厚取 2mm～5mm。锥头任何截面的承载力应不低于连接钢管,封板厚度应按实际受力大小计算确定,封板及锥头底板厚度不应小于表 065-4 中数值。锥头底板外径宜较套筒外接圆直径大 1mm～2mm,锥头底板内平台直径宜比螺栓头直径大 2mm。锥头倾角应小于 40°。 图 065-4 杆件端部连接焊缝 (a)锥头连接;(b)封板连接
6	紧固螺钉	(8)紧固螺钉宜采用高强度材料,其直径可取螺栓直径的 0.16～0.18 倍,且不宜小于 3mm。紧固螺钉规格可采用 M5～M10。

注:依据《空间网格结构技术规程》JGJ 7—2010 第5.3节规定。

螺栓球节点零件材料 　　　　表 065-2

零件名称	推荐材料	材料标准编号	备注
钢球	45 号钢	《优质碳素结构钢》GB/T 699	毛坯钢球锻造成型
高强度螺栓	20MnTiB,40Cr,35CrMo	《合金结构钢》GB/T 3077	规格 M12～M24
	35VB,40Cr,35CrMo		规格 M27～M36
	35CrMo,40Cr		规格 M39～M64×4
套筒	Q235B	《碳素结构钢》GB/T 700	套筒内孔径为 13mm～34mm
	Q355	《低合金高强度结构钢》GB/T 1591	套筒内孔径为 37mm～65mm
	45 号钢	《优质碳素结构钢》GB/T 699	
紧固螺钉	20MnTiB	《合金结构钢》GB/T 3077	螺钉直径宜尽量小
	40Cr		
锥头或封板	Q235B	《碳素结构钢》GB/T 700	钢号宜与杆件一致
	Q355	《低合金高强度结构钢》GB/T 1591	

注:依据《空间网格结构技术规程》JGJ 7—2010 第5.3.2条表5.3.2规定。

常用高强度螺栓在螺纹处的有效截面面积 A_{eff} 和承载力设计值 N_t^b 　　　　表 065-3

性能等级	规格 d	螺距 p(mm)	$A_{eff}=\pi(d-0.9382p)^2/4(mm^2)$	N_t^b(kN)
10.9 级	M12	1.75	84	36.1
	M14	2	115	49.5
	M16	2	157	67.5
	M20	2.5	245	105.3

续表

性能等级	规格 d	螺距 p(mm)	$A_{\text{eff}} = \pi(d-0.9382p)^2/4$(mm^2)	N_t^b(kN)
10.9级	M22	2.5	303	130.5
	M24	3	353	151.5
	M27	3	459	197.5
	M30	3.5	561	241.2
	M33	3.5	694	298.4
	M36	4	817	351.3
9.8级	M39	4	976	375.6
	M42	4.5	1120	431.5
	M45	4.5	1310	502.8
	M48	5	1470	567.1
	M52	5	1760	676.7
	M56×4	4	2144	825.4
	M60×4	4	2485	956.6
	M64×4	4	2851	1097.6

注：依据《空间网格结构技术规程》JGJ 7—2010 第 5.3.4 条表 5.3.4 规定。

封板及锥头底板厚度　　　　　　　　　　　　　　　　　　　**表 065-4**

高强度螺栓规格	封板/锥头底厚(mm)	高强度螺栓规格	锥头底厚(mm)
M12、M14	12	M36～M42	30
M16	14	M45～M52	35
M20～M24	16	M56×4～M60×4	40
M27～M33	20	M64×4	45

注：依据《空间网格结构技术规程》JGJ 7—2010 第 5.3.7 条表 5.3.7 规定。

4.6　嵌入式毂节点

066　嵌入式毂节点设计应符合哪些要求?

　　单层网壳嵌入式毂节点，利用柱状毂体的嵌入槽、将与杆件焊接的杆端嵌入件以机械形式连接在一起的节点。其重要部件包括毂体、杆端嵌入件、杆件、中心螺栓、压盖、平垫圈及弹簧垫圈等。其材料选用、毂体的嵌入槽以及与其配合的嵌入榫、杆端嵌入件、杆件与杆端嵌入件焊接、毂体各主要尺寸、中心螺栓构造要求，按表 066-1 采用。

嵌入式毂节点　　　　　　　　　　　　　　　　　　　　　　**表 066-1**

项次	项目	计算内容和构造要求
1	定义	(1)嵌入式毂节点(图 066-1)可用于跨度不大于 60m 的单层球面网壳及跨度不大于 30m 的单层圆柱面网壳。 (2)嵌入式毂节点的毂体、杆端嵌入件、盖板、中心螺栓的材料可按表 066-2 的规定选用，并应符合相应材料标准的技术条件。产品质量应符合现行行业标准《单层网壳嵌入式毂节点》JG/T 136 的规定。

项次	项目	计算内容和构造要求
1	定义	 图 066-1 嵌入式毂节点 1—嵌入榫；2—毂体嵌入槽；3—杆件；4—杆端嵌入件；5—连接焊缝； 6—毂体；7—盖板；8—中心螺栓；9—平垫圈、弹簧垫圈
2	毂体的嵌入槽、嵌入榫	(3)毂体的嵌入槽以及与其配合的嵌入榫应做成小圆柱状[图 066-2、图 066-3(a)]。杆端嵌入件倾角 φ(即嵌入榫的中线和嵌入件轴线的垂线之间的夹角)和柱面网壳斜杆两端嵌入榫不共面的扭角 α 可按本规程附录 J 进行计算。 图 066-2 嵌入件的主要尺寸 注:δ—杆端嵌入件平面壁厚,不宜小于 5mm。 图 066-3 毂体各主要尺寸

117

项次	项目	计算内容和构造要求
3	杆端嵌入件	(4)嵌入件几何尺寸(图066-2)应按下列计算方法及构造要求设计: ① 嵌入件颈部宽度 b_{hp} 应按与杆件等强原则计算,宽度 b_{hp} 及高度 h_{hp} 应按拉弯或压弯构件进行强度验算; ② 当杆件为圆管且嵌入件高度 h_{hp} 取圆管外径 d 时,$b_{hp} \geqslant 3t_c$(t_c 为圆管壁厚); ③ 嵌入榫直径 d_{ht} 可取 $1.7b_{hp}$ 且不宜小于16mm; ④ 尺寸 c 可根据嵌入榫直径 d_{ht} 及嵌入槽尺寸计算; ⑤ 尺寸 e 可按下式计算: $$e = \frac{1}{2}(d - d_{ht})\cot 30° \qquad (066\text{-}1)$$
4	连接焊缝	(5)杆件与杆端嵌入件应采用焊接连接,可参照螺栓球节点锥头与钢管的连接焊缝。焊缝强度应与所连接的钢管等强。
5	毂体各主要尺寸	(6)毂体各嵌入槽轴线间夹角 θ(即汇交于该节点各杆件轴线间的夹角在通过该节点中心切平面上的投影)及毂体其他主要尺寸(图066-3)可按本规程附录J进行计算。
6	中心螺栓	(7)中心螺栓直径宜采用16mm~20mm,盖板厚度不宜小于4mm。

注:依据《空间网格结构技术规程》JGJ 7—2010 第5.4节规定。

嵌入式毂节点零件推荐材料　　　　　　　　表 066-2

零件名称	推荐材料	材料标准编号	备注
毂体	Q235B	《碳素结构钢》GB/T 700	毂体直径宜采用100mm~165mm
盖板			—
中心螺栓			
杆端嵌入件	ZG230-450H	《焊接结构用碳素钢铸件》GB 7659	精密铸造

注:依据《空间网格结构技术规程》JGJ 7—2010 第5.4.2条表5.4.2规定。

067　单层网壳嵌入式毂节点规格系列有哪些?

单层网壳嵌入式毂节点,应符合现行国家行业标准《单层网壳嵌入式毂节点》JG/T 136—2016 有关规定。单层网壳嵌入式毂节点规格系列按表067采用。

毂节点规格系列　　　　　　　　表 067

规格	毂体			杆端嵌入件						杆件直径 (mm)
	毂体直径 d_h(mm)	毂体高度 h_h(mm)	单重 (kg)	杆端嵌入件颈部厚度 b_{hp}(mm)	嵌入榫直径 d_{ht} (mm)	细部尺寸 c(mm)	细部尺寸 e (mm)	总长 L_{hp} (mm)	单重 (kg)	
GJD130×48	130	48	5.0	11	18	29	26	89	0.47	48
GJD130×60	130	60	6.2	11	18	29	36	99	0.68	60
GJD150×76	150	76	10.5	11	20	32	48	114	1.24	76

规格	毂体			杆端嵌入件						杆件直径(mm)
	毂体直径 d_h(mm)	毂体高度 h_h(mm)	单重(kg)	杆端嵌入件颈部厚度 b_{hp}(mm)	嵌入榫直径 d_{ht}(mm)	细部尺寸 c(mm)	细部尺寸 e(mm)	总长 L_{hp}(mm)	单重(kg)	
GJD150×89	150	89	12.4	13	20	33	84	151	1.72	89
GJD150×114	150	114	15.8	13	20	33	125	192	2.91	114
GJD180×133	180	133	26.5	15	25	40	140	214	3.85	133
GJD240×140	240	140	49.7	19	35	50	123	207	7.6	140
GJD240×159	240	159	56.5	19	35	50	154	238	10.0	159
GJD240×168	240	168	59.7	19	35	50	169	253	11.2	168
GJD240×180	240	180	64	19	35	50	188	272	12.9	180
GJD240×219	240	219	77.8	19	35	50	252	336	22.2	219

注：毂体直径是按相邻杆件间最小夹角为35°计算。

4.7 铸钢节点

068 铸钢节点应该如何设计以及有哪些构造要求？

(1)铸钢节点设计一般规定，包括设计要求、节点应力、有限元法以及材料、构造、铸造工艺要求，按表068-1采用。

铸钢节点（一）   表068-1

项次	项目	计算内容和构造要求
1	设计要求	(1)铸钢节点应满足结构受力、铸造工艺、连接构造与施工安装的要求，适用于几何形式复杂、杆件汇交密集、受力集中的部位。铸钢节点于相邻构件可采取焊接、螺纹或销轴等连接方式。
2	节点应力	(2)铸钢节点应满足承载力极限状态的要求，节点应力应符合下式要求： $$\sqrt{\frac{1}{2}\left[(\sigma_1-\sigma_2)^2+(\sigma_2-\sigma_3)^2+(\sigma_3-\sigma_1)^2\right]}\leqslant\beta_f f \qquad (068\text{-}1)$$ 式中：σ_1、σ_2、σ_3——计算点处在相邻构件荷载设计值作用下的第一、第二、第三主应力； β_f——强度增大系数。当各主应力均为压应力时，$\beta_f=1.2$；当各主应力均为拉应力时，$\beta_f=1.0$，且最大主应力应满足 $\sigma_1=1.1f$；其他情况时，$\beta_f=1.1$。
3	有限元法	(3)铸钢节点采用有限元法确定其受力状态，并应根据实际情况对其承载力进行试验验证。
4	材料要求	(4)焊接结构用铸钢节点材料的碳当量及硫、磷含量应符合现行国家标准《焊接结构用铸钢件》GB/T 7659 的规定。

续表

项次	项目	计算内容和构造要求
5	构造要求	(5)铸钢节点应根据铸件轮廓尺寸、夹角大小与铸造工艺确定最小壁厚、内圆角半径与外圆角半径。铸钢件壁厚不宜大于150mm,应避免壁厚急剧变化,壁厚变化斜率不宜大于1/5。内部肋板厚度不宜大于外侧壁厚。
6	铸造工艺要求	(6)铸造工艺应保证铸钢节点内部组织致密、均匀,铸钢件宜进行正火或调质热处理。设计文件应注明铸钢件毛皮尺寸的容许偏差。

注：依据《钢结构设计标准》GB 50017—2017第12.4节规定。

（2）空间网格结构采用铸钢节点，包括材料、构造、铸造工艺、设计要求，按表068-2采用。

铸钢节点（二）   表068-2

项次	项目	计算内容和构造要求
1	定义	(1)空间网格结构中杆件汇交密集、受力复杂且可靠性要求高的关键部位节点可采用铸钢节点。铸钢节点的设计和制作应符合国家现行有关标准的要求。 (2)焊接结构用铸钢节点的材料应符合现行国家标准《焊接结构用铸钢件》GB/T 7659的规定,必要时可参照国际标准或其他国家的相关标准执行。非焊接结构用铸钢节点的材料应符合现行国家标准《一般工程用铸造碳钢件》GB/T 11352的规定。
2	材料要求	(3)铸钢节点的材料应具有屈服强度、抗拉强度、伸长率、截面收缩率、冲击韧性等力学性能和碳、硅、锰、硫、磷等化学成分含量的合格保证,对焊接结构用铸钢节点的材料还应具有碳当量的合格保证。
3	构造及铸造工艺要求	(4)铸钢节点设计时应根据铸钢件的轮廓尺寸选择合理的壁厚,铸件壁间应设计铸造圆角。制作时应严格控制铸造工艺、铸模精度及热处理工艺。
4	设计要求	(5)铸钢节点设计时应采用有限元法进行实际荷载工况下的计算分析,其极限承载力可根据弹塑性有限元分析确定。当铸钢节点承受多种荷载工况且不能明显判断其控制工况时,应分别进行计算以确定其最小极限承载力。极限承载力数值不宜小于最大内力设计值的3.0倍。 (6)铸钢节点可根据实际情况进行检验性试验或破坏性试验。检验性试验时试验荷载不应小于最大内力设计值的1.3倍,破坏性试验时试验荷载不应小于最大内力设计值的2.0倍。

注：依据《空间网格结构技术规程》JGJ 7—2010第5.5节规定。

4.8 支座节点

069　支座节点应该如何设计以及有哪些构造要求？

（1）平板支座、弧形支座和辊轴支座、铰轴支座、板式橡胶支座、球形支座设计和构造要求，按表069-1采用。

支座（一）   表069-1

项次	类别	设计和构造要求
1	平板支座	(1)梁或桁架支于砌体或混凝土上的平板支座,应验算下部砌体或混凝土的承压强度,底板厚度应根据支座反力对底板产生的弯矩进行计算,且不宜小于12mm。 梁的端部支承加劲肋的下端,按端面承压强度设计值进行计算时,应刨平顶紧,其中突缘加劲肋的伸出长度不得大于其厚度的2倍,并宜采取限位措施(图069-1)。

项次	类别	设计和构造要求
1	平板支座	 图 069-1 梁的支座 (a)平板支座;(b)突缘支座 1—刨平顶紧;t—端板厚度
2	弧形支座和辊轴支座	(2)弧形支座[图 069-2(a)]和辊轴支座[图 069-2(b)]的支座反力 R 应满足下式要求: $$R \leqslant 40ndlf^2/E \qquad (069\text{-}1)$$ 式中:d——弧形表面接触点曲率半径 r 的 2 倍; n——辊轴数目,对弧形支座取 $n=1$; l——弧形表面或辊轴与平板的接触长度(mm)。 图 069-2 弧形支座与辊轴支座示意图 (a)弧形支座;(b)辊轴支座
3	铰轴支座	(3)铰轴支座节点(图 069-3)中,当两相同半径的圆柱形弧面自由接触面的中心角 $\theta \geqslant 90°$ 时,其圆柱形枢轴的承压应力应按下式计算: $$\sigma = \frac{2R}{dl} \leqslant f \qquad (069\text{-}2)$$ 式中:d——枢轴直径(mm); l——枢轴纵向接触面长度(mm)。 图 069-3 铰轴式支座示意图

项次	类别	设计和构造要求
4	板式橡胶支座	(4)板式橡胶支座设计应符合下列规定: ① 板式橡胶支座的底面面积可根据承压条件确定; ② 橡胶层总厚度应根据橡胶剪切变形条件确定; ③ 在水平力作用下,板式橡胶支座应满足稳定性和抗滑移要求; ④ 支座锚栓按构造设置时数量宜为 2 个~4 个,直径不宜小于 20mm;对于受拉锚栓,其直径及数量按计算确定,并应设置双螺母防止松动; ⑤ 板式橡胶支座应采取防老化措施,并应考虑长期使用后因橡胶老化进行更换的可能性; ⑥ 板式橡胶支座宜采取限位措施。
5	球形支座	(5)受力复杂或大跨度结构宜采用球形支座。球形支座应根据使用条件采用固定、单向滑动或双向滑动等形式。球形支座上盖板、球芯、底座和箱体均应采用铸钢加工制作,滑动面应采取相应的润滑措施、支座整体应采取防尘及防锈措施。

注：依据《钢结构设计标准》GB 50017—2017 第 12.6 节规定。

(2) 空间网格结构的支座节点，其形式、设计与构造按表 069-2 采用。

支座（二）　　　　　　　　　表 069-2

项次	项目	形式、设计与构造
1	要求	(1)空间网格结构的支座节点必须具有足够的强度和刚度,在荷载作用下不应先于杆件和其他节点而破坏,也不得产生不可忽略的变形。支座节点构造形式应传力可靠、连接简单,并应符合计算假定。
2	分类	(2)空间网格结构的支座节点应根据其主要受力特点,分别选用压力支座节点、拉力支座节点、可滑移与转动的弹性支座节点以及兼受轴力、弯矩与剪力的刚性支座节点。
3	常用压力支座	(3)常用压力支座节点可按下列构造形式选用: ① 平板压力支座节点(图 069-4),可用于中、小跨度的空间网格结构; ② 单面弧形压力支座节点(图 069-5),可用于要求沿单方向转动的大、中跨度空间网格结构,支座反力较大时可采用图 069-5(b)所示支座; ③ 双面弧形压力支座节点(图 069-6),可用于温度应力变化较大且下部支承结构刚度较大的大跨度空间网格结构; ④ 球铰压力支座节点(图 069-7),可用于有抗震要求、多点支承的大跨度空间网格结构。 <div align="center">图 069-4　平板压力支座节点 (a)角钢杆件;(b)钢管杆件</div>

项次	项目	形式、设计与构造
3	常用压力支座	 图 069-5　单面弧形压力支座节点 (a)两个螺栓连接;(b)四个螺栓连接 图 069-6　双面弧形压力支座节点 (a)侧视图;(b)正视图 图 069-7　球铰压力支座节点
4	常用拉力支座	(4)常用拉力支座节点可按下列构造形式选用: ① 平板拉力支座节点(同图 069-4),可用于较小跨度的空间网格结构; ② 单面弧形拉力支座节点(图 069-8),可用于要求沿单方向转动的中、小跨度空间网格结构; ③ 球铰拉力支座节点(图 069-9),可用于多点支承的大跨度空间网格结构。

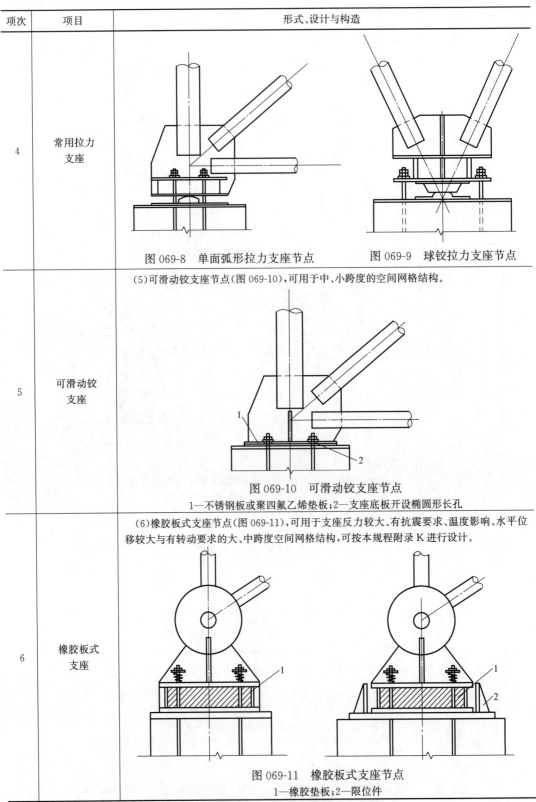

项次	项目	形式、设计与构造
4	常用拉力支座	图 069-8 单面弧形拉力支座节点 图 069-9 球铰拉力支座节点
5	可滑动铰支座	(5)可滑动铰支座节点(图 069-10),可用于中、小跨度的空间网格结构。 图 069-10 可滑动铰支座节点 1—不锈钢板或聚四氟乙烯垫板;2—支座底板开设椭圆形长孔
6	橡胶板式支座	(6)橡胶板式支座节点(图 069-11),可用于支座反力较大、有抗震要求、温度影响、水平位移较大与有转动要求的大、中跨度空间网格结构,可按本规程附录 K 进行设计。 图 069-11 橡胶板式支座节点 1—橡胶垫板;2—限位件

项次	项目	形式、设计与构造
7	刚接支座	(7)刚性支座节点(图 069-12)可用于中、小跨度空间网格结构中承受轴力、弯矩与剪力的支座节点。支座节点竖向支承板厚度应大于焊接空心球节点球壁厚度 2mm,球体置入深度应大于 2/3 球径。 图 069-12　刚接支座节点
8	立体管桁架支座	(8)立体管桁架支座节点可按图 069-13 选用。 图 069-13　立体管桁架支座节点 1—加劲板;2—弧形垫板
9	设计与构造	(9)支座节点的设计与构造应符合下列规定: ① 支座竖向支承板中心线应与竖向反力作用线一致,并与支座节点连接的杆件汇交于节点中心; ② 支座球节点底部至支座底板间的距离应满足支座斜腹杆与柱或边梁不相碰的要求(图 069-14); ③ 支座竖向支承板应保证其自由边不发生侧向屈曲,其厚度不宜小于 10mm;对于拉力支座节点,支座竖向支承板的最小截面面积及连接焊缝应满足强度要求; ④ 支座节点底板的净面积应满足支承结构材料的局部受压要求,其厚度应满足底板在支座竖向反力作用下的抗弯要求,且不宜小于 12mm; ⑤ 支座节点底板的锚孔孔径应比锚栓直径大 10mm 以上,并应考虑适应支座节点水平位移的要求; ⑥ 支座节点锚栓按构造要求设置时,其直径可取 20mm～25mm,数量可取 2～4 个;受拉支座的锚栓应经计算确定,锚固长度不应小于 25 倍锚栓直径,并应设置双螺母; ⑦ 当支座底板与基础面摩擦力小于支座底部的水平反力时应设置抗剪键,不得利用锚栓传递剪力(图 069-15); ⑧ 支座节点竖向支承板与螺栓球节点焊接时,应将螺栓球球体预热至 150℃～200℃,以小直径焊条分层、对称施焊,并应保温缓慢冷却。

项次	项目	形式、设计与构造
9	设计与构造	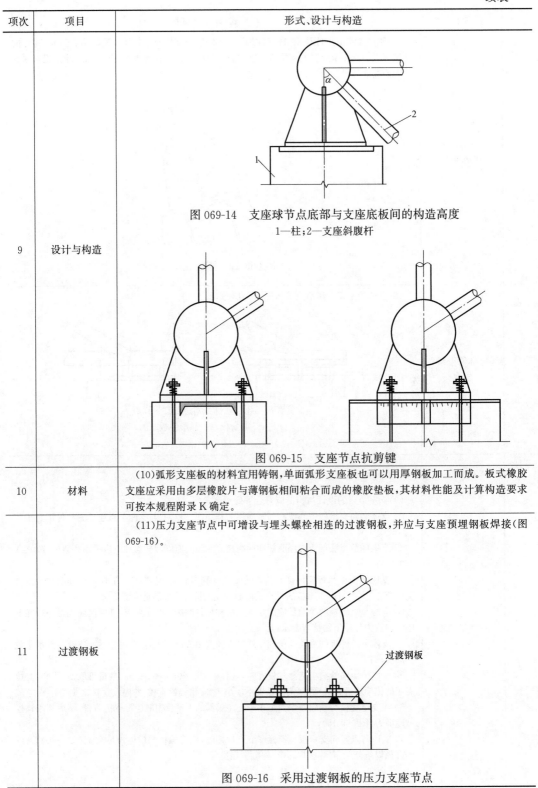
10	材料	(10)弧形支座板的材料宜用铸钢,单面弧形支座板也可以用厚钢板加工而成。板式橡胶支座应采用由多层橡胶片与薄钢板相间粘合而成的橡胶垫板,其材料性能及计算构造要求可按本规程附录K确定。
11	过渡钢板	(11)压力支座节点中可增设与埋头螺栓相连的过渡钢板,并应与支座预埋钢板焊接(图069-16)。

图 069-14 支座球节点底部与支座底板间的构造高度
1—柱;2—支座斜腹杆

图 069-15 支座节点抗剪键

图 069-16 采用过渡钢板的压力支座节点

注:依据《空间网格结构技术规程》JGJ 7—2010 第5.9节规定。

第5章 钢管连接节点

5.1 一般规定与构造要求

070 钢管连接节点应该符合哪些规定与构造要求？

钢管连接节点一般规定与构造要求，按表070采用。

一般规定与构造要求

表070

项次	项目	内　　　　容
1	一般规定	(1)本章规定适用于不直接承受动力荷载的钢管桁架、拱架、塔架等结构中的钢管间连接节点。 (2)圆钢管的外径与壁厚之比不应超过$100\varepsilon_k{}^2$；方(矩)形管的最大外缘尺寸与壁厚之比不应超过$40\varepsilon_k$，ε_k 为钢号修正系数。 (3)钢管结构中的无加劲直接焊接相贯节点的钢管材料，其管材的屈强比不宜大于0.8；与受拉构件焊接连接的钢管，当管壁厚度大于25mm且沿厚度方向承受较大拉应力时，应采取措施防止层状撕裂。 (4)采用无加劲直接焊接节点的钢管桁架，当节点偏心不超过本表式(070-2)限制时，在计算节点和受拉主管承载力时，可忽略因偏心引起的弯矩的影响，但受压主管应考虑按下式计算的偏心弯矩影响： $$M=\Delta N \cdot e \qquad (070\text{-}1)$$ 式中：ΔN——节点两侧主管轴力之差值； 　　　e——偏心距(图070-1)。 (5)无斜腹杆的空腹桁架采用无加劲钢管直接焊接节点时，应符合本标准附录H的规定。 <p style="text-align:center">图070-1　K形和N形管节点的偏心和间隙</p><p style="text-align:center">(a)有间隙的K形节点；(b)有间隙的N形节点； (c)搭接的K形节点；(d)搭接的N形节点 1—搭接管；2—被搭接管</p>
2	构造要求	(1)钢管直接焊接节点的构造应符合下列规定： ① 主管的外部尺寸不应小于支管的外部尺寸，主管的壁厚不应小于支管的壁厚，在支管与主管的连接处不得将支管插入主管内。 ② 主管与支管或支管轴线间的夹角不宜小于30°。

项次	项目	内　　容
2	构造要求	③ 支管与主管的连接节点处宜避免偏心;偏心不可避免时,其值不宜超过下式的限制: $$-0.55\leqslant e/D(或\ e/h)\leqslant0.25 \qquad (070\text{-}2)$$ 式中:e——偏心距(图070-1); 　　　D——圆管主管外径(mm); 　　　h——连接平面内的方(矩)形管主管截面高度(mm)。 ④ 支管端部应使用自动切管机切割,支管壁厚小于6mm时可不切坡口。 ⑤ 支管与主管的连接焊缝,除支管搭接应符合本栏第(2)条的规定外,应沿全周连续焊接并平滑过渡;焊缝形式可沿全周采用角焊缝,或部分采用对接焊缝,部分采用角焊缝,其中支管管壁与主管管壁之间的夹角大于或等于120°的区域宜采用对接焊缝或带坡口的角焊缝;角焊缝的焊脚尺寸不宜大于支管管壁的2倍;搭接支管周边焊缝宜为2倍支管壁厚。 ⑥ 在主管表面焊接的相邻支管的间隙 a 不应小于两支管壁厚之和[图070-1(a)、图070-1(b)]。 (2)支管搭接型的直接焊接节点的构造尚应符合下列规定: ① 支管搭接的平面K形或N形节点[图070-2(a)、图070-2(b)],其搭接率 $\eta_{0V}=q/p\times100\%$ 应满足 $25\%\leqslant\eta_{0V}\leqslant100\%$,且应确保在搭接的支管之间的连接焊缝能可靠地传递内力; ② 当互相搭接的支管外部尺寸不同时,外部尺寸较小者应搭接在尺寸较大者上;当支管壁厚不同时,较小壁厚者应搭接在较大壁厚者上;承受轴心压力的支管宜在下方。 图 070-2　支管搭接的构造 (a)搭接的K形节点;(b)搭接的N形节点 1—搭接支管;2—被搭接支管 (3)无加劲直接焊接方式不能满足承载力要求时,可按下列规定在主管内设置横向加劲板: ① 支管以承受轴力为主时,可在主管内设1道或2道加劲板[图070-3(a)、图070-3(b)];节点需满足抗弯连接要求时,应设2道加劲板;加劲板中面宜垂直于主管轴线;当主管为圆管,设1道加劲板时,加劲板宜设置在支管与主管相贯面的鞍点处,设置2道加劲板时,加劲板宜设置在距相贯面冠点 $0.1D_1$ 附近[图070-3(b)],D_1 为支管外径;主管为方管时,加劲板宜设置2块(图070-4); ② 加劲板厚度不得小于支管壁厚,也不宜小于主管壁厚的2/3和主管内径的1/40;加劲板中央开孔时,环板宽度与板厚的比值不宜大于 $15\varepsilon_k$; ③ 加劲板宜采用部分熔透焊缝焊接,主管为方管的加劲板靠支管一边与两侧边宜采用部分熔透焊接,与支管连接反向一边可不焊接; ④ 当主管直径较小,加劲板的焊接必须断开主管钢管时,主管的拼接焊缝宜设置在距支管相贯焊缝最外侧冠点80mm以外处[图070-3(c)]。 (4)钢管直接焊接节点采用主管表面贴加强板的方法加强时,应符合下列规定: ① 主管为圆管时,加强板宜包覆主管半圆[图070-5(a)],长度方向两侧均应超过支管最外侧焊缝50mm以上,但不宜超过支管直径的2/3,加强板厚度不宜小于4mm。

项次	项目	内 容

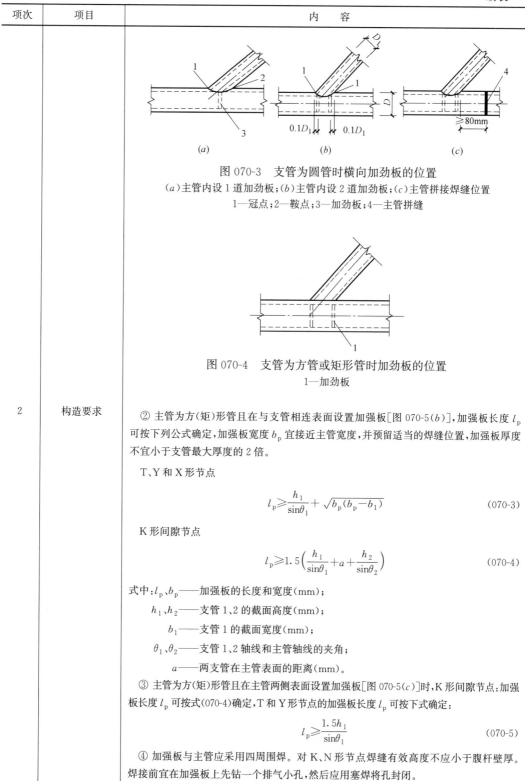

图 070-3　支管为圆管时横向加劲板的位置

(a)主管内设 1 道加劲板;(b)主管内设 2 道加劲板;(c)主管拼接焊缝位置
1—冠点;2—鞍点;3—加劲板;4—主管拼缝

图 070-4　支管为方管或矩形管时加劲板的位置
1—加劲板

项次 2　构造要求

② 主管为方(矩)形管且在与支管相连表面设置加强板[图 070-5(b)],加强板长度 l_p 可按下列公式确定,加强板宽度 b_p 宜接近主管宽度,并预留适当的焊缝位置,加强板厚度不宜小于支管最大厚度的 2 倍。

T、Y 和 X 形节点

$$l_p \geqslant \frac{h_1}{\sin\theta_1} + \sqrt{b_p(b_p-b_1)} \tag{070-3}$$

K 形间隙节点

$$l_p \geqslant 1.5\left(\frac{h_1}{\sin\theta_1} + a + \frac{h_2}{\sin\theta_2}\right) \tag{070-4}$$

式中:l_p、b_p——加强板的长度和宽度(mm);

h_1、h_2——支管 1、2 的截面高度(mm);

b_1——支管 1 的截面宽度(mm);

θ_1、θ_2——支管 1、2 轴线和主管轴线的夹角;

a——两支管在主管表面的距离(mm)。

③ 主管为方(矩)形管且在主管两侧表面设置加强板[图 070-5(c)]时,K 形间隙节点;加强板长度 l_p 可按式(070-4)确定,T 和 Y 形节点的加强板长度 l_p 可按下式确定:

$$l_p \geqslant \frac{1.5h_1}{\sin\theta_1} \tag{070-5}$$

④ 加强板与主管应采用四周围焊。对 K、N 形节点焊缝有效高度不应小于腹杆壁厚。焊接前宜在加强板上先钻一个排气小孔,然后应用塞焊将孔封闭。

项次	项目	内 容
2	构造要求	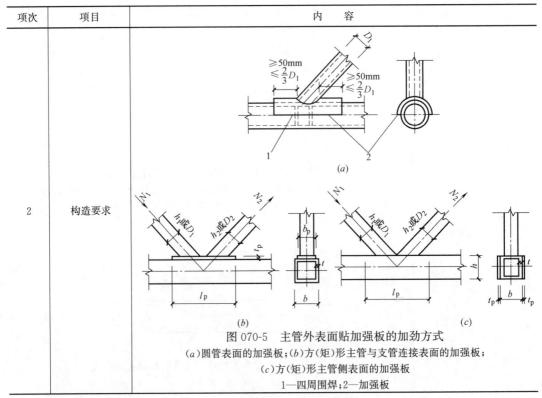 图 070-5　主管外表面贴加强板的加劲方式 (*a*)圆管表面的加强板;(*b*)方(矩)形主管与支管连接表面的加强板; (*c*)方(矩)形主管侧表面的加强板 1—四周围焊;2—加强板

注：依据《钢结构设计标准》GB 50017—2017 第 13.1 节、第 13.2 节规定。

5.2　圆钢管直接焊接节点和局部加劲节点的计算

071　圆钢管直接焊接节点和局部加劲节点应该如何计算?

　　圆钢管直接焊接节点和局部加劲节点计算,包括计算规定,平面节点(或空间节点)的受压支管、受拉支管轴向承载力设计值,平面 T、Y、X 形节点支管平面内、平面外受弯承载力设计值,T(Y)、X 或 K 形间隙节点及其他非搭接节点其支管为圆管时的轴力作用下、平面内弯矩作用下、平面外弯矩作用下的焊缝承载力设计值,按表 071 采用。

圆钢管直接焊接节点和加劲节点的计算　　　　　　　　**表 071**

项次	项目	计 算 内 容
1	计算规定	(1)采用本节进行计算时,圆钢管连接节点应符合下列规定: ① 支管与主管外径及壁厚之比均不得小于 0.2,且不得大于 1.0; ② 主支管轴线间的夹角不得小于 30°; ③ 支管轴线在主管横截面所在平面投影的夹角不得小于 60°,且不得大于 120°。
2	平面节点	(2)无加劲直接焊接的平面节点,当支管按仅承受轴心力的构件设计时,支管在节点处的承载力设计值不得小于其轴心力设计值。 　Ⅰ　平面 X 形节点(图 071-1): ① 受压支管在管节点处的承载力设计值 N_{cX} 应按下列公式计算: $$N_{cX}=\frac{5.45}{(1-0.81\beta)\sin\theta}\psi_n t^2 f \qquad (071\text{-}1)$$

项次	项目	计 算 内 容
2	平面节点	 图 071-1　X 形节点 1—主管;2—支管 $$\beta = D_i/D \quad (071\text{-}2)$$ $$\psi_n = 1 - 0.3\frac{\sigma}{f_y} - 0.3\left(\frac{\sigma}{f_y}\right)^2 \quad (071\text{-}3)$$ 式中:ψ_n——参数,当节点两侧或者一侧主管受拉时,取 $\psi_n=1$,其余情况按式(071-3)计算; t——主管壁厚(mm); f——主管钢材的抗拉、抗压和抗弯强度设计值(N/mm²); θ——主支管轴线间小于直角的夹角; D、D_i——分别为主管和支管的外径(mm); f_y——主管钢材的屈服强度(N/mm²); σ——节点两侧主管轴心压应力中较小值的绝对值(N/mm²)。 ② 受拉支管在管节点处的承载力设计值 N_{tX} 应按下式计算: $$N_{tX} = 0.78\left(\frac{D}{t}\right)^{0.2} N_{cX} \quad (071\text{-}4)$$ Ⅱ　平面 T 形(或 Y 形)节点(图 071-2 和 071-3): 图 071-2　T 形(或 Y 形)受拉节点 1—主管;2—支管 ① 受压支管在管节点处的承载力设计值 N_{cT} 应按下式计算: $$N_{cT} = \frac{11.51}{\sin\theta}\left(\frac{D}{t}\right)^{0.2}\psi_n\psi_d\, t^2 f \quad (071\text{-}5)$$ 当 $\beta \leqslant 0.7$ 时: $$\psi_d = 0.069 + 0.93\beta \quad (071\text{-}6)$$ 当 $\beta > 0.7$ 时: $$\psi_d = 2\beta - 0.68 \quad (071\text{-}7)$$

项次	项目	计 算 内 容
2	平面节点	

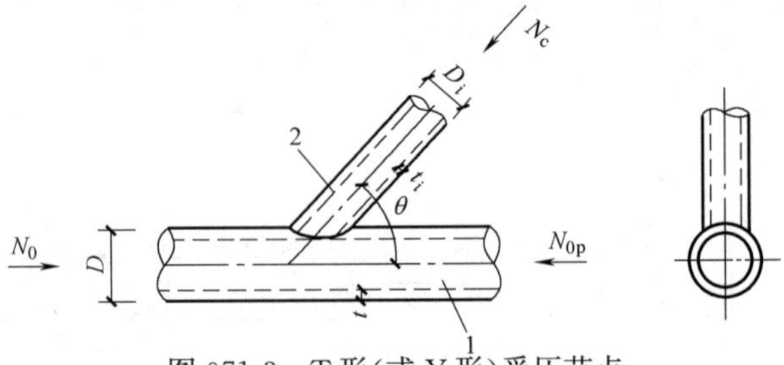

图 071-3　T 形(或 Y 形)受压节点
1—主管;2—支管

② 受拉支管在管节点处的承载力设计值 N_{tT} 应按下式计算:

当 $\beta \leqslant 0.6$ 时:

$$N_{tT} = 1.4 N_{cT} \tag{071-8}$$

当 $\beta > 0.6$ 时:

$$N_{tT} = (2-\beta) N_{cT} \tag{071-9}$$

Ⅲ　平面 K 形间隙节点(图 071-4):

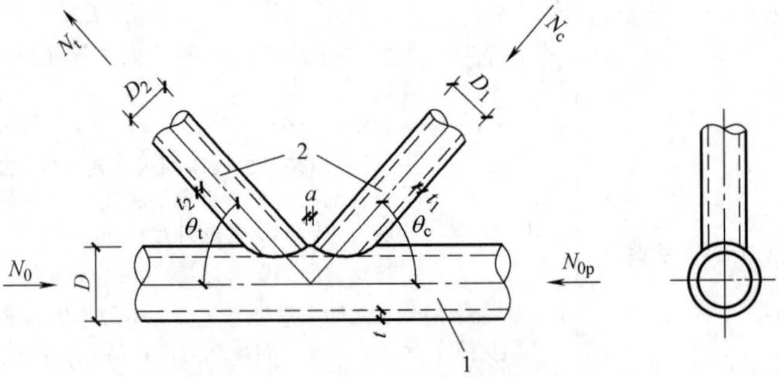

图 071-4　平面 K 形间隙节点
1—主管;2—支管

① 受压支管在管节点处的承载力设计值 N_{cK} 应按下列公式计算:

$$N_{cK} = \frac{11.51}{\sin\theta_c}\left(\frac{D}{t}\right)^{0.2}\psi_n\psi_d\psi_a t^2 f \tag{071-10}$$

$$\psi_a = 1 + \left(\frac{2.19}{1+7.5a/D}\right)\left(1-\frac{20.1}{6.6+D/t}\right)(1-0.77\beta) \tag{071-11}$$

式中:θ_c——受压支管轴线与主管轴线夹角;

　　　ψ_a——参数,按式(071-11)计算;

　　　ψ_d——参数,按式(071-6)或式(071-7)计算;

　　　a——两支管之间的间隙(mm)。

② 受拉支管在管节点处的承载力设计值 N_{tK} 应按下式计算:

$$N_{tK} = \frac{\sin\theta_c}{\sin\theta_t} N_{cK} \tag{071-12}$$

式中:θ_t——受拉支管轴线与主管轴线的夹角。

Ⅳ　平面 K 形搭接节点(图 071-5):

支管在管节点处的承载力设计值 N_{cK}、N_{tK} 应按下列公式计算:

受压支管

$$N_{cK} = \left(\frac{29}{\psi_q+25.2}-0.074\right)A_c f \tag{071-13}$$

项次	项目	计　算　内　容
2	平面节点	图 071-5　平面 K 形搭接节点 1—主管;2—搭接支管;3—被搭接支管;4—被搭接支管内隐藏部分 受拉支管$$N_{\mathrm{tK}}=\left(\frac{29}{\psi_{\mathrm{q}}+25.2}-0.074\right)A_{\mathrm{t}}f \tag{071-14}$$$$\psi_{\mathrm{q}}=\beta^{\eta_{\mathrm{ov}}}\gamma\tau^{0.8-\eta_{\mathrm{ov}}} \tag{071-15}$$$$\gamma=D/(2t) \tag{071-16}$$$$\tau=t_i/t \tag{071-17}$$式中:ψ_{q}——参数; $\quad A_{\mathrm{c}}$——受压支管的截面面积(mm^2); $\quad A_{\mathrm{t}}$——受拉支管的截面面积(mm^2); $\quad f$——支管钢材的强度设计值($\mathrm{N/mm}^2$); $\quad t_i$——支管壁厚(mm); $\quad \eta_{\mathrm{ov}}$——管节点的支管搭接率。 Ⅴ　平面 DY 形节点(图 071-6): 图 071-6　平面 DY 形节点 1—主管;2—支管

项次	项目	计 算 内 容

两受压支管在管节点处的承载力设计值 N_{cDY} 应按下式计算：

$$N_{cDY} = N_{cX} \qquad (071\text{-}18)$$

式中：N_{cX}——X 形节点中受压支管极限承载力设计值(N)。

Ⅵ　平面 DK 形节点：

① 荷载正对称节点(图 071-7)：

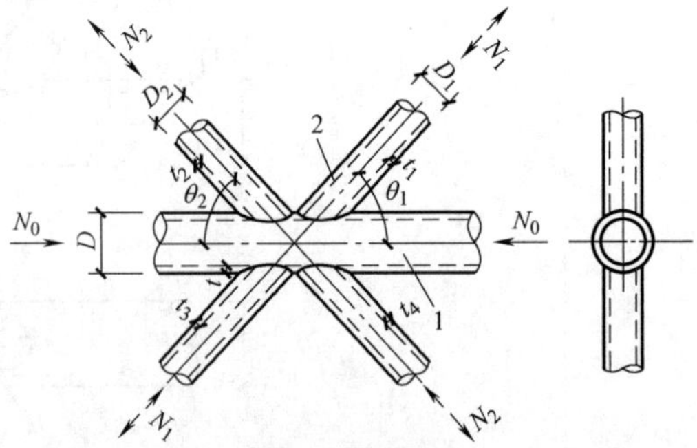

图 071-7　荷载正对称平面 DK 形节点
1—主管；2—支管

四支管同时受压时，支管在管节点处的承载力应按下列公式验算：

$$N_1\sin\theta_1 + N_2\sin\theta_2 \leqslant N_{cXi}\sin\theta_i \qquad (071\text{-}19)$$

$$N_{cXi}\sin\theta_i = \max(N_{cX1}\sin\theta_1, N_{cX2}\sin\theta_2) \qquad (071\text{-}20)$$

四支管同时受拉时，支管在管节点处的承载力应按下列公式验算：

$$N_1\sin\theta_1 + N_2\sin\theta_2 \leqslant N_{tXi}\sin\theta_i \qquad (071\text{-}21)$$

$$N_{tXi}\sin\theta_i = \max(N_{tX1}\sin\theta_1, N_{tX2}\sin\theta_2) \qquad (071\text{-}22)$$

式中：N_{cX1}, N_{cX2}——X 形节点中支管受压时节点承载力设计值(N)；

N_{tX1}, N_{tX2}——X 形节点中支管受拉时节点承载力设计值(N)。

② 荷载反对称节点(图 071-8)：

$$N_1 \leqslant N_{cK} \qquad (071\text{-}23)$$

$$N_2 \leqslant N_{tK} \qquad (071\text{-}24)$$

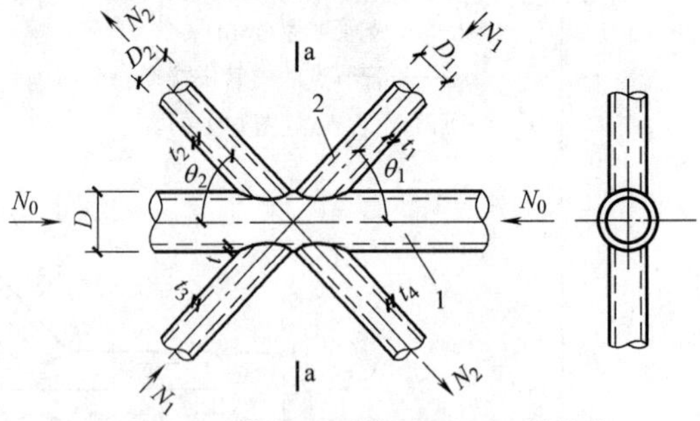

图 071-8　荷载反对称平面 DK 形节点
1—主管；2—支管

对于荷载反对称作用的间隙节点(图 071-8)，还需补充验算截面 a-a 的塑性剪切承载力：

$$\sqrt{\left(\frac{\sum N_i \sin\theta_i}{V_{pl}}\right)^2 + \left(\frac{N_a}{N_{pl}}\right)^2} \leqslant 1.0 \qquad (071\text{-}25)$$

$$V_{pl} = \frac{2}{\pi}Af_v \qquad (071\text{-}26)$$

项次 2　项目：平面节点

项次	项目	计 算 内 容
2	平面节点	$$N_{pl}=\pi(D-t)tf \qquad (071\text{-}27)$$ 式中：N_{cK}——平面 K 形节点中受压支管承载力设计值（N）； 　　　N_{tK}——平面 K 形节点中受拉支管承载力设计值（N）； 　　　V_{pl}——主管剪切承载力设计值（N）； 　　　A——主管截面面积（mm²）； 　　　f_v——主管钢材抗剪强度设计值（N/mm²）； 　　　N_{pl}——主管轴向承载力设计值（N）； 　　　N_a——截面 a-a 处主管轴力设计值（N）。 Ⅶ 平面 KT 形（图 071-9）： 图 071-9 平面 KT 形节点 $(a)N_1$、N_3 受压；$(b)N_2$、N_3 受拉 1—主管；2—支管 对有间隙的 KT 形节点，当竖杆不受力，可按没有竖杆的 K 形节点计算，其间隙值 a 取为两斜杆的趾间距；当竖杆受压时，可按下列公式计算： $$N_1\sin\theta_1+N_3\sin\theta_3\leqslant N_{cK1}\sin\theta_1 \qquad (071\text{-}28)$$ $$N_2\sin\theta_2\leqslant N_{cK1}\sin\theta_1 \qquad (071\text{-}29)$$ 当竖杆受拉力时，尚应按下式计算： $$N_1\leqslant N_{cK1} \qquad (071\text{-}30)$$ 式中：N_{cK1}——K 形节点支管承载力设计值，由式(071-10)计算，式(071-11)中$\beta=(D_1+D_2+D_3)/3D$，a 为受压支管与受拉支管在主管表面的间隙。 Ⅷ T、Y、X 形和有间隙的 K、N 形、平面 KT 形节点的冲剪验算，支管在节点处的冲剪承载力设计值 N_{si} 应按下式进行补充验算： $$N_{si}=\pi\frac{1+\sin\theta_i}{2\sin^2\theta_i}tD_if_v \qquad (071\text{-}31)$$
3	空间节点	(3)无加劲肋直接焊接的空间节点，当支管按仅承受轴力的构件设计时，支管在节点处的承载力设计值不得小于其轴心力设计值。 1)空间 TT 形节点（图 071-10）： 图 071-10 空间 TT 形节点 1—主管；2—支管

项次	项目	计 算 内 容
3	空间节点	① 受压支管在管节点处的承载力设计值 N_{cTT} 应按下列公式计算：

① 受压支管在管节点处的承载力设计值 N_{cTT} 应按下列公式计算：

$$N_{cTT} = \psi_{a0} N_{cT} \tag{071-32}$$

$$\psi_{a0} = 1.28 - 0.64 \frac{a_0}{D} \leqslant 1.1 \tag{071-33}$$

式中：a_0——两支管的横向间隙。

② 受拉支管在管节点处的承载力设计值 N_{tTT} 应按下式计算：

$$N_{tTT} = N_{cTT} \tag{071-34}$$

2）空间 KK 形节点（图 071-11）：

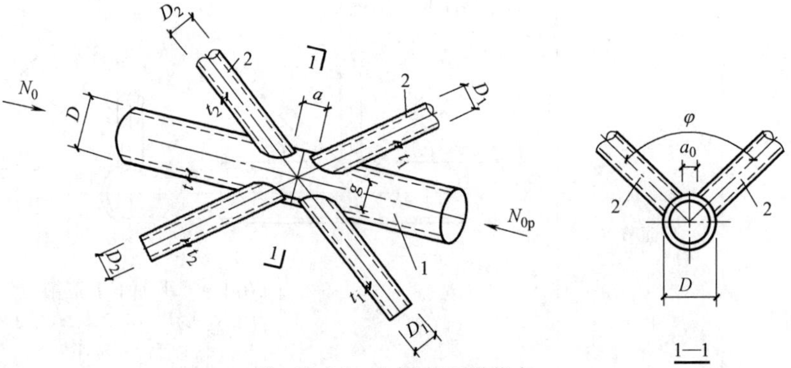

图 071-11　空间 KK 形节点
1—主管；2—支管

受压或受拉支管在空间管节点处的承载力设计值 N_{cKK} 或 N_{tKK} 应分别按平面 K 形节点相应支管承载力设计值 N_{ck} 或 N_{tK} 乘以空间调整系数 μ_{KK} 计算。

支管为非全搭接型

$$\mu_{KK} = 0.9 \tag{071-35}$$

支管为全搭接型

$$\mu_{KK} = 0.74 \gamma^{0.1} \exp(0.6 \zeta_t) \tag{071-36}$$

$$\zeta_t = \frac{q_0}{D} \tag{071-37}$$

式中：ζ_t——参数；

q_0——平面外两支管的搭接长度（mm）。

3）空间 KT 形圆管节点（图 071-12、图 071-13）：

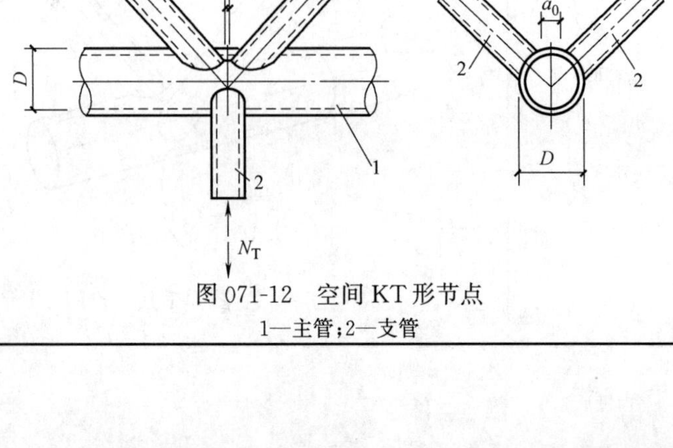

图 071-12　空间 KT 形节点
1—主管；2—支管

项次	项目	计 算 内 容
3	空间节点	 图 071-13　空间 KT 形节点分类 (a)空间 KT 形间隙节点;(b)空间 KT 形平面内搭接节点;(c)空间 KT 形全搭接节点 1—主管;2—支管;3—贯通支管;4—搭接支管;5—内隐蔽部分 ① K 形受压支管在管节点处的承载力设计值 N_{cKT} 应按下列公式计算: $$N_{cKT}=Q_n\mu_{KT}N_{cK} \qquad (071\text{-}38)$$ $$Q_n=\frac{1}{1+\dfrac{0.7n_{TK}^2}{1+0.6n_{TK}^2}} \qquad (071\text{-}39)$$ $$n_{TK}=N_T/\mid N_{cK}\mid \qquad (071\text{-}40)$$ $$\mu_{KT}=\begin{cases}1.15\beta_T^{0.07}\exp(-0.2\zeta_0) & \text{空间 KT 形间隙节点}\\ 1.0 & \text{空间 KT 形平面内搭接节点}\\ 0.74\gamma^{0.1}\exp(-0.25\zeta_0) & \text{空间 KT 形全搭接节点}\end{cases} \qquad (071\text{-}41)$$ $$\zeta_0=\frac{a_0}{D}\text{或}\frac{q_0}{D} \qquad (071\text{-}42)$$ ② K 形受拉支管在管节点处的承载力设计值 N_{tKT} 应按下式计算: $$N_{tKT}=Q_n\mu_{KT}N_{tK} \qquad (071\text{-}43)$$ ③ T 形支管在管节点处的承载力设计值 N_{KT} 应按下式计算: $$N_{KT}=\mid n_{TK}\mid N_{cKT} \qquad (071\text{-}44)$$ 式中:Q_n——支管轴力比影响系数; 　　　n_{TK}——T 形支管轴力与 K 形支管轴力比,$-1\leqslant n_{TK}\leqslant 1$; N_T、N_{cK}——分别为 T 形支管和 K 形受压支管的轴力设计值,以拉为正,以压为负(N); 　　　μ_{KT}——空间调整系数,根据图 071-13 的支管搭接方式分别取值; 　　　β_T——T 形支管与主管的直径比; 　　　ζ_0——参数; 　　　a_0——K 形支管与 T 形支管的平面外间隙(mm); 　　　q_0——K 形支管与 T 形支管的平面外搭接长度(mm)。
4	平面 T、Y、X 形节点	(4)无加劲肋直接焊接的平面 T、Y、X 形节点,当支管承受弯矩作用时(图 071-14 和图 071-15),节点承载力应按下列规定计算: ① 支管在管节点处的平面内受弯承载力设计值 M_{iT} 应按下列公式计算(图 071-15): $$M_{iT}=Q_xQ_f\frac{D_it^2f}{\sin\theta} \qquad (071\text{-}45)$$ $$Q_x=6.09\beta\gamma^{0.42} \qquad (071\text{-}46)$$ 当节点两侧或一侧主管受拉时: $$Q_f=1 \qquad (071\text{-}47)$$

项次	项目	计 算 内 容
4	平面 T、Y、 X 形节点	 图 071-14　T 形(或 Y 形)节点的平面内受弯与平面外受弯 1—主管;2—支管 图 071-15　X 形节点的平面内受弯与平面外受弯 1—主管;2—支管 当节点两侧主管受压时: $$Q_f = 1 - 0.3n_p - 0.3n_p^2 \tag{071-48}$$ $$n_p = \frac{N_{0p}}{Af_y} + \frac{M_{op}}{Wf_y} \tag{071-49}$$ 当 $D_i \leqslant D - 2t$ 时,平面内弯矩不应大于下式规定的抗冲剪承载力设计值: $$M_{siT} = \left(\frac{1+3\sin\theta}{4\sin^2\theta}\right)D_i^2 t f_v \tag{071-50}$$ 式中:Q_x——参数; 　　Q_f——参数; 　　N_{0p}——节点两侧主管轴心压力的较小绝对值(N); 　　M_{op}——节点与 N_{0p} 对应一侧的主管平面内弯矩绝对值(N·mm); 　　A——与 N_{0p} 对应一侧的主管截面积(mm²); 　　W——与 N_{0p} 对应一侧的主管截面模量(mm³)。 ② 支管在管节点处的平面外受弯承载力设计值 M_{oT} 应按下列公式计算: $$M_{oT} = Q_y Q_f \frac{D_i t^2 f}{\sin\theta} \tag{071-51}$$ $$Q_y = 3.2\gamma^{(0.5\beta^2)} \tag{071-52}$$ 当 $D_i \leqslant D - 2t$ 时,平面外弯矩不应大于下式规定的抗冲剪承载力设计值:

项次	项目	计 算 内 容
4	平面 T、Y、X 形节点	$$M_{soT}=\left(\frac{3+\sin\theta}{4\sin^2\theta}\right)D_i^2tf_v \qquad (071\text{-}53)$$ ③ 支管在平面内、外弯矩和轴力组合作用下的承载力应按下式验算: $$\frac{N}{N_j}+\frac{M_i}{M_{iT}}+\frac{M_o}{M_{oT}}\leqslant 1.0 \qquad (071\text{-}54)$$ 式中:N、M_i、M_o——支管在管节点处的轴心力(N)、平面内弯矩、平面外弯矩设计值(N·mm); N_j——支管在管节点处的承载力设计值,根据节点形式按本表第(2)条的规定计算(N)。
5	主管呈弯曲状	(5)主管呈弯曲状的平面或空间圆管焊接节点,当主管曲率半径 $R\geqslant 5m$ 且主管曲率半径 R 与主管直径 D 之比不小于 12 时,可采用本表第(2)条和第(4)条所规定的计算公式进行承载力计算。
6	外贴加强板	(6)主管采用本表第(4)条第①款外贴加强板方式的节点:当支管受压时,节点承载力设计值取相应未加强时节点承载力设计值的 $(0.23\tau_r^{1.18}\beta^{-0.68}+1)$ 倍;当支管受拉时,节点承载力设计值取相应未加强时节点承载力设计值的 $1.13\tau_r^{0.59}$ 倍,τ_r 为加强板厚度与主管壁厚的比值。
7	平面 T、X 形节点	(7)支管为方(矩)形管的平面 T、X 形节点,支管在节点处的承载力按下列规定计算: 1)T 形节点: ① 支管在节点处的轴向承载力设计值应按下式计算: $$N_{TR}=(4+20\beta_{RC}^2)(1+0.25\eta_{RC})\psi_n t^2 f \qquad (071\text{-}55)$$ $$\beta_{RC}=\frac{b_1}{D} \qquad (071\text{-}56)$$ $$\eta_{RC}=\frac{h_1}{D} \qquad (071\text{-}57)$$ ② 支管在节点处的平面内受弯承载力设计值应按下式计算: $$M_{iTR}=h_1 N_{TR} \qquad (071\text{-}58)$$ ③ 支管在节点处的平面外受弯承载力设计值应按下式计算: $$M_{oTR}=0.5b_1 N_{TR} \qquad (071\text{-}59)$$ 式中:β_{RC}——支管的宽度与主管直径的比值,且需满足 $\beta_{RC}\geqslant 0.4$; η_{RC}——支管的高度与主管直径的比值,且需满足 $\eta_{RC}\leqslant 4$; b_1——支管的宽度(mm); h_1——支管的平面内高度(mm); t——主管壁厚(mm); f——主管钢材的抗拉、抗压和抗弯强度设计值(N/mm²)。 2)X 形节点: ① 节点轴向承载力设计值应按下式计算: $$N_{XR}=\frac{5(1+0.25\eta_{RC})}{1-0.81\beta_{RC}}\psi_n t^2 f \qquad (071\text{-}60)$$ ② 节点平面内受弯承载力设计值应按下式计算: $$M_{iXR}=h_i N_{XR} \qquad (071\text{-}61)$$

项次	项目	计 算 内 容
7	平面 T、X 形节点	③ 节点平面外受弯承载力设计值应按下式计算： $$M_{oXR}=0.5b_iN_{XR} \qquad (071\text{-}62)$$ 3）节点尚应按下式进行冲剪计算： $$(N_1/A_1+M_{x1}/W_{x1}+M_{y1}/W_{y1})t_1\leqslant tf_v \qquad (071\text{-}63)$$ 式中：N_1——支管的轴向力(N)； 　　　A_1——支管的横截面积(mm^2)； 　　　M_{x1}——支管轴线与主管表面相交处的平面内弯矩(N·mm)； 　　　W_{x1}——支管在其轴线与主管表面相交处的平面内弹性抗弯截面模量(mm^3)； 　　　M_{y1}——支管轴线与主管表面相交处的平面外弯矩(N·mm)； 　　　W_{y1}——支管在其轴线与主管表面相交处的平面外弹性抗弯截面模量(mm^3)； 　　　t_1——支管壁厚(mm)； 　　　f_v——主管钢材的抗剪强度设计值(N/mm^2)。 (8)在节点处，支管沿周边与主管相焊；主管互相搭接处，搭接支管沿搭接边与被搭接支管相焊。焊缝承载力不应小于节点承载力。
8	T(Y)、X 或 K 形间隙节点及其他非搭接节点	(9)T(Y)、X 或 K 形间隙节点及其他非搭接节点中，支管为圆管时的焊缝承载力设计值应按下列规定计算： ① 支管仅受轴力作用时： 非搭接支管与主管的连接焊缝可视为全周角焊缝进行计算。角焊缝的计算厚度沿支管周长取 $0.7h_f$，焊缝承载力设计值 N_f 可按下列公式计算： $$N_f=0.7h_fl_wf_f^w \qquad (071\text{-}64)$$ 当 $D_i/D\leqslant0.65$ 时： $$l_w=(3.25D_i-0.025D)\left(\frac{0.534}{\sin\theta_i}+0.446\right) \qquad (071\text{-}65)$$ 当 $0.65<D_i/D\leqslant1$ 时： $$l_w=(3.18D_i-0.389D)\left(\frac{0.534}{\sin\theta_i}+0.446\right) \qquad (071\text{-}66)$$ 式中：h_f——焊脚尺寸(mm)； 　　　f_f^w——角焊缝的强度设计值(N/mm^2)； 　　　l_w——焊缝的计算长度(mm)。 ② 平面内弯矩作用下： 支管与主管的连接焊缝可视为全周角焊缝进行计算。角焊缝的计算厚度沿支管周长取 $0.7h_f$，焊缝承载力设计值 M_{fi} 可按下列公式计算： $$M_{fi}=W_{fi}f_f^w \qquad (071\text{-}67)$$ $$W_{fi}=\frac{I_{fi}}{x_c+D/(2\sin\theta_i)} \qquad (071\text{-}68)$$ $$x_c=(-0.34\sin\theta_i+0.34)(2.188\beta^2+0.059\beta+0.188)D_i \qquad (071\text{-}69)$$ $$I_{fi}=\left(\frac{0.826}{\sin^2\theta}+0.113\right)(1.04+0.124\beta-0.322\beta^2)\frac{\pi}{64}\frac{(D+1.4h_f)^4-D^4}{\cos\phi_{fi}} \qquad (071\text{-}70)$$ $$\phi_{fi}=\arcsin(D_i/D)=\arcsin\beta \qquad (071\text{-}71)$$ 式中：W_{fi}——焊缝有效截面的平面内抗弯模量，按式(071-68)计算(mm^3)； 　　　x_c——参数，按式(071-69)计算(mm)； 　　　I_{fi}——焊缝有效截面的平面内抗弯惯性矩，按式(071-70)计算(mm^4)。

续表

项次	项目	计 算 内 容
8	T(Y)、X 或 K 形间隙节点及其他非搭接节点	③ 平面外弯矩作用下： 支管与主管的连接焊缝可视为全周角焊缝进行计算,角焊缝的计算厚度沿支管周长取 $0.7h_f$,焊缝承载力设计值 M_{fo} 可按下列公式计算： $$M_{fo}=W_{fo}f_f^w \qquad (071\text{-}72)$$ $$W_{fo}=\frac{I_{fo}}{D/(2\cos\phi_{fo})} \qquad (071\text{-}73)$$ $$\phi_{fo}=\arcsin(D_i/D)=\arcsin\beta \qquad (071\text{-}74)$$ $$I_{fo}=(0.26\sin\theta+0.74)(1.04-0.06\beta)\frac{\pi}{64}\frac{(D+1.4h_f)^4-D^4}{\cos^3\phi_{fo}} \qquad (071\text{-}75)$$ 式中：W_{fo}——焊缝有效截面的平面外抗弯模量,按(071-73)计算(mm^3)； $\quad\quad I_{fo}$——焊缝有效截面的平面外抗弯惯性矩,按式(071-75)计算(mm^4)。

注：依据《钢结构设计标准》GB 50017—2017 第 13.3 节规定。

5.3　矩形钢管直接焊接节点和局部加劲节点的计算

072　矩形钢管直接焊接节点其适用范围应符合哪些要求?

本节规定适用于直接焊接且主管为矩形管,支管为矩形管或圆管的钢管节点(图 072),其适用范围应符合表 072 的要求。

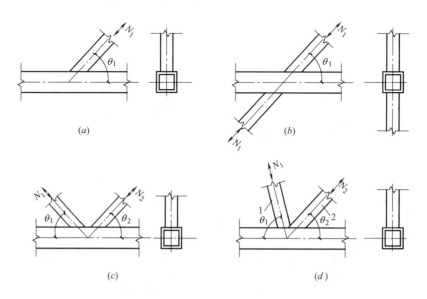

图 072　矩形管直接焊接平面节点

(a) T、Y 形节点；(b) X 形节点；(c) 有间隙的 K、N 形节点；(d) 搭接的 K、N 形节点

1—搭接支管；2—被搭接支管

主管为矩形管，支管为矩形管或圆管的节点几何参数适用范围　　表 072

截面及节点形式		节点几何参数，$i=1$ 或 2，表示支管；j 表示被搭接支管						
		$\dfrac{b_i}{b}$、$\dfrac{h_i}{b}$ 或 $\dfrac{D_i}{b}$	$\dfrac{b_i}{t_i}$、$\dfrac{h_i}{t_i}$ 或 $\dfrac{D_i}{t_i}$		$\dfrac{h_i}{b_i}$	$\dfrac{b}{t}$、$\dfrac{h}{t}$	a 或 η_{ov} $\dfrac{b_i}{b_j}$、$\dfrac{t_i}{t_j}$	
			受压	受拉				
支管为矩形管	T、Y 与 X	$\geqslant 0.25$	$\leqslant 37\varepsilon_{k,i}$ 且 $\leqslant 35$	$\leqslant 35$	$0.5\leqslant\dfrac{h_i}{b_i}\leqslant 2.0$	$\leqslant 35$	—	
	K 与 N 间隙节点	$\geqslant 0.1+0.01\dfrac{b}{t}$ $\beta\geqslant 0.35$					$0.5(1-\beta)\leqslant\dfrac{a}{b}\leqslant 1.5(1-\beta)$ $a\geqslant t_1+t_2$	
	K 与 N 搭接节点	$\geqslant 0.25$	$\leqslant 33\varepsilon_{k,i}$			$\leqslant 40$	$25\%\leqslant\eta_{ov}\leqslant 100\%$ $\dfrac{t_i}{t_j}\leqslant 1.0$、$0.75\leqslant\dfrac{b_i}{b_j}\leqslant 1.0$	
支管为圆管		$0.4\leqslant\dfrac{D_i}{b}\leqslant 0.8$	$\leqslant 44\varepsilon_{k,i}$	$\leqslant 50$		取 $b_i=D_i$ 仍能满足上述相应条件		

注：1　当 $\dfrac{a}{b}>1.5(1-\beta)$，则按 T 形或 Y 形节点计算；

　　2　b_i、h_i、t_i 分别为第 i 个矩形支管的截面宽度、高度和壁厚；D_i、t_i 分别为第 i 个圆支管的外径和壁厚；b、h、t 分别为矩形主管的截面宽度、高度和壁厚；a 为支管间的间隙；η_{ov} 为搭接率；$\varepsilon_{k,i}$ 为第 i 个支管钢材的钢号调整系数；β 为参数：对 T、Y、X 形节点，$\beta=\dfrac{b_1}{b}$ 或 $\dfrac{D_1}{b}$，对 K、N 形节点，$\beta=\dfrac{b_1+b_2+h_1+h_2}{4b}$ 或 $\beta=\dfrac{D_1+D_2}{b}$。

注：依据《钢结构设计标准》GB 50017—2017 第 13.4.1 条规定。

073　矩形钢管直接焊接节点和局部加劲节点应该如何计算？

矩形钢管直接焊接节点和局部加劲节点计算，包括支管在平面节点处的轴心承载力设计值，支管在 T 形方管节点其支管承受弯矩作用时的节点承载力，采用局部加强的方（矩）形管节点其支管在节点加强处的承载力设计值、焊缝承载力设计值按表 073 采用。

矩形钢管直接焊接节点计算　　表 073

项次	项目	计算内容
1	矩形支管在节点处的承载力设计值	(1)无加劲直接焊接的平面节点，当支管按仅承受轴心力的构件设计时，支管在节点处的承载力设计值不得小于其轴心力设计值。 Ⅰ　支管为矩形管的平面 T、Y 和 X 形节点： ① 当 $\beta\leqslant 0.85$ 时，支管在节点处的承载力设计值 N_{ui} 应按下列公式计算： $$N_{ui}=1.8\left(\frac{h_i}{bC\sin\theta_i}+2\right)\frac{t^2f}{C\sin\theta_i}\psi_n \qquad(073\text{-}1)$$ $$C=(1-\beta)^{0.5} \qquad(073\text{-}2)$$ 主管受压时：$\psi_n=1.0-\dfrac{0.25\sigma}{\beta f}$ $\qquad(073\text{-}3)$ 主管受拉时：$\psi_n=1.0$ $\qquad(073\text{-}4)$ 式中：C——参数，按式(073-2)计算； 　　　ψ_n——参数，按式(073-3)或式(073-4)计算； 　　　σ——节点两侧主管轴心压应力的较大绝对值计算(N/mm²)。 ② 当 $\beta=1.0$ 时，支管在节点处的承载力设计值 N_{ui} 应按下式计算： $$N_{ui}=\left(\frac{2h_i}{\sin\theta_i}+10t\right)\frac{tf_k}{\sin\theta_i}\psi_n \qquad(073\text{-}5)$$

续表

项次	项目	计 算 内 容
1	矩形支管在节点处的承载力设计值	对于 X 形节点，当 $\theta_i<90°$ 且 $h\geqslant h_i/\cos\theta_i$ 时，尚应按下式计算： $N_{ui}=\frac{2htf_v}{\sin\theta_i}$　(073-6) 当支管受拉时：　$f_k=f$　(073-7) 当支管受压时： 对 T、Y 形节点：　$f_k=0.8\varphi f$　(073-8) 对 X 形节点：　$f_k=(0.65\sin\theta_i)\varphi f$　(073-9) $\lambda=1.73\left(\frac{h}{t}-2\right)\sqrt{\frac{1}{\sin\theta_i}}$　(073-10) 式中：f_v——主管钢材抗剪强度设计值（N/mm^2）； f_k——主管强度设计值，按式(073-7)～式(073-9)计算（N/mm^2）； φ——长细比按式(073-10)确定的轴心受压构件的稳定系数。 ③ 当 $0.85<\beta<1.0$ 时，支管在节点处的承载力设计值 N_{ui} 应按(073-1)、式(073-5)或式(073-6)所计算的值，根据 β 进行线性插值。此外，尚应不超过式(073-11)的计算值： $N_{ui}=2.0(h_i-2t_i+b_{ei})t_if_i$　(073-11) $b_{ei}=\frac{10}{b/t}\cdot\frac{tf_y}{t_if_{yi}}\cdot b_i\leqslant b_i$　(073-12) ④ 当 $0.85<\beta<1-2t/b$ 时，N_{ui} 尚应不超过下列公式的计算值： $N_{ui}=2.0\left(\frac{h_i}{\sin\theta_i}+b'_{ei}\right)\frac{tf_k}{\sin\theta_i}$　(073-13) $b'_{ei}=\frac{10}{b/t}\cdot b_i\leqslant b_i$　(073-14) 式中：f_i——主管钢材抗拉、抗压和抗剪强度设计值（N/mm^2）。
2	节点处任一矩形支管的承载力设计值，节点间隙处的主管轴心受力承载力设计值	Ⅱ　支管为矩形管的有间隙的平面 K 形和 N 形节点： ① 节点处任一支管的承载力设计值应取下列各式的较小值： $N_{ui}=\frac{8}{\sin\theta_i}\beta\left(\frac{b}{2t}\right)^{0.5}t^2f\psi_n$　(073-15) $N_{ui}=\frac{A_vf_v}{\sin\theta_i}$　(073-16) $N_{ui}=2.0\left(h_i-2t_i+\frac{b_i+b_{ei}}{2}\right)t_if_i$　(073-17) 当 $\beta\leqslant1-2t/b$ 时，尚应不超过式(073-18)的计算值： $N_{ui}=2.0\left(\frac{h_i}{\sin\theta_i}+\frac{b_i+b'_{ei}}{2}\right)\frac{tf_v}{\sin\theta_i}$　(073-18) $A_v=(2h+\alpha b)t$　(073-19) $\alpha=\sqrt{\frac{3t^2}{3t^2+4a^2}}$　(073-20) 式中：A_v——主管的受剪面积，应按式(073-19)计算（mm^2）； α——参数，应按式(073-20)计算，（支管为圆管时 $\alpha=0$）。 ② 节点间隙处的主管轴心受力承载力设计值为： $N=(A-\alpha_vA_v)f$　(073-21) $\alpha_v=1-\sqrt{1-\left(\frac{V}{V_p}\right)^2}$　(073-22) $V_p=A_vf_v$　(073-23) 式中：α_v——剪力对主管轴心承载力的影响系数，按式(073-22)计算； V——节点间隙处弦杆所受的剪力，可按任一支管的竖向分力计算(N)； A——主管横截面面积（mm^2）。

项次	项目	计 算 内 容
3	搭接矩形支管的承载力设计值	Ⅲ 支管为矩形管的搭接的平面 K 形和 N 形节点: 搭接支管的承载力设计值应根据不同的搭接率 η_{ov} 按下列公式计算(下标 j 表示被搭接支管): ① 当 $25\% \leqslant \eta_{ov} < 50\%$ 时: $$N_{ui} = 2.0 \left[(h_i - 2t_i) \frac{\eta_{ov}}{0.5} + \frac{b_{ei} + b_{ej}}{2} \right] t_i f_i \qquad (073\text{-}24)$$ $$b_{ej} = \frac{10}{b_j / t_j} \times \frac{t_j f_{vi}}{t_i f_{yi}} \cdot b_i \leqslant b_i \qquad (073\text{-}25)$$ ② 当 $50\% \leqslant \eta_{ov} < 80\%$ 时:$N_{ui} = 2.0 \left(h_i - 2t_i + \frac{b_{ei} + b_{ej}}{2} \right) t_i f_i \qquad (073\text{-}26)$ ③ 当 $80\% \leqslant \eta_{ov} < 100\%$ 时: $N_{ui} = 2.0 \left(h_i - 2t_i + \frac{b_i + b_{ej}}{2} \right) t_i f_i \qquad (073\text{-}27)$ 被搭接支管的承载力应满足下式要求: $$\frac{N_{uj}}{A_j f_{yj}} \leqslant \frac{N_{ui}}{A_i f_{yi}} \qquad (073\text{-}28)$$
4	KT 形节点计算	Ⅳ 支管为矩形管的平面 KT 形节点: ① 当为间隙 KT 形节点时,若垂直支管内力为零,则假设垂直支管不存在,按 K 形节点计算。若垂直支管内力不为零时,可通过对 K 形和 N 形节点的承载力公式进行修正来计算,此时 $\beta \leqslant (b_1 + b_2 + b_3 + h_1 + h_2 + h_3)/(6b)$,间隙值取为两根受力较大且力的符合相反(拉或压)的腹杆间的最大间隙。对于图 073(a)、图 073(b)所示受荷情况(P 为节点横向荷载,可为零),应满足式(073-29)与式(073-30)的要求: $$N_{u1} \sin\theta_1 \geqslant N_2 \sin\theta_2 + N_3 \sin\theta_3 \qquad (073\text{-}29)$$ $$N_{u1} \geqslant N_1 \qquad (073\text{-}30)$$ 式中:N_1、N_2、N_3——腹杆所受的轴向力(N)。 图 073 KT 形节点受荷情况 ② 当为搭接 KT 形方管节点时,可采用搭接 K 形和 N 形节点的承载力公式检验每一根支管的承载力,计算支管有效宽度时应注意支管搭接次序。
5	圆形支管在节点处的承载力	Ⅴ 支管为圆管的各种形式平面节点: 支管为圆管的 T、Y、X、K 及 N 形节点时,支管在节点处的承载力可用上述相应的支管为矩形管的节点的承载力公式计算,这时需用 D_i 替代 b_i 和 h_i,并将计算结果乘以 $\pi/4$。
6	支管承受弯矩时,T 形方管节点承载力	(2)无加劲直接焊接的 T 形方管节点,当支管承受弯矩作用时,节点承载力应按下列规定计算: 1)当 $\beta \leqslant 0.85$ 且 $n \leqslant 0.6$ 时,按式(073-31)验算;当 $\beta \leqslant 0.85$ 且 $n > 0.6$ 时,按式(073-32)验算;当 $\beta > 0.85$ 时,按式(073-32)验算。 $$\left(\frac{N}{N_{u1}^*} \right)^2 + \left(\frac{M}{M_{u1}} \right)^2 \leqslant 1.0 \qquad (073\text{-}31)$$

项次	项目	计算内容

$$\frac{N}{N_{\mathrm{ul}}^{*}}+\frac{M}{M_{\mathrm{ul}}}\leqslant 1.0 \tag{073-32}$$

式中：N_{ul}^{*}——支管在节点处的轴心受压承载力设计值，应按本条第2)款的规定计算（N）；

M_{ul}——支管在节点处的受弯承载力设计值，应按本条第3)款的规定计算（N·mm）。

2)N_{ul}^{*}的计算应符合下列规定：

① 当$\beta\leqslant 0.85$时，按下式计算：

$$N_{\mathrm{ul}}^{*}=t^{2}f\left[\frac{h_{1}/b}{1-\beta}(2-n^{2})+\frac{4}{\sqrt{1-\beta}}(1-n^{2})\right] \tag{073-33}$$

② 当$\beta>0.85$时，按本表第(1)条中的相关规定计算。

3)M_{ul}的计算应符合下列规定：

当$\beta\leqslant 0.85$时：$M_{\mathrm{ul}}=t^{2}h_{1}f\left(\frac{b}{2h_{1}}+\frac{2}{\sqrt{1-\beta}}+\frac{h_{1}/b}{1-\beta}\right)(1-n^{2}) \tag{073-34}$

$$n=\frac{\sigma}{f} \tag{073-35}$$

当$\beta>0.85$时，其受弯承载力设计值取式(073-36)和式(073-38)或式(073-39)计算结果的较小值：

$$M_{\mathrm{ul}}=\left[W_{1}-\left(1-\frac{b_{\mathrm{e}}}{b}\right)b_{1}t_{1}(h_{1}-t_{1})\right]f_{1} \tag{073-36}$$

$$b_{\mathrm{e}}=\frac{10}{b/t}\cdot\frac{tf_{\mathrm{y}}}{t_{1}f_{\mathrm{y1}}}b_{1}\leqslant b_{1} \tag{073-37}$$

当$t\leqslant 2.75\mathrm{mm}$：$M_{\mathrm{ul}}=0.595t(h_{1}+5t)^{2}(1-0.3n)f \tag{073-38}$

当$2.75\mathrm{mm}<t\leqslant 14\mathrm{mm}$：$M_{\mathrm{ul}}=0.0025t(t^{2}-26.8t+304.6)(h_{1}+5t)^{2}(1-0.3n)f \tag{073-39}$

式中：n——参数，按式(073-35)计算，受拉时取$n=0$；

b_{e}——腹杆翼缘的有效宽度，按式(073-37)计算（mm）；

W_{1}——支管截面模量（mm^{3}）。

| 6 | 支管承受弯矩时，T形方管节点承载力 | |

（3）采用局部加强的方（矩）形管节点时，支管在节点加强处的承载力设计值应按下列规定计算：

1) 主管与支管相连一侧采用加强板［图070-5(b)］：

① 对支管受拉的T、Y和X形节点，支管在节点处的承载力设计值应按下列公式计算：

$$N_{\mathrm{ui}}=1.8\left(\frac{h_{i}}{b_{\mathrm{p}}C_{\mathrm{p}}\sin\theta_{i}}+2\right)\frac{t_{\mathrm{p}}^{2}f_{\mathrm{p}}}{C_{\mathrm{p}}\sin\theta_{i}} \tag{073-40}$$

$$C_{\mathrm{p}}=(1-\beta_{\mathrm{p}})^{0.5} \tag{073-41}$$

$$\beta_{\mathrm{p}}=b_{i}/b_{\mathrm{p}} \tag{073-42}$$

式中：f_{p}——加强板强度设计值（$\mathrm{N/mm}^{2}$）；

C_{p}——参数，按式(073-41)计算。

② 对支管受压的T、Y和X形节点，当$\beta_{\mathrm{p}}\leqslant 0.8$时可应用下式进行加强板的设计：

$$l_{\mathrm{p}}\geqslant 2b/\sin\theta_{i} \tag{073-43}$$

$$t_{\mathrm{p}}\geqslant 4t_{1}-t \tag{073-44}$$

③ 对K形间隙节点，可按本表第(1)中相应的公式计算承载力，这时用t_{p}代替t，用加强板设计强度f_{p}代替主管设计强度f。

2)对于侧板加强的T、Y、X和K形间隙方管节点［图070-5(c)］，可用本表第(1)条中相应的计算主管侧壁承载力的公式计算，此时用$t+t_{\mathrm{p}}$代替侧壁厚t，A_{v}取为$2h(t+t_{\mathrm{p}})$。

| 7 | 支管在节点加强处的承载力设计值 | |

项次	项目	计 算 内 容
8	焊缝承载力设计值	(4)方(矩)形管节点处焊缝承载力不应小于节点承载力,支管沿周边与主管相焊时,连接焊缝的计算应符合下列规定: ① 直接焊接的方(矩)形管节点中,轴心受力支管与主管的连接焊缝可视为全周角焊缝,焊缝承载力设计值 N_f 可按下式计算: $$N_f = h_e l_w f_f^w \qquad (073\text{-}45)$$ 式中:h_e——角焊缝计算厚度,当支管承受轴力时,平均计算厚度可取 $0.7h_f$(mm); 　　　l_w——焊缝的计算长度,按本条第②款或第③款计算(mm); 　　　f_f^w——角焊缝的强度设计值(N/mm²)。 ② 支管为方(矩)形管时,角焊缝的计算长度可按下列公式计算: (a)对于有间隙的 K 形和 N 形节点: 当 $\theta \geqslant 60°$ 时: $$l_w = \frac{2h_i}{\sin\theta_i} + b_i \qquad (073\text{-}46)$$ 当 $\theta \leqslant 50°$ 时: $$l_w = \frac{2h_i}{\sin\theta_i} + 2b_i \qquad (073\text{-}47)$$ 当 $50° < \theta < 60°$ 时:l_w 按插值法确定。 (b)对于 T、Y 和 X 形节点: $$l_w = \frac{2h_i}{\sin\theta_i} \qquad (073\text{-}48)$$ ③ 当支管为圆管时,焊缝计算长度应按下列公式计算: $$l_w = \pi(a_0 + b_0) - D_i \qquad (073\text{-}49)$$ $$a_0 = \frac{R_i}{\sin\theta_i} \qquad (073\text{-}50)$$ $$b_0 = R_i \qquad (073\text{-}51)$$ 式中:a_0——椭圆相交线的长半轴(mm); 　　　b_0——椭圆相交线的短半轴(mm); 　　　R_i——圆支管半径(mm); 　　　θ_i——支管轴线与主管轴线的交角。

注:依据《钢结构设计标准》GB 50017—2017 第 13.4 节规定。

第6章　钢与混凝土组合梁

6.1　一般规定

074　在进行组合梁截面承载力验算时，跨中及中间支座处混凝土翼板的有效宽度应该如何选取？

在进行组合梁截面承载力验算时，跨中及中间支座处混凝土翼板的有效宽度 b_e（图074）应按下式计算：

$$b_e = b_0 + b_1 + b_2 \qquad (074)$$

式中：b_0——板托顶部的宽度（表074）：当板托倾角 $\alpha < 45°$ 时，应按 $\alpha = 45°$ 计算；当无托板时，则取钢梁上翼缘的宽度；当混凝土板和钢梁不直接接触（如之间有压型钢板分隔）时，取栓钉的横向间距，仅有一列栓钉时取 0（mm）；

b_1、b_2——梁外侧和内侧的翼板计算宽度，当塑性中和轴位于混凝土板内时，各取梁等效跨径 l_e 的 $1/6$。此外，b_1 尚不应超过翼板实际外伸宽度 S_1；b_2 不应超过相邻钢梁上翼缘或托板间净距 S_0 的 $1/2$（mm），见表074；

l_e——等效跨径。对于简支组合梁，取为简支组合梁的跨度；对于连续组合梁，中间跨正弯矩区取为 $0.6l$，边跨正弯矩区取为 $0.8l$，l 为组合梁跨度，支座负弯矩区取为相邻两跨跨度之和的 20%（mm）。

板托顶板的宽度及梁的翼缘计算宽度　　　表074

类别			托板顶部的宽度 b_0(mm)	梁的翼板计算宽度（当塑性中和轴位于混凝土板内时）	
				外侧 b_1(mm)	内侧 b_2(mm)
当无托板时	简支组合梁			$b_1 = \dfrac{1}{6}l$，且 $b_1 \leqslant S_1$	$b_2 = \dfrac{1}{6}l$，且 $b_2 \leqslant \dfrac{1}{2}S_0$
	连续组合梁	中间跨正弯矩区	$b_0 = b$（直接接触钢梁）$b_0 \geqslant 4d$（有压型钢板分隔）$b_0 = 0$（仅有一列栓钉时）	$b_1 = \dfrac{1}{10}l$，且 $b_1 \leqslant S_1$	$b_2 = \dfrac{1}{10}l$，且 $b_2 \leqslant \dfrac{1}{2}S_0$
		边跨正弯矩区		$b_1 = \dfrac{2}{15}l$，且 $b_1 \leqslant S_1$	$b_2 = \dfrac{2}{15}l$，且 $b_2 \leqslant \dfrac{1}{2}S_0$
		支座负弯矩区		$b_1 = \dfrac{1}{30}(l_1 + l_2)$，且 $b_1 \leqslant S_1$	$b_2 = \dfrac{1}{30}(l_1 + l_2)$，且 $b_2 \leqslant \dfrac{1}{2}S_0$
当有托板时 ($\alpha \leqslant 45°$)	简支组合梁			$b_1 = \dfrac{1}{6}l$，且 $b_1 \leqslant S_1$	$b_2 = \dfrac{1}{6}l$，且 $b_2 \leqslant \dfrac{1}{2}S_0$
	连续组合梁	中间跨正弯矩区	$b_0 = b + 2h_{c2}$（直接接触钢梁）$b_0 \geqslant 4d$（有压型钢板分隔）$b_0 = 0$（仅有一列栓钉时）	$b_1 = \dfrac{1}{10}l$，且 $b_1 \leqslant S_1$	$b_2 = \dfrac{1}{10}l$，且 $b_2 \leqslant \dfrac{1}{2}S_0$
		边跨正弯矩区		$b_1 = \dfrac{2}{15}l$，且 $b_1 \leqslant S_1$	$b_2 = \dfrac{2}{15}l$，且 $b_2 \leqslant \dfrac{1}{2}S_0$
		支座负弯矩区		$b_1 = \dfrac{1}{30}(l_1 + l_2)$，且 $b_1 \leqslant S_1$	$b_2 = \dfrac{1}{30}(l_1 + l_2)$，且 $b_2 \leqslant \dfrac{1}{2}S_0$

注：表中 d 为栓钉直径（mm）；h_{c2} 为板托高度（mm）；l_1、l_2 分别为支座相邻跨跨度（mm）。

注：依据《钢结构设计标准》GB 50017—2017 第 14.1.2 条规定，《组合结构设计规范》JGJ 138—2016 第 12.1.1 条规定。

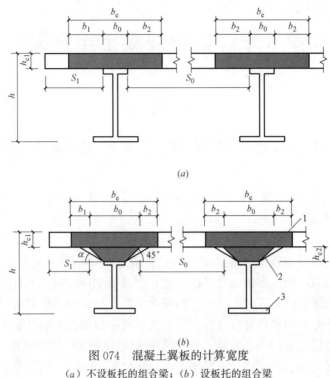

图 074　混凝土翼板的计算宽度

(a) 不设板托的组合梁；(b) 设板托的组合梁

1—混凝土翼板；2—板托；3—钢梁

075　组合梁进行正常使用极限状态验算时应符合哪些规定？

组合梁进行正常使用极限状态验算时应符合下列规定：

（1）组合梁的挠度应按弹性方法进行计算，弯曲刚度宜按表 080 第（2）条的规定计算；对于连续组合梁，在距中间支座两侧各 $0.15l$（l 为梁的跨度）范围内，不应计入受拉区混凝土对刚度的影响，但宜计入翼板有效宽度 b_e 范围内纵向钢筋的作用；

（2）连续组合梁应按本书 081 的规定验算负弯矩区段混凝土最大裂缝宽度，其负弯矩内力可按不考虑混凝土开裂的弹性方法计算并进行调幅；

（3）对于露天环境下使用的组合梁以及直接受热源辐射作用的组合梁，应考虑温度效应的影响。钢梁和混凝土翼板间的计算温度差应按实际情况采用；

（4）混凝土收缩产生的内力及变形可按组合梁混凝土板与钢梁之间的温差 $-15℃$ 计算；

（5）考虑混凝土徐变影响时，可将钢与混凝土的弹性模量比放大一倍。

注：依据《钢结构设计标准》GB 50017—2017 第 14.1.3 条规定。

076　组合梁施工阶段其强度、稳定性和变形应该如何验算？

组合梁施工时，混凝土硬结前的材料重量和施工荷载应由钢梁承受，钢梁应根据实际临时支撑的情况按本书 031 的规定验算其强度、稳定性和变形。

计算组合梁挠度和负弯矩区裂缝宽度时应考虑施工方法及工序的影响。计算组合梁挠度时，应将施工阶段的挠度和使用阶段续加荷载产生的挠度相叠加，当钢梁下有临时支撑时，应考虑拆除临时支撑时引起的附加变形。计算组合梁负弯矩区裂缝宽度时，可仅考虑形成组合截面后引入的支座负弯矩值。

注：依据《钢结构设计标准》GB 50017—2017 第 14.1.4 条规定。

077　钢与混凝土组合梁其钢梁受压区的板件宽厚比应符合哪些规定？

按本章进行设计的组合梁，钢梁受压区的板件宽厚比应符合本书第 2.6 节中塑性设计的相关规定。当组合梁受压上翼缘不符合塑性设计要求的板件宽厚比限值，但连接件满足下列要求时，仍可采用塑性方法进行设计：

① 当混凝土板沿全长和组合梁接触（如现浇楼板）时，连接件最大间距不大于 $22t_f\varepsilon_k$；当混凝土板和组合梁部分接触（如压型钢板横肋垂直于钢梁）时，连接件最大间距不大于 $15t_f\varepsilon_k$；ε_k 为钢号修正系数，t_f 为钢梁受压上翼缘厚度。

② 连接件的外侧边缘与钢梁翼缘边缘之间的距离不大于 $9t_f\varepsilon_k$。

注：依据《钢结构设计标准》GB 50017—2017 第 14.1.6 条规定。

078　进行组合梁设计计算时应符合哪些具体规定？

（1）在强度和变形满足要求时，组合梁可按部分抗剪连接进行设计。

（2）组合梁承载能力按塑性分析方法进行计算时，连续组合梁和框架组合梁在竖向荷载作用下的内力可采用不考虑混凝土开裂的模型进行弹性分析，并按本书第 2.6 节的规定对弯矩进行调幅，楼板的设计应符合现行国家标准《混凝土结构设计规范》GB 50010 的有关规定。

（3）组合梁按本书表 079-1 项次 4 的规定进行混凝土翼板的纵向抗剪验算；在组合梁的强度、挠度和裂缝计算中，可不考虑板托截面。

注：依据《钢结构设计标准》GB 50017—2017 第 14.1.5 条、第 14.1.7 条、第 14.1.8 条规定。

6.2　承载力计算

079　组合梁应该如何计算？

完全抗剪连接组合梁的受弯承载力、部分抗剪连接组合梁在正弯矩区段的受弯承载力、组合梁的受剪承载力、抗剪连接件的受剪承载力设计值、组合梁托板及翼缘板纵向受剪承载力，按表 079-1 采用。

组合梁计算　　　　　　　　　　　表 079-1

项次	计算项目	计 算 内 容
1	受弯承载力	（1）完全抗剪连接组合梁的受弯承载力应符合下列规定： 1）正弯矩作用区段： ① 塑性中和轴在混凝土翼板内（图 079-1），即 $Af\le b_eh_{c1}f_c$ 时： $M\le b_exf_cy$　　　　　　（079-1） $b_ef_cx=Af$ 或 $x=\dfrac{Af}{b_ef_c}$　　（079-2） 式中：M——正弯矩设计值（N·mm），地震设计状况 $M=\gamma_{RE}M_b$，M_b 为考虑地震组合的 　　　　正弯矩设计值；

项次	计算项目	计 算 内 容
1	受弯承载力	（见下方内容）

A——钢梁的截面面积（mm²）；

x——混凝土翼板受压区高度（mm）；

y——钢梁截面应力的合力至混凝土受压区截面应力的合力间的距离（mm）；

f_c——混凝土抗压强度设计值（N/mm²）。

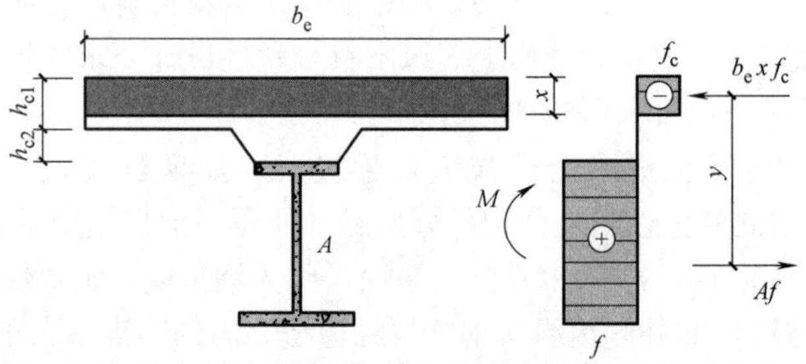

图 079-1　塑性中和轴在混凝土翼板内时的组合梁截面及应力图形

② 塑性中和轴在钢梁截面内（图 079-2），即 $Af > b_e h_{c1} f_c$ 时：

$$M \leqslant b_e h_{c1} f_c y_1 + A_c f y_2 \tag{079-3}$$

$$b_e h_{c1} f_c + A_c f = (A - A_c) f \quad \text{或} \quad A_c = \frac{1}{2}\left(A - \frac{b_e h_{c1} f_c}{f}\right) \tag{079-4}$$

式中：A_c——钢梁受压区截面面积（mm²）；

y_1——钢梁受拉区截面形心至混凝土翼板受压区截面形心的距离（mm）；

y_2——钢梁受拉区截面形心至钢梁受压区截面形心的距离（mm）。

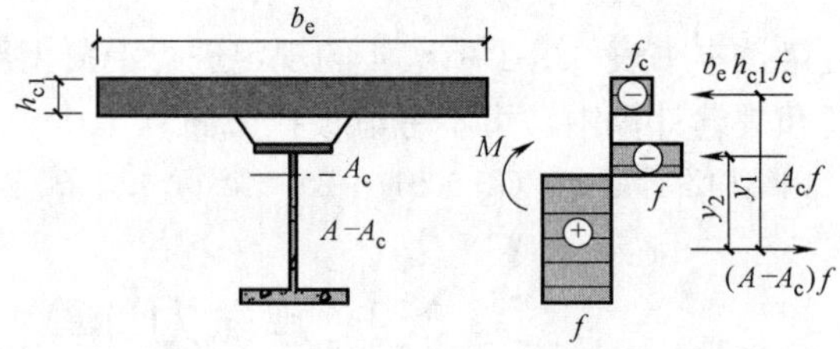

图 079-2　塑性中和轴在钢梁内时的组合梁截面及应力图形

2）负弯矩作用区段（图 079-3）：

$$M' \leqslant M_s + A_{st} f_{st}\left(y_3 + \frac{y_4}{2}\right) \tag{079-5}$$

$$M_s = (S_1 + S_2) f \tag{079-6}$$

$$A_{st} f_{st} + (A - A_c) f = A_c f \quad \text{或} \quad A_c = \frac{1}{2}\left(A + \frac{A_{st} f_{st}}{f}\right) \tag{079-7}$$

式中：M'——负弯矩设计值（N·mm），地震设计状况 $M' = \gamma_{RE} M_b$，M_b 为考虑地震组合的负弯矩设计值，γ'_{RE} 取 0.75；

S_1、S_2——钢梁塑性中和轴（平分钢梁截面积的轴线）以上和以下截面对该轴的面积矩（mm³）；

A_{st}——负弯矩区混凝土翼板有效宽度范围内的纵向钢筋截面面积（mm²）；

f_{st}——钢筋抗拉强度设计值（N/mm²）；

y_3——纵向钢筋截面形心至组合梁塑性中和轴的距离。根据截面轴力平衡式（079-7）求出钢梁受压区面积 A_c，取钢梁拉压区交界处位置为组合梁塑性中和轴位置（mm）；

项次	计算项目	计算内容
1	受弯承载力	y_4——组合梁塑性中和轴至钢梁塑性中和轴的距离。当组合梁塑性中和轴在钢梁腹板内时，取 $y_4=\dfrac{A_{st}f_{st}}{2t_wf}$，当该中和轴在钢梁翼缘内时，可取 y_4 等于钢梁塑性中和轴至腹板上边缘的距离(mm)。 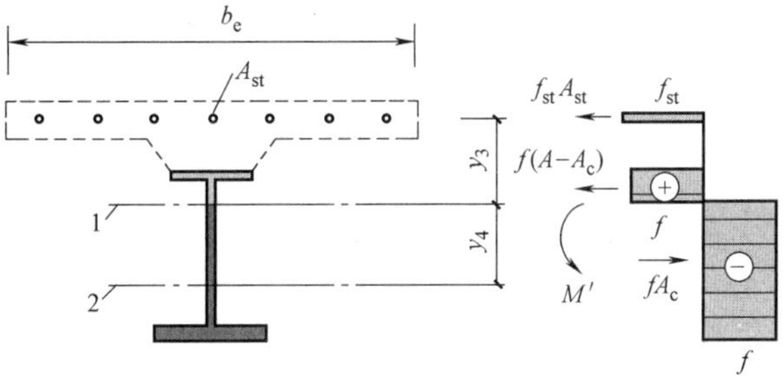 图 079-3　负弯矩作用时组合梁截面及应力图形 1—组合截面塑性中和轴；2—钢梁截面塑性中和轴 (2)部分抗剪连接组合梁在正弯矩区段的受弯承载力宜符合下列公式规定(图 079-4)： $$b_ef_cx=n_rN_v^c \text{ 或 } x=\frac{n_rN_v^c}{b_ef_c} \qquad (079\text{-}8)$$ $$n_rN_v^c+A_cf=(A-A_c)f \text{ 或 } A_c=\frac{Af-n_rN_v^c}{2f} \qquad (079\text{-}9)$$ $$M_{u,r}=n_rN_v^cy_1+0.5(Af-n_rN_v^c)y^2 \qquad (079\text{-}10)$$ 式中：$M_{u,r}$——部分抗剪连接时组合梁截面正弯矩受弯承载力(N·mm)； n_r——部分抗剪连接时最大正弯矩验算截面到最近零弯矩点之间的抗剪连接件数目； N_v^c——每个抗剪连接件的纵向受剪承载力，按本表项次 4 的有关公式计算(N)； $y_1、y_2$——如图 079-4 所示，可按式(079-9)所示的轴力平衡关系式确定受压钢梁的面积 A_c，进而确定组合梁塑性中和轴的位置(mm)。 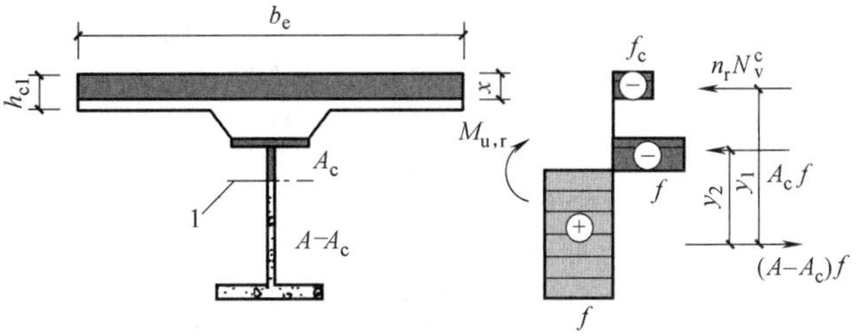 图 079-4　部分抗剪连接组合梁计算简图 1—组合梁塑性中和轴 计算部分抗剪连接组合梁在负弯矩作用区段的受弯承载力时，仍按本表式(079-5)计算，但 $A_{st}f_{st}$ 应取 $n_rN_v^c$ 和 $A_{st}f_{st}$ 两者中的较小值，n_r 取为最大负弯矩验算截面到最近零弯矩点之间的抗剪连接件数目。

项次	计算项目	计算内容
2	受剪承载力	组合梁的受剪承载力应符合下式要求： $$V \leqslant h_w t_w f_v \tag{079-11}$$ 式中：V——剪力设计值(N)，地震设计状况 $V=\gamma_{RE}V_b$，V_b 为考虑地震组合的剪力设计值，γ_{RE} 取 0.75； h_w、t_w——腹板高度和厚度(mm)； f_v——钢材抗剪强度设计值(N/mm^2)。
3	弯矩与剪力的相互影响	用弯矩调幅设计方法计算组合梁强度时，按下列规定考虑弯矩与剪力的相互影响： (1)受正弯矩的组合梁截面不考虑弯矩和剪力的相互影响； (2)受负弯矩的组合梁截面，当剪力设计值 $V \leqslant 0.5 h_w t_w f_v$ 时，可不对验算负弯矩受弯承载力所用的腹板钢材强度设计值进行折减；当 $V > 0.5 h_w t_w f_v$ 时，验算负弯矩受弯承载力所用的腹板钢材强度设计值 f 可折减为 $(1-\rho)f$，折减系数 ρ 应按下式计算： $$\rho=\left(\frac{2V}{h_w t_w f_v}-1\right)^2 \tag{079-12}$$
4	抗剪连接件	(1)组合梁的抗剪连接件宜采用圆柱头焊钉，也可采用槽钢或有可靠依据的其他类型连接件(图 079-5)。单个抗剪连接件的受剪承载力设计值应由下列公式确定： (a) (b) 图 079-5 连接件的外形 (a)圆柱头焊钉连接件；(b)槽钢连接件 ① 圆柱头焊钉连接件： $$N_v^c=0.43 A_s \sqrt{E_c f_c} \leqslant 0.7 A_s f_u \tag{079-13}$$ 式中：E_c——混凝土的弹性模量(N/mm^2)； A_s——圆柱头焊钉钉杆截面面积(mm^2)； f_u——圆柱头焊钉极限抗拉强度设计值，需要满足现行国家标准《电弧螺柱焊用圆柱头焊钉》GB/T 10433 的要求(N/mm^2)。 ② 槽钢连接件： $$N_v^c=0.26(t+0.5 t_w)l_c \sqrt{E_c f_c} \tag{079-14}$$ 式中：t——槽钢翼缘的平均厚度(mm)； t_w——槽钢腹板的厚度(mm)； l_c——槽钢的长度(mm)。 槽钢连接件通过肢尖肢背两条通长角焊缝与钢梁连接，角焊缝按承受该连接件的受剪承载力设计值 N_v^c 进行计算。 (2)对于用压型钢板混凝土组合板做翼板的组合梁(图 079-6)，其焊钉连接件的受剪承载力设计值应分别按以下两种情况予以降低： (a) (b) (c) 图 079-6 用压型钢板作混凝土翼板底模的组合梁 (a)肋与钢梁平行的组合梁截面；(b)肋与钢梁垂直的组合梁截面； (c)压型钢板作底模的楼板剖面

项次	计算项目	计 算 内 容
4	抗剪连接件	① 当压型钢板肋平行于钢梁布置[图 079-6(a)]，$b_w/h_e<1.5$ 时，按本表式(079-13)算得的 N_v^c 应乘以折减系数 β_v 后取用。β_v 值按下式计算： $$\beta_v=0.6\frac{b_w}{h_e}\left(\frac{h_d-h_e}{h_e}\right)\leqslant 1 \qquad (079\text{-}15)$$ 式中：b_w——混凝土凸肋的平均宽度，当肋的上部宽度小于下部宽度时[图 079-6(c)]，改取上部宽度(mm)； 　　　h_e——混凝土凸肋高度(mm)； 　　　h_d——焊钉高度(mm)。 ② 当压型钢板肋垂直于钢梁布置[图 079-6(b)]，焊钉连接件承载力设计值的折减系数按下式计算： $$\beta_v=\frac{0.85}{\sqrt{n_0}}\frac{b_w}{h_e}\left(\frac{h_d-h_e}{h_e}\right)\leqslant 1 \qquad (079\text{-}16)$$ 式中：n_0——在梁某截面处一个肋中布置的焊钉数，当多于 3 个时，按 3 个计算。 (3)位于负弯矩段的抗剪连接件，其受剪承载力设计值 N_v^c 应乘以折减系数 0.9。 (4)当采用柔性抗剪连接件时，抗剪连接件的计算应以弯矩绝对值最大点及支座为界限，划分为若干个区段(图 079-7)，逐段进行布置。每个剪跨区段内钢梁与混凝土翼板交界面的纵向剪力 V_s 应按下列公式确定： 图 079-7　连续梁剪跨区划分图 ① 正弯矩最大点到边支座区段，即 m_1 区段，V_s 取 Af 和 $b_ch_{c1}f_c$ 中的较小值。 ② 正弯矩最大点到中支座(负弯矩最大点)区段，即 m_2 和 m_3 区段： $$V_s=\min(Af,b_ch_{c1}f_c)+A_{st}f_{st} \qquad (079\text{-}17)$$ 按完全抗剪连接设计时，每个剪跨区段内需要的连接件总数 n_f，按下式计算： $$n_f=V_s/N_v^c \qquad (079\text{-}18)$$ 部分抗剪连接组合梁，其连接件的实配个数不得少于 n_f 的 50%。 按式(079-18)算得的连接件数量，可在对应的剪跨区段内均匀布置。当在此剪跨区段内有较大集中荷载作用时，应将连接件个数 n_f 按剪力图面积比例分配后再各自均匀布置。
5	纵向抗剪	(1)组合梁托板及翼缘板纵向受剪承载力验算时，应分别验算图 079-8 所示的纵向受剪界面 a-a、b-b、c-c 及 d-d。 图 079-8　混凝土板纵向受剪界面 A_t—混凝土板顶部附近单位长度内钢筋面积的总和(mm²/mm)。 包括混凝土板内抗弯和构造钢筋；A_b，A_{bh}—分别为混凝土板底部、 承托底部单位长度内钢筋面积的总和(mm²/mm)

项次	计算项目	计算内容
5	纵向抗剪	(2)单位纵向长度内受剪界面上的纵向剪力设计值应按下列公式计算： ① 单位纵向长度上 b-b、c-c 及 d-d 受剪面(图 079-8)的计算纵向剪力为： $$\upsilon_{1,1}=\frac{V_s}{m_i}\qquad(079\text{-}19)$$ ② 单位纵向长度上 a-a 受剪面(图 079-8)的计算纵向剪力为： $$\upsilon_{1,1}=\max\left(\frac{V_s}{m_i}\times\frac{b_1}{b_e},\frac{V_s}{m_i}\times\frac{b_2}{b_e}\right)\qquad(079\text{-}20)$$ 式中：$\upsilon_{1,1}$——单位纵向长度内受剪界面上的纵向剪力设计值(N/mm)； 　　　V_s——每个剪跨区段内钢梁与混凝土翼板交界面的纵向剪力,按本表项次 4 第(4)条的规定计算(N)； 　　　m_i——剪跨区段长度(见图 079-7)(mm)； 　　　b_1、b_2——分别为混凝土翼板左右两侧挑出的宽度(图 079-8)(mm)； 　　　b_e——混凝土翼板有效宽度,应按对应跨的跨中有效宽度取值,有效宽度应按本书 074 的规定计算(mm)。 (3)组合梁承托及翼缘板界面纵向受剪承载力计算应符合下列公式规定： $$\upsilon_{1,1}\leqslant\upsilon_{lu,1}\qquad(079\text{-}21)$$ $$\upsilon_{lu,1}=0.7f_tb_f+0.8A_ef_r\qquad(079\text{-}22)$$ $$\upsilon_{lu,1}=0.25b_ff_c\qquad(079\text{-}23)$$ 式中：$\upsilon_{lu,1}$——单位纵向长度内界面受剪承载力(N/mm),取式(079-22)和式(079-23)的较小值； 　　　f_t——混凝土抗拉强度设计值(N/mm²)； 　　　b_f——受剪界面的横向长度,按图 079-8 所示的 a-a、b-b、c-c 及 d-d 连线在抗剪连接件以外的最短长度取值(mm)； 　　　A_e——单位长度上横向钢筋的截面面积(mm²/mm),按图 079-8 和表 079-2 取值； 　　　f_r——横向钢筋的强度设计值(N/mm²)。 (4)横向钢筋的最小配筋率应满足下式要求： $$A_ef_r/b_f>0.75(\text{N/mm}^2)\qquad(079\text{-}24)$$

注：依据《钢结构设计标准》GB 50017—2017 第 14.2 节、14.3 节和第 14.6 节规定,《组合结构设计规范》JGJ 138—2016 第 12.2 节规定。

单位长度上横向钢筋的截面面积 A_e　　　　　　　　　　　　表 079-2

剪切面	a-a	b-b	c-c	d-d
A_e	A_b+A_t	$2A_b$	$2(A_b+A_{bh})$	$2A_{bh}$

注：A_t—混凝土板顶部附近单位长度内钢筋面积的总和（mm²/mm）,包括混凝土板内抗弯和构造钢筋；

　　A_b、A_{bh}——分别为混凝土板底部、承托底部单位长度内钢筋面积的总和（mm²/mm）。

6.3　挠度计算及负弯矩区裂缝宽度计算

080　组合梁的挠度应该如何计算?

组合梁的挠度计算按表 080 采用。

挠度计算

表 080

项次	项目	计 算 内 容
1	计算规定	(1)组合梁的挠度应分别按荷载的标准组合和准永久组合进行计算,以其中的较大值作为依据。挠度可按结构力学方法进行计算,仅受正弯矩作用的组合梁,其弯曲刚度应取考虑滑移效应的折减刚度,连续组合梁宜按变截面刚度梁进行计算。按荷载的标准组合和准永久组合进行计算时,组合梁应各取其相应的折减刚度。
2	折减刚度	(2)组合梁考虑滑移效应的折减刚度 B 可按下式确定: $$B=\frac{EI_{eq}}{1+\xi} \qquad (080\text{-}1)$$ 式中:E——钢梁的弹性模量(N/mm^2); I_{eq}——组合梁的换算截面惯性矩;对荷载的标准组合,可将截面中的混凝土翼板有效宽度除以钢与混凝土弹性模量的比值 α_E 换算为钢截面宽度后,计算整个截面的惯性矩;对荷载的准永久组合,则除以 $2\alpha_E$ 进行换算;对于钢梁与压型钢板混凝土组合板构成的组合梁,应取其较弱截面的换算截面进行计算,且不计压型钢板的作用(mm^4); ξ——刚度折减系数,宜按本表第(3)条进行计算。
3	刚度折减系数	(3)刚度折减系数 ξ 宜按下列公式计算(当 $\xi \leqslant 0$ 时,取 $\xi=0$): $$\xi=\eta\left[0.4-\frac{3}{(jl)^2}\right] \qquad (080\text{-}2)$$ $$\eta=\frac{36Ed_c pA_0}{n_s khl^2} \qquad (080\text{-}3)$$ $$j=0.81\sqrt{\frac{n_s N_v^c A_1}{EI_0 p}} \quad (mm^{-1}) \qquad (080\text{-}4)$$ $$A_0=\frac{A_{cf}A}{\alpha_E A+A_{cf}} \qquad (080\text{-}5)$$ $$A_1=\frac{I_0+A_0 d_c^2}{A_0} \qquad (080\text{-}6)$$ $$I_0=I+\frac{I_{cf}}{\alpha_E} \qquad (080\text{-}7)$$ 式中:A_{cf}——混凝土翼板截面面积;对压型钢板混凝土组合板的翼板,应取其较弱截面的面积,且不考虑压型钢板(mm^2); A——钢梁截面面积(mm^2); I——钢梁截面惯性矩(mm^4); I_{cf}——混凝土翼板的截面惯性矩;对压型钢板混凝土组合板的翼板,应取其较弱截面的惯性矩,且不考虑压型钢板(mm^4); d_c——钢梁截面形心到混凝土翼板截面(对压型钢板混凝土组合板为其较弱截面)形心的距离(mm); h——组合梁截面高度(mm); p——抗剪连接件的纵向平均间距(mm); k——抗剪连接件刚度系数,$k=N_v^c(N/mm)$; n_s——抗剪连接件在一根梁上的列数。

注:依据《钢结构设计标准》GB 50017—2017 第 14.4 节规定,《组合结构设计规范》JGJ 138—2016 第 12.3 节规定。

081 组合梁的负弯矩区裂缝宽度应该如何计算?

组合梁的负弯矩区裂缝宽度计算按表 081 采用。

负弯矩区裂缝宽度计算 表 081

项次	项目	计 算 内 容
1	计算规定	(1)组合梁负弯矩区段混凝土在正常使用极限状态下考虑长期作用影响的最大裂缝宽度 w_{max} 应按现行国家标准《混凝土结构设计规范》GB 50010 的规定按轴心受拉构件进行计算,其值不得大于现行国家标准《混凝土结构设计规范》GB 50010 所规定的限值。
2	纵向受力钢筋的应力	(2)按荷载效应的标准组合计算的开裂截面纵向受拉钢筋的应力 σ_{sk} 按下列公式计算: $$\sigma_{sk}=\frac{M_k y_s}{I_{cr}} \qquad (081\text{-}1)$$ $$M_k=M_e(1-\alpha_r) \qquad (081\text{-}2)$$ 式中:I_{cr}——由纵向普通钢筋与钢梁形成的组合截面的惯性矩(mm^4); 　　　y_s——钢筋截面重心至钢筋和钢梁形成的组合截面中和轴的距离(mm); 　　　M_k——钢与混凝土形成组合截面之后,考虑了弯矩调幅的标准荷载作用下支座截面负弯矩组合值,对于悬臂组合梁,式(081-2)中的 M_k 应根据平衡条件计算得到(N・mm); 　　　M_e——钢与混凝土形成组合截面之后,标准荷载作用下按未开裂模型进行弹性计算得到的连续组合梁中支座负弯矩值(N・mm); 　　　α_r——正常使用极限状态连续组合梁中支座负弯矩调幅系数,取其值不宜超过 15%。

注:依据《钢结构设计标准》GB 50017—2017 第 14.5 节规定,《组合结构设计规范》JGJ 138—2016 第 12.3 节规定。

6.4　构 造 措 施

082　组合梁截面高度、混凝土板托高度应该如何选取?

组合梁截面高度不宜超过钢梁截面高度的 2 倍,混凝土板托高度 h_{c2} 不宜超过翼板厚度 h_{c1} 的 1.5 倍。

注:依据《钢结构设计标准》GB 50017—2017 第 14.7.1 条规定,《组合结构设计规范》JGJ 138—2016 第 12.4.1 条规定。

083　组合梁边梁混凝土翼板的构造应符合哪些要求?

组合梁边梁混凝土翼板的构造应满足下列要求:

(1) 有板托时,伸出长度不宜小于 h_{c2};

(2) 无板托时,应同时满足伸出钢梁中心线不小于 150mm、伸出钢梁翼缘边不小于 50mm 的要求 (图 083)。

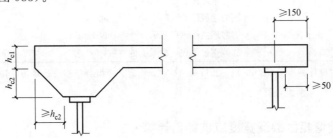

图 083　边梁构造图

注：依据《钢结构设计标准》GB 50017—2017 第 14.7.2 条规定，《组合结构设计规范》JGJ 138—
　　2016 第 12.4.2 条规定。

084　连续组合梁在中间支座负弯矩区的上部纵向钢筋应该如何设置？

连续组合梁在中间支座负弯矩区的上部纵向钢筋及分布钢筋，应按现行国家标准《混凝土结构设计规范》GB 50010 的规定设置。负弯矩区的钢梁下翼缘在没有采取防止局部失稳的特殊措施时，其宽厚比应符合塑性设计规定。

注：依据《钢结构设计标准》GB 50017—2017 第 14.7.3 条规定，《组合结构设计规范》JGJ 138—
　　2016 第 12.4.3 条规定。

085　抗剪连接件的设置应符合哪些规定？

抗剪连接件的设置应符合下列规定：

（1）圆柱头焊钉连接件钉头下表面或槽钢连接件上翼缘下表面与翼板底部钢筋顶面的距离 h_{e0} 不宜小于 30mm；

（2）连接件沿梁跨度方向的最大间距不应大于混凝土翼板（包括板托）厚度的 3 倍，且不大于 300mm；连接件的外侧边缘与钢梁翼缘边缘之间的距离不应小于 20mm；连接件的外侧边缘至混凝土翼板边缘间的距离不应小于 100mm；连接件顶面的混凝土保护层厚度不应小于 15mm。

注：依据《钢结构设计标准》GB 50017—2017 第 14.7.4 条规定，《组合结构设计规范》JGJ 138—
　　2016 第 12.4.4 条规定。

（3）圆柱头焊钉连接件除应满足上面第（1）条、第（2）条的要求外，尚应符合下列规定：

① 当焊钉位置不正对钢梁腹板时，如钢梁上翼缘承受拉力，则焊钉钉杆直径不应大于钢梁上翼缘厚度的 1.5 倍；如钢梁上翼缘不承受拉力，则焊钉钉杆直径不应大于钢梁上翼缘厚度的 2.5 倍；

② 焊钉长度不应小于其杆径的 4 倍；

③ 焊钉沿梁轴线方向的间距不应小于杆径的 6 倍，垂直于梁轴线方向的间距不应小于杆径的 4 倍；

④ 用压型钢板作底模的组合梁，焊钉钉杆直径不宜大于 19mm，混凝土凸肋宽度不应小于焊钉钉杆直径的 2.5 倍；焊钉高度 h_d 应符合 $h_d \geqslant h_e + 30$ 的要求（图 079-6）。

086　槽钢连接件应该如何选取？

槽钢连接件一般采用 Q235 钢，截面不宜大于 ［12.6。

注：依据《钢结构设计标准》GB 50017—2017 第 14.7.6 条规定，《组合结构设计规范》JGJ 138—
　　2016 第 12.4.6 条规定。

087　板托的外形尺寸及构造应符合哪些规定？

（1）板托的外形尺寸及构造应符合下列规定（图 087）：

① 板托边缘距抗剪连接件外侧的距离不得小于 40mm，同时板托外形轮廓应在抗剪连接件根部算起的 45°仰角线之外；

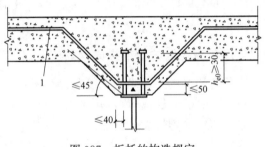

图 087　板托的构造规定
1—弯筋

② 板托中邻近钢梁上翼缘的部分混凝土应配加强筋，板托中横向钢筋的下部水平段应该设置在距钢梁上翼缘 50mm 的范围内；

③ 横向钢筋的间距不应大于 $4h_{e0}$ 且不应大于 200mm，h_{e0} 为圆柱头焊钉连接件钉头下表面或槽钢连接件上翼缘下表面高出翼板底部钢筋顶面的距离。

注：依据《组合结构设计规范》JGJ 138—2016 第 12.4.7 条规定。

（2）横向钢筋的构造要求应符合下列规定：

① 横向钢筋的间距不应大于 $4h_{e0}$，且不应大于 200mm；

② 板托中应配 U 形横向钢筋加强（见图 079-8）。板托中横向钢筋的下部水平段应该设置在距钢梁上翼缘 50mm 的范围内。

③ 无板托的组合梁，混凝土翼板中横向钢筋应符合第（1）条第②款、第③款的规定。

注：依据《钢结构设计标准》GB 50017—2017 第 14.7.7 条规定，《组合结构设计规范》JGJ 138—2016 第 12.4.7 条、第 12.4.8 条规定。

088　承受负弯矩的箱形截面组合梁底板上方或腹板内侧可设置抗剪连接件吗？

对于承受负弯矩的箱形截面组合梁，可在钢箱梁底板上方或腹板内侧设置抗剪连接件并浇筑混凝土。

注：依据《钢结构设计标准》GB 50017—2017 第 14.7.8 条规定，《组合结构设计规范》JGJ 138—2016 第 12.4.9 条规定。

第7章 组合楼板

7.1 一般规定

089 组合楼板用压型钢板基板净厚度应该如何选取？

组合楼板用压型钢板应根据腐蚀环境选择镀锌量，可选择两面镀锌量为 $275g/m^2$ 的基板。组合楼板不宜采用钢板表面无压痕的光面开口型压型钢板，且基板净厚度不应小于 0.75mm。作为永久模板使用的压型钢板基板的净厚度不宜小于 0.5mm。

注：依据《组合结构设计规范》JGJ 138—2016 第 13.1.1 条规定。

090 压型钢板浇筑混凝土面的槽口宽度应该如何选取？

压型钢板浇筑混凝土面的槽口宽度，开口型压型钢板凹槽重心轴处宽度（b_r）、缩口型压型钢板和闭口型压型钢板槽口最小浇筑宽度（b_r）不应小于 50mm。当槽内放置栓钉时，压型钢板总高（h_s，包括压痕）不宜大于 80mm（图 090）。

注：依据《组合结构设计规范》JGJ 138—2016 第 13.1.2 条规定。

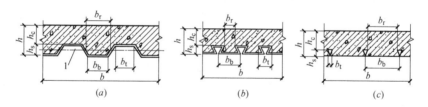

图 090 组合楼板截面凹槽宽度示意图

（a）开口型压型钢板；（b）缩口型压型钢板；（c）闭口型压型钢板

1—压型钢板重心轴

091 组合楼板最小总厚度、混凝土最小厚度应该如何选取？

组合楼板总厚度 h 不应小于 90mm，压型钢板肋顶部以上混凝土厚度 h_c 不应小于 50mm。

注：依据《组合结构设计规范》JGJ 138—2016 第 13.1.3 条规定。

092 组合楼板按单向板或双向板计算的原则有哪些规定？

（1）组合楼板中的压型钢板肋顶以上混凝土厚度 h_c 为 50mm～100mm 时，组合楼板可沿强边（顺肋）方向按单向板计算。

注：依据《组合结构设计规范》JGJ 138—2016 第 13.1.4 条规定。

（2）组合楼板中的压型钢板肋顶以上混凝土厚度 h_c 大于 100mm 时，组合楼板的计算应符合下列规定：

① 当 $\lambda_e < 0.5$ 时，按强边方向单向板进行计算；

② 当 $\lambda_e > 2.0$ 时，按弱边方向单向板进行计算；

③ 当 $0.5 \leqslant \lambda_e \leqslant 2.0$ 时，按正交异性双向板进行计算；

④ 有效边长比 λ_e 应按下列公式计算：

$$\lambda_e = \frac{l_x}{\mu l_y} \tag{092-1}$$

$$\mu = \left(\frac{I_x}{I_y}\right)^{1/4} \tag{092-2}$$

式中：λ_e——有效边长比；

I_x——组合楼板强边计算宽度的截面惯性矩；

I_y——组合楼板弱边方向计算宽度的截面惯性矩，只考虑压型钢板肋顶以上混凝土的厚度；

l_x、l_y——组合楼板强边、弱边方向的跨度。

注：依据《组合结构设计规范》JGJ 138—2016 第 13.1.5 条规定。

7.2 承载力计算

093 组合楼板承载力应该如何计算？

组合楼板正截面受弯承载力、斜截面受剪承载力、压型钢板与混凝土间的纵向剪切粘结承载力、在局部集中荷载作用下的受冲切承载力，按表 093-1 采用。

组合楼板承载力计算　　　　　　　　　　　　　　　表 093-1

项次	项目	计 算 内 容
1	正截面受弯承载力	(1)组合楼板截面在正弯矩作用下,其正截面受弯承载力应符合下列规定(图 093-1)： ① 正截面受弯承载力计算： 图 093-1　组合楼板的受弯计算简图 1—压型钢板重心轴；2—钢材合力点 $$M \leqslant f_c bx \left(h_0 - \frac{x}{2}\right) \tag{093-1}$$ $$f_c bx = A_a f_a + A_s f_y \tag{093-2}$$ ② 混凝土受压区高度应符合下列条件： $$x \leqslant h_c \tag{093-3}$$ $$x \leqslant \xi_b h_0 \tag{093-4}$$ ③ 相对界限受压区高度应按下列公式计算： (a)有屈服点钢材：$$\xi_b = \frac{\beta_1}{1 + \dfrac{f_a}{E_a \varepsilon_{cu}}} \tag{093-5}$$

项次	项目	计 算 内 容

（b）无屈服点钢材：$\xi_b = \dfrac{\beta_1}{1 + \dfrac{0.002}{\varepsilon_{cu}} + \dfrac{f_a}{E_a \varepsilon_{cu}}}$ (093-6)

（c）当截面受拉区配置钢筋时，相对界限受压区高度计算式(093-5)或(093-6)中的 f_a 应分别用钢筋强度设计值 f_y 和压型钢板强度设计值 f_a 代入计算取其较小值。

式中：M——计算宽度内组合楼板的弯矩设计值；

$\quad\quad h_c$——压型钢板肋以上混凝土厚度；

$\quad\quad b$——组合楼板计算宽度，一般情况下计算宽度可为 1m；

$\quad\quad x$——混凝土受压区高度；

$\quad\quad h_0$——组合楼板截面有效高度，取压型钢板及钢筋拉力合力点至混凝土受压边的距离；

$\quad\quad A_a$——计算宽度内压型钢板截面面积；

$\quad\quad A_s$——计算宽度内板受拉钢筋截面面积；

$\quad\quad f_a$——压型钢板抗拉强度设计值；

$\quad\quad f_y$——钢筋抗拉强度设计值；

$\quad\quad f_c$——混凝土抗压强度设计值；

$\quad\quad \varepsilon_{cu}$——受压区混凝土极限压应变，其值取 0.0033；

$\quad\quad \xi_b$——相对界限受压区高度；

$\quad\quad \beta_1$——受压区混凝土应力图形影响系数，当混凝土强度等级不超过 C50 时，β_1 取为 0.8，当混凝土强度等级为 C80 时，β_1 取为 0.74，其间按线性内插法确定。

（2）组合楼板截面在负弯矩作用下，可不考虑压型钢板受压，将组合楼板截面简化成等效 T 形截面，其正截面承载力应符合下列公式的规定（图 093-2）：

$$M \leqslant f_c b_{min}\left(h_0' - \frac{x}{2}\right) \quad (093-7)$$

$$f_c b x = A_s f_y \quad (093-8)$$

$$b_{min} = \frac{b}{c_s} b_b \quad (093-9)$$

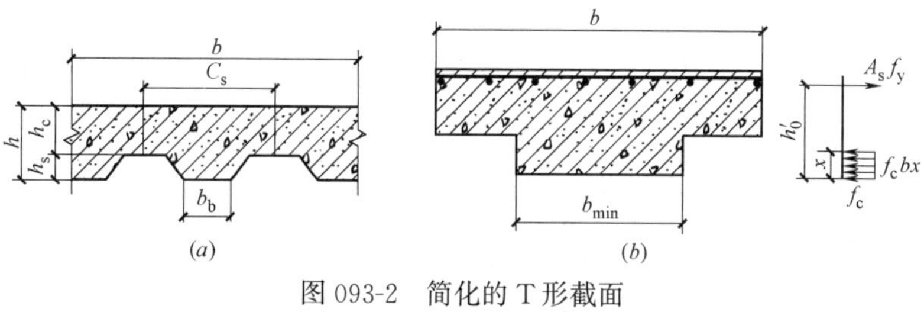

图 093-2 简化的 T 形截面

（a）简化前组合楼板截面；（b）简化后组合楼板截面

式中：M——计算宽度内组合楼板的负弯矩设计值；

$\quad\quad h_0'$——负弯矩区截面有效高度；

$\quad\quad b_{min}$——计算宽度内组合楼板换算腹板宽度；

$\quad\quad b$——组合楼板计算宽度；

$\quad\quad c_s$——压型钢板板肋中心线间距；

$\quad\quad b_b$——压型钢板单个波槽的最小宽度。

正截面受弯承载力（项次 1）

（3）组合楼板斜截面受剪承载力应符合下式规定：

$$V \leqslant 0.7 f_t b_{min} h_0 \quad (093-10)$$

式中：V——组合楼板最大剪力设计值；

$\quad\quad f_t$——混凝土抗拉强度设计值。

受剪承载力（项次 2）

项次	项目	计 算 内 容
3	剪切粘结承载力	(4)组合楼板中压型钢板与混凝土间的纵向剪切粘结承载力应符合下式规定: $$V \leqslant m\frac{A_a h_0}{1.25a} + kf_t h_0 \qquad (093\text{-}11)$$ 式中：V——组合楼板最大剪力设计值； 　　　f_t——混凝土抗拉强度设计值； 　　　a——剪跨,均布荷载作用时取 $a = l_n/4$； 　　　l_n——板净跨度,连续板可取反弯点之间的间距； 　　　A_a——计算宽度内组合楼板截面压型钢板面积； 　　　m、k——剪切粘结系数,按表093-2取值。
4	受冲切承载力	(5)在局部集中荷载作用下,组合楼板应对作用力较大处进行单独验算,其有效工作宽度按下列公式计算(图093-3): 图093-3　局部荷载分布有效宽度 1—承受局部集中荷载钢筋;2—局部承压附加钢筋 ① 受弯计算: 简支板:$b_e = b_w + 2l_p(1 - l_p/l)$ 　　　　　　　　(093-12) 连续板:$b_e = b_w + 4l_p(1 - l_p/l)/3$ 　　　　　　(093-13) ② 受剪计算:$b_e = b_w + l_p(1 - l_p/l)$ 　　　　　　(093-14) ③ b_w 应按下式计算:$b_w = b_p + 2(h_c + h_f)$ 　　　(093-15) 式中：l——组合楼板跨度； 　　　l_p——荷载作用中点至楼板支座的较近距离； 　　　b_e——局部荷载在组合楼板中的有效工作宽度； 　　　b_w——局部荷载在压型钢板中的工作宽度； 　　　b_p——局部荷载宽度； 　　　h_c——压型钢板肋以上混凝土厚度； 　　　h_f——地面饰面层厚度。 (6) 在局部集中荷载作用下的受冲切承载力应符合现行国家标准《混凝土结构设计规范》GB 50010 的有关规定,混凝土板的有效高度可取组合楼板肋以上混凝土厚度。

注：依据《组合结构设计规范》JGJ 138—2016 第 13.2 节规定。

m、k 系数　　　　　　　　　　　　　表 093-2

压型钢板截面及型号	端部剪力件	适用板跨（mm）	m、k
YL75-600	见表注 2	1800～3600	$m=203.92\text{N/mm}^2$；$k=-0.022$
YL76-688	见表注 2	1800～3600	$m=213.25\text{N/mm}^2$；$k=-0.0016$
YL65-510	无剪力件	1800～3600	$m=182.25\text{N/mm}^2$；$k=-0.1061$
YL51-915	无剪力件	1800～3600	$m=101.58\text{N/mm}^2$；$k=-0.0001$
YL76-915	无剪力件	1800～3600	$m=137.08\text{N/mm}^2$；$k=-0.0153$
YL51-595	无剪力件	1800～3600	$m=245.54\text{N/mm}^2$；$k=-0.0527$
YL66-720	无剪力件	1800～3600	$m=183.40\text{N/mm}^2$；$k=-0.0332$
YL46-600	无剪力件	1800～3600	$m=238.94\text{N/mm}^2$；$k=-0.0178$
YL65-555	无剪力件	2000～3400	$m=137.16\text{N/mm}^2$；$k=-0.2468$
YL40-740	无剪力件	2000～3000	$m=172.90\text{N/mm}^2$；$k=-0.1780$
YL50-620	无剪力件	1800～4150	$m=234.60\text{N/mm}^2$；$k=-0.0513$

注：1　表中组合楼板端部剪力件为最小设置规定；端部未设置剪力件的相关数据可用于设置剪力件的实际工程。

　　2　当板跨小于 2700mm 时，采用焊后高度不小于 135mm，直径不小于 13mm 的栓钉；当板跨大于 2700mm 时，采用焊后高度不小于 135mm，直径不小于 16mm 的栓钉，且一个压型钢板宽度内每边不少于 4 个，栓钉应穿透压型钢板。

7.3　正常使用极限状态验算

094　组合楼板正常使用极限状态验算应该如何进行？

　　组合楼板负弯矩区最大裂缝宽度计算，组合楼板在准永久荷载作用下的截面抗弯刚度计算，组合楼板长期荷载作用下截面抗弯刚度计算，按表 094 采用。

组合楼板正常使用极限状态验算　　　　　　　表 094

项次	项目	计 算 内 容
1	负弯矩区 最大裂缝 宽度	(1)组合楼板负弯矩区最大裂缝宽度应按下列公式计算： $$w_{\max}=1.9\psi\frac{\sigma_{\text{sq}}}{E_{\text{s}}}\left(1.9c_{\text{s}}+0.08\frac{d_{\text{eq}}}{\rho_{\text{te}}}\right) \quad (094\text{-}1)$$ $$\sigma_{\text{sq}}=\frac{M_{\text{q}}}{0.87h_0'A_{\text{s}}} \quad (094\text{-}2)$$ $$\psi=1.1-0.65\frac{f_{\text{tk}}}{\rho_{\text{te}}\sigma_{\text{sq}}} \quad (094\text{-}3)$$ $$d_{\text{eq}}=\frac{\sum n_i d_i^2}{\sum n_i \upsilon_i d_i} \quad (094\text{-}4)$$ $$\rho_{\text{te}}=\frac{A_{\text{s}}}{A_{\text{te}}} \quad (094\text{-}5)$$ $$A_{\text{te}}=0.5b_{\min}h+(b-b_{\min})h_{\text{c}} \quad (094\text{-}6)$$ 式中：$w_{\max}$——最大裂缝宽度； 　　　ψ——裂缝间纵向受拉钢筋应变不均匀系数：当 $\psi<0.2$ 时，取 $\psi=0.2$；当 $\psi>1$ 时，取 $\psi=1$；对直接承受重复荷载的构件，取 $\psi=1$； 　　　σ_{sq}——按荷载效应的准永久组合计算的组合楼板负弯矩区纵向受拉钢筋的等效应力；

项次	项目	计 算 内 容
1	负弯矩区 最大裂缝 宽度	E_s——钢筋弹性模量; c_s——最外层纵向受拉钢筋外边缘至受拉区底边的距离,当 $c_s < 20mm$ 时,取 $c_s = 20mm$; ρ_{te}——按有效受拉混凝土截面面积计算的纵向受拉钢筋配筋率;在最大裂缝宽度计算中,当 $\rho_{te} < 0.01$ 时,取 $\rho_{te} = 0.01$; A_{te}——有效受拉混凝土截面面积; A_s——受拉区纵向钢筋截面面积; d_{eq}——受拉区纵向钢筋的等效直径; d_i——受拉区第 i 种纵向钢筋的公称直径; n_i——受拉区第 i 种纵向钢筋的根数; υ_i——受拉区第 i 种纵向钢筋的相对粘结特性系数,光面钢筋 $\upsilon_i = 0.7$,带肋钢筋 $\upsilon_i = 1.0$; h_0'——组合楼板负弯矩区板的有效高度; M_q——按荷载效应的准永久组合计算的弯矩值。
2	截面抗弯 刚度	(2)使用阶段组合楼板挠度应按结构力学的方法计算,组合楼板在准永久荷载作用下的截面抗弯刚度可按下列公式计算(图 094): 图 094 组合楼板截面刚度计算简图 1—中和轴;2—压型钢板重心轴 $$B_s = E_c I_{eq}^s \quad (094\text{-}7)$$ $$I_{eq}^s = \frac{I_u^s + I_c^s}{2} \quad (094\text{-}8)$$ $$I_u^s = \frac{bh_c^3}{12} + bh_c(y_{cc} - 0.5h_c)^2 + \alpha_E I_a + \alpha_E A_a y_{cs}^2 + \frac{b_r b h_s}{c_s}\left[\frac{h_s^2}{12} + (h - y_{cc} - 0.5h_s)^2\right] \quad (094\text{-}9)$$ $$y_{cc} = \frac{0.5bh_c^2 + \alpha_E A_a h_0 + b_r h_s(h_0 - 0.5h_s)b/c_s}{bh_c + \alpha_E A_a + b_r h_s b/c_s} \quad (094\text{-}10)$$ $$I_c^s = \frac{by_{cc}^3}{12} + \alpha_E A_a y_{cs}^2 + \alpha_E I_a \quad (094\text{-}11)$$ $$y_{cc} = (\sqrt{2\rho_a\alpha_E + (\rho_a\alpha_E)^2} - \rho_a\alpha_E)h_0 \quad (094\text{-}12)$$ $$y_{cs} = h_0 - y_{cc} \quad (094\text{-}13)$$ $$\alpha_E = E_a/E_c \quad (094\text{-}14)$$ 式中:B_s——短期荷载作用下的截面抗弯刚度;

续表

项次	项目	计 算 内 容
2	截面抗弯刚度	I_{eq}^s——准永久荷载作用下的平均换算截面惯性矩； I_u^s——准永久荷载作用下未开裂换算截面惯性矩； I_c^s——准永久荷载作用下开裂换算截面惯性矩； b——组合楼板计算宽度； c_s——压型钢板板肋中心线间距； b_r——开口板为槽口的平均宽度，锁口板、闭口板为槽口的最小宽度； h_c——压型钢板肋顶上混凝土厚度； h_s——压型钢板的高度； h_0——组合板截面有效高度； y_{cc}——截面中和轴距混凝土顶边距离，当 $y_{cc}>h_c$，取 $y_{cc}=h_c$； y_{cs}——截面中和轴距压型钢板截面重心轴距离； α_E——钢对混凝土的弹性模量比； E_a——钢的弹性模量； E_c——混凝土的弹性模量； A_a——计算宽度内组合楼板中压型钢板的截面面积； I_a——计算宽度内组合楼板中压型钢板的截面惯性矩； ρ_a——计算宽度内组合楼板截面压型钢板含钢率。 (3)组合楼板长期荷载作用下截面抗弯刚度可按下列公式计算： $$B=0.5E_c I_{eq}^l \qquad (094\text{-}15)$$ $$I_{eq}^l=\frac{I_u^l+I_c^l}{2} \qquad (094\text{-}16)$$ 式中：B——长期荷载作用下的截面抗弯刚度； 　　I_{eq}^l——长期荷载作用下的平均换算截面惯性矩； 　　I_u^l、I_c^l——长期荷载作用下未开裂换算截面惯性矩及开裂换算截面惯性矩，按本表公式(094-9)、(094-11)计算，计算中 α_E 改用 $2\alpha_E$。
3	舒适度	(4)组合楼盖应进行舒适度验算，舒适度验算可采用动力时程分析方法，也可采用《组合结构设计规范》附录 B 的方法；对高层建筑也可按现行行业标准《高层建筑混凝土结构计算规程》JGJ 3 的方法验算。

注：依据《组合结构设计规范》JGJ 138—2016 第 13.3 节规定。

7.4　构 造 措 施

095　组合楼板可以在板底顺肋方向配置纵向抗拉钢筋吗？

组合楼板正截面承载力不足时，可在板底沿顺肋方向配置纵向抗拉钢筋，钢筋保护层净厚度不应小于 15mm，板底纵向钢筋与上部纵向钢筋间应设置拉筋。

注：依据《组合结构设计规范》JGJ 138—2016 第 13.4.1 条规定。

096　组合楼板横向钢筋如何配置？

组合楼板在有较大集中（线）荷载作用部位应设置横向钢筋，其截面面积不应小于压型钢板肋以上混凝土截面面积的 0.2%，延伸宽度不应小于集中（线）荷载分布的有效宽度。钢筋间距不宜大于 150mm，直径不宜小于 6mm。

注：依据《组合结构设计规范》JGJ 138—2016 第 13.4.2 条规定。

097 组合楼板构造钢筋及板面温度钢筋如何配置？

组合楼板支座处构造钢筋及板面温度钢筋配置应符合现行国家标准《混凝土结构设计规范》GB 50010 的有关规定。

注：依据《组合结构设计规范》JGJ 138—2016 第 13.4.3 条规定。

098 组合楼板其支承长度应该如何选取？

（1）组合楼板支承于钢梁上时，其支承长度对边梁不应小于 75mm（图 098-1a）；对中间梁，当压型钢板不连续时不应小于 50mm（图 098-1b）；当压型钢板连续时不应小于 75mm（图 098-1c）。

注：依据《组合结构设计规范》JGJ 138—2016 第 13.4.4 条规定。

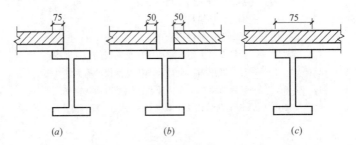

图 098-1　组合楼板支承于钢梁上
(a) 边梁；(b) 中间梁，压型钢板不连续；(c) 中间梁，压型钢板连续

（2）组合楼板支承于混凝土梁时，应在混凝土梁上设置预埋件，预埋件设计应符合现行国家标准《混凝土结构设计规范》GB 50010 的规定，不得采用膨胀螺栓固定预埋件。组合楼板在混凝土梁上的支承长度，对边梁不应小于 100mm（图 098-2a）；对中间梁，当压型钢板不连续时不应小于 75mm（图 098-2b）；当压型钢板连续时不应小于 100mm（图 098-2c）。

注：依据《组合结构设计规范》JGJ 138—2016 第 13.4.5 条规定。

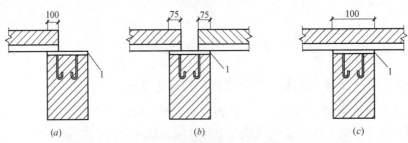

图 098-2　组合楼板支承于混凝土梁上
(a) 边梁；(b) 中间梁，压型钢板不连续；(c) 中间梁，压型钢板连续
1—预埋件

（3）组合楼板支承于砌体墙上时，应在砌体墙上设混凝土圈梁，并在圈梁上设置预埋件，组合楼板应支承于预埋件上，并应符合上面第（2）条的规定。

注：依据《组合结构设计规范》JGJ 138—2016 第 13.4.6 条规定。

（4）组合楼板支承于剪力墙侧面时，宜支承在剪力墙侧面设置的预埋件上，剪力墙内宜预留钢筋并与组合楼板负弯矩钢筋连接，埋件设置以及预留钢筋的锚固长度应符合现行国家标准《混凝土结构设计规范》GB 50010 的规定（图 098-3）。

注：依据《组合结构设计规范》JGJ 138—2016 第 13.4.7 条规定。

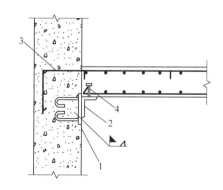

图 098-3　组合楼板与剪力墙连接构造
1—预埋件；2—角钢或槽钢；3—剪力墙内预留钢筋；4—栓钉

099　组合楼板栓钉的设置应符合哪些规定？

组合楼板栓钉的设置应符合本书 085 规定。

注：依据《组合结构设计规范》JGJ 138—2016 第 13.4.8 条规定。

7.5　施工阶段验算及规定

100　在施工阶段，压型钢板作为模板计算时，其荷载应该如何选取？

在施工阶段，压型钢板作为模板计算时，应考虑下列荷载：

（1）永久荷载：压型钢板、钢筋和混凝土自重。

（2）可变荷载：施工荷载与附加荷载。施工荷载应包括施工人员和施工机具等，并考虑施工过程中可能产生的冲击和振动。当有过量的冲击、混凝土堆放以及管线等应考虑附加荷载。可变荷载应以工地实际荷载为依据。

（3）当没有可变荷载实测数据或施工荷载实测值小于 $1.0 \mathrm{kN/m^2}$ 时，施工荷载取值不应小于 $1.0 \mathrm{kN/m^2}$。

注：依据《组合结构设计规范》JGJ 138—2016 第 13.5.1 条规定。

101　湿混凝土荷载分项系数应该如何选取？

计算压型钢板施工阶段承载力时，湿混凝土荷载分项系数应取 1.4。

注：依据《组合结构设计规范》JGJ 138—2016 第 13.5.2 条规定。

102　压型钢板在施工阶段承载力应该如何计算？

压型钢板在施工阶段承载力应符合现行国家标准《冷弯薄壁型钢结构技术规程》GB

50018 的规定,结构重要性系数 γ_0 可取 0.9。

　　注:依据《组合结构设计规范》JGJ 138—2016 第 13.5.3 条规定。

103 压型钢板在施工阶段挠度应该如何计算?

　　压型钢板施工阶段应按荷载的标准组合计算挠度,并应按现行国家标准《冷弯薄壁型钢结构技术规程》GB 50018 计算得到的有效截面惯性矩 I_{ae} 计算,挠度不应大于板支撑跨度 l 的 1/180,且不应大于 20mm。

　　注:依据《组合结构设计规范》JGJ 138—2016 第 13.5.4 条规定。

104 压型钢板端部与其下部支承结构之间的固定应该如何选取?

　　压型钢板端部支座处宜采用栓钉与钢梁或预埋件固定,栓钉应设置在支座的压型钢板凹槽处,每槽不应少于 1 个,并应穿透压型钢板与钢梁焊牢,栓钉中心到压型钢板自由边距离不应小于 2 倍栓钉直径。栓钉直径可根据楼板跨度按表 104 采用。当固定栓钉作为组合楼板与钢梁之间的抗剪栓钉使用时,尚应符合本书第 6 章的相关规定。

固定压型钢板的栓钉直径　　　　　　　　　　表 104

楼板跨度 l(m)	栓钉直径(mm)
$l < 3$	13
$3 \leqslant l \leqslant 6$	16,19
$l > 9$	19

　　注:依据《组合结构设计规范》JGJ 138—2016 第 13.5.5 条规定。

105 压型钢板侧向搭接与固定应该如何选取?

　　压型钢板侧向在钢梁上的搭接长度不应小于 25mm,在预埋件上的搭接长度不应小于 50mm。组合楼板压型钢板侧向与钢梁或预埋件之间应采取有效固定措施。当采用点焊焊接固定时,点焊间距不宜大于 400mm。当采用栓钉固定时,栓钉间距不宜大于 400mm;栓钉直径应符合表 104 的规定。

　　注:依据《组合结构设计规范》JGJ 138—2016 第 13.5.6 条规定。

第8章 钢结构抗震性能化设计

8.1 一般规定

106 建筑结构的抗震性能化设计应符合哪些要求?

建筑结构的抗震性能化设计应符合下列要求:

(1) 选定地震动水准。对设计使用年限 50 年的结构,可选用本规范的多遇地震、设防地震和罕遇地震的地震作用,其中,设防地震的加速度应按本规范表 3.2.2 的设计基本地震加速度采用,设防地震的地震影响系数最大值,6 度、7 度 (0.10g)、7 度 (0.15g)、8 度 (0.20g)、8 度 (0.30g)、9 度可分别采用 0.12、0.23、0.34、0.45、0.68 和 0.90 (表 106)。对设计使用年限超过 50 年的结构,宜考虑实际需要和可能,经专门研究后对地震作用作适当调整。对处于发震断裂两侧 10km 以内的结构,地震动参数应计入近场影响,5km 以内宜乘以增大系数 1.5,5km 以外宜乘以不小于 1.25 的增大系数。

水平地震影响系数最大值
表 106

抗震设防烈度	6 度	7 度		8 度		9 度
设计基本地震加速度值	0.05g	0.10g	0.15g	0.20g	0.30g	0.40g
多遇地震	0.04	0.08	0.12	0.16	0.24	0.32
设防地震	0.12	0.23	0.34	0.45	0.68	0.90
罕遇地震	0.28	0.50	0.72	0.90	1.20	1.40

注:1 g 为重力加速度。
2 本表依据《建筑抗震设计规范》GB 50010—2010 (2016 年版)第 3.2.2 条、第 3.10.3 条、第 5.1.4 条规定。本章适用于抗震设防烈度不高于 8 度 (0.20g),结构高度不高于 100m 的框架结构、支撑结构和框架-支撑结构的构件和节点的抗震性能化设计。

(2) 选定性能目标,即对应于不同地震动水准的预期损坏状态或使用功能,应不低于本规范第 1.0.1 条对基本设防目标的规定。

(3) 选定性能设计指标。设计应选定分别提高结构或其关键部位的抗震承载力、变形能力或同时提高抗震承载能力和变形能力的具体指标,尚应计及不同水准地震作用取值的不确定性而留有余地。设计宜确定在不同地震动水准下结构不同部位的水平和竖向构件承载力的要求(含不发生脆性剪切破坏、形成塑性铰、达到屈服值或保持弹性等);宜选择在不同地震动水准下结构不同部位的预期弹性或弹塑性变形状态,以及相应的构件延性构造的高、中或低要求。当构件的承载力明显提高时,相应的延性构造可适当降低。

注:依据《建筑抗震设计规范》GB 50011—2010 (2016 年版)第 3.10.3 条规定。

107 建筑结构的抗震性能化设计的计算应符合哪些要求?

建筑结构的抗震性能化设计的计算应符合下列要求:

（1）分析模型应正确、合理地反映地震作用的传递途径和楼盖在不同地震动水准下是否整体或分块处于弹性工作状态。

（2）弹性分析可采用线性方法，弹塑性分析可根据性能目标所预期的结构弹塑性状态，分别采用增加阻尼的等效线性化方法以及静力或动力非线性分析方法。

（3）结构非线性分析模型相对于弹性分析模型可有所简化，但二者在多遇地震下的线性分析结果应基本一致；应计入重力二阶效应、合理确定弹塑性参数，应根据构件的实际截面、配筋等计算承载力，可通过与理想弹性假定计算结果的对比分析，着重发现构件可能破坏的部位及其弹塑性变形程度。

注：依据《建筑抗震设计规范》GB 50011—2010（2016 年版）第 3.10.4 条规定。

108　钢结构构件的抗性能化设计应该如何选定其抗震性能目标？

钢结构构件的抗震性能化设计应根据建筑的抗震设防类别、设防烈度、场地条件、结构类型和不规则性，结构构件在整个结构中的作用、使用功能和附属设施功能的要求、投资大小、震后损失和修复难易程度等，经综合分析比较选定其抗震性能目标。构件塑性耗能区的抗震承载性能等级及其在不同地震动水准下的性能目标可按表 108 划分。

构件塑性耗能区的抗震承载性能等级和目标　　　　　　　　　　　表 108

承载性能等级	地震动水准		
	多遇地震	设防地震	罕遇地震
性能 1	完好	完好	基本完好
性能 2	完好	基本完好	基本完好～轻微变形
性能 3	完好	实际承载力满足高性能系数的要求	轻微变形
性能 4	完好	实际承载力满足较高性能系数的要求	轻微变形～中等变形
性能 5	完好	实际承载力满足中性能系数的要求	中等变形
性能 6	基本完好	实际承载力满足低性能系数的要求	中等变形～显著变形
性能 7	基本完好	实际承载力满足较低性能系数的要求	显著变形

注：1　性能 1～性能 7 性能目标依次降低，性能系数的高、低取值见本章第 8.2 节。
　　2　对于框架结构，除单层和顶层框架外，塑性耗能区宜为框架梁端；对于支撑结构，塑性耗能区宜为成对设置的支撑；对于框架-中心支撑结构，塑性耗能区宜为成对设置的支撑、框架梁端；对于框架-偏心支撑结构，塑性耗能区宜为耗能梁段、框架梁端。
　　3　完好指承载力设计值满足弹性计算内力设计值的要求，基本完好指承载力设计值满足刚度适当折减后的内力设计值要求和承载力标准值满足要求，轻微变形指层间位移约 1/200 时塑性耗能区的变形，显著变形指层间位移为 1/50～1/40 时塑性耗能区的变形。

注：依据《钢结构设计标准》GB 50017—2017 第 17.1.3 条规定及条文说明。

109　钢结构构件的抗震性能化设计可采用哪些基本步骤和方法？

钢结构构件的抗震性能化设计可采用下列基本步骤和方法：

（1）按现行国家标准《建筑抗震设计规范》GB 50011 的规定进行多遇地震作用验算，结构承载力及侧移应满足其规定，位于塑性耗能区的构件进行承载力计算时，可考虑将该构件刚度折减形成等效弹性模型。

（2）抗震设防类别为标准设防类（丙类）的建筑，可按表 109-1 初步选择塑性耗能区的承载性能等级。

塑性耗能区承载性能等级参考选用表　　　　　　　表 109-1

设防烈度	单层	$H\leqslant50\text{m}$	$50\text{m}<H\leqslant50\text{m}$
6 度(0.05g)	性能 3～7	性能 4～7	性能 5～7
7 度(0.10g)	性能 3～7	性能 5～7	性能 6～7
7 度(0.15g)	性能 4～7	性能 5～7	性能 6～7
8 度(0.20g)	性能 4～7	性能 6～7	性能 7

注：H 为钢结构房屋的高度，即室外地面到主要屋面板板顶的高度（不包括局部突出屋面的部分）。

（3）按本章第 8.2 节的有关规定进行设防地震下的承载力抗震验算：

① 建立合适的结构计算模型进行结构分析；

② 设定塑性耗能区的性能系数、选择塑性耗能区截面，使其实际承载性能等级与设定的性能系数尽量接近；

③ 其他构件承载力标准值应进行计入性能系数的内力组合效应验算，当结构构件承载力满足延性等级为Ⅴ级的内力组合效应验算时，可忽略机构控制验算；

④ 必要时可调整截面或重新设定塑性耗能区的性能系数。

（4）构件和节点的延性等级应根据设防类别及塑性耗能区最低承载性能等级按表 109-2 确定。并按本章第 8.3 节规定对不同延性等级的相应要求采取抗震措施。

结构构件最低延性等级　　　　　　　　表 109-2

设防类别	塑性耗能区最低承载性能等级						
	性能 1	性能 2	性能 3	性能 4	性能 5	性能 6	性能 7
适度设防类（丁类）	—	—	—	Ⅴ级	Ⅳ级	Ⅲ级	Ⅱ级
标准设防类（丙类）	—	—	Ⅴ级	Ⅳ级	Ⅲ级	Ⅱ级	Ⅰ级
重点设防类（乙类）	—	Ⅴ级	Ⅳ级	Ⅲ级	Ⅱ级	Ⅰ级	—
特殊设防类（甲类）	Ⅴ级	Ⅳ级	Ⅲ级	Ⅱ级	Ⅰ级	—	—

注：Ⅰ级至Ⅴ级，结构构件延性等级依次降低。

（5）当塑性耗能区的最低承载性能等级为性能 5、性能 6 或性能 7 时，通过罕遇地震下结构的弹塑性分析或按构件工作状态形成新的结构等效弹性分析模型，进行竖向构件的弹塑性层间位移角验算，应满足现行国家标准《建筑抗震设计规范》GB 50011 的弹塑性层间位移角限值；当所有构造要求满足结构构件延性等级为Ⅰ级的要求时，弹塑性层间位移角限值可增加 25%。

注：依据《钢结构设计标准》GB 50017—2017 第 17.1.4 条规定。

110　钢结构构件的性能系数应符合哪些规定？

（1）整个结构中不同部位的构件、同一部位的水平构件和竖向构件，可有不同的性能系数，塑性耗能区及其连接的承载力应符合强节点弱杆件的要求；

（2）对框架结构，同层框架柱的性能系数宜高于框架梁；

（3）对支撑结构和框架-中心支撑结构的支承系统，同层框架柱的性能系数宜高于框架梁，框架梁的性能系数宜高于支撑；

（4）框架-偏心支撑结构的支撑系统，同层框架柱的性能系数宜高于支撑，支撑的性能系数宜高于框架梁，框架梁的性能系数应高于消能梁段；

（5）关键构件的性能系数不应低于一般构件。

注：1　柱脚、多高层钢结构中低于 1/3 总高度的框架柱、伸臂结构竖向桁架的立柱、水平伸臂与竖向桁架交汇区杆件、直接传递转换构件内力的抗震构件等都应按关键构件处理。

　　2　依据《钢结构设计标准》GB 50017—2017 第 17.1.5 条规定及条文说明。

111　采用抗震性能化设计的钢结构构件，其材料应符合哪些规定？

采用抗震性能化设计的钢结构构件，其材料应符合表 111 的规定。

钢材质量等级选用　　　　　　　　　　　　　　　　表 111

类别	工作温度(℃)		
	$T>0$	$-20<T\leqslant0$	$-40<T\leqslant-20$
钢材的质量等级	B 级	Q235B、Q355B、Q345GJB Q390C、Q420C、Q460C	Q235C、Q355C、Q345GJC Q390D、Q420D、Q460D
构件塑性耗能区采用的钢材	① 钢材的屈服强度实测值与抗拉强度实测值的比值不应大于 0.85；② 钢材应有明显的屈服强度，且伸长率不应小于 20%；③ 钢材应满足屈服强度实测值不高于上一级钢材屈服强度规定值的条件；④ 钢材工作温度时夏比冲击韧性不宜低于 27J		
钢结构构件关键性焊缝的填充金属	应检验 V 形切口的冲击韧性，其工作温度时夏比冲击韧性不应低于 27J		

注：关键性焊缝分别为：框架结构的梁翼缘与柱的连接焊缝；框架结构的抗剪连接板与柱的连接焊缝；框架结构的梁腹板与柱的连接焊缝；节点域及其上下各 600mm 范围内的柱翼缘与柱腹板间或箱形柱壁板间的连接焊缝。

注：依据《钢结构设计标准》GB 50017—2017 第 17.1.6 条规定。

8.2　计算要点

112　结构的分析模型及其参数应符合哪些规定？

（1）模型应正确反映构件及其连接在不同地震动水准下的工作状态；

（2）整个结构的弹性分析可采用线性方法，弹塑性分析可根据预期构件的工作状态，分别采用增加阻尼的等效线性化方法及静力或动力非线性设计方法；

（3）在罕遇地震下应计入重力二阶效应；

（4）弹性分析的阻尼比可按现行国家标准《建筑抗震设计规范》GB 50011 的规定采用，弹塑性分析的阻尼比可适当增加，采用等效线性化方法时不宜大于 5%；

（5）构成支撑系统的梁柱，计算重力荷载代表值产生的效应时，不宜考虑支撑作用。

注：依据《钢结构设计标准》GB 50017—2017 第 17.2.1 条规定。

113　钢结构构件的性能系数应符合哪些规定？

（1）钢结构构件的性能系数应按下式计算：

$$\Omega_i \geqslant \beta_e \Omega_{i,\min}^a \tag{113-1}$$

（2）塑性耗能区的性能系数应符合下列规定：

① 对框架结构、中心支撑结构、框架-支撑结构，规则结构塑性耗能区不应承载性能等级对应的性能系数最小值宜符合表 113-1 的规定。

规则结构塑性耗能区不同承载性能等级对应的性能系数最小值　　　　表 113-1

承载性能等级	性能 1	性能 2	性能 3	性能 4	性能 5	性能 6	性能 7
性能系数最小值	1.10	0.90	0.70	0.55	0.45	0.35	0.28

② 不规则结构塑性耗能区的构件性能系数最小值，宜比规则结构增加 15%～50%。

③ 塑性耗能区实际性能系数可按下列公式计算：

框架结构：

$$\Omega_0^a = (W_E f_y - M_{GE} - 0.4 M_{Evk2})/M_{Ehk2} \tag{113-2}$$

支撑结构：

$$\Omega_0^a = \frac{N'_{br} - N'_{GE} - 0.4 N'_{Evk2}}{(1 + 0.7\beta_i) N'_{Ehk2}} \tag{113-3}$$

框架-偏心支撑结构：

设防地震性能组合的消能梁段轴力 $N_{p,l}$，按下式计算：

$$N_{p,l} = N_{GE} + 0.28 N_{Ehk2} + 0.4 N_{Evk2} \tag{113-4}$$

当 $N_{p,l} \leqslant 0.15 A f_y$ 时，实际性能系数应取式（113-5）和式（113-6）的较小值：

$$\Omega_0^a = (W_{p,l} f_y - M_{GE} - 0.4 M_{Evk2})/M_{Ehk2} \tag{113-5}$$

$$\Omega_0^a = (V_l - V_{GE} - 0.4 V_{Evk2})/V_{Ehk2} \tag{113-6}$$

当 $N_{p,l} > 0.15 A f_y$ 时，实际性能系数应取式（113-7）和式（113-8）的较小值：

$$\Omega_0^a = (1.2 W_{p,l} f_y [1 - N_{p,l}/(A f_y)] - M_{GE} - 0.4 M_{Evk2})/M_{Ehk2} \tag{113-7}$$

$$\Omega_0^a = (V_{lc} - V_{GE} - 0.4 V_{Evk2})/V_{Ehk2} \tag{113-8}$$

④ 支撑系统的水平地震作用非塑性耗能区内力调整系数应按下式计算：

$$\beta_{br,ei} = 1.1 \eta_y (1 + 0.7\beta_i) \tag{113-9}$$

⑤ 支撑结构及框架-中心支撑结构的同层支撑性能系数最大值与最小值之差不宜超过最小值的 20%。

（3）当支撑结构的延性等级为 V 级时，支撑的实际性能系数按下式计算：

$$\Omega_{br}^a = \frac{N_{br} - N_{GE} - 0.4 N_{Evk2}}{N_{Ehk2}} \tag{113-10}$$

式中：　　　　Ω_i——i 层构件性能系数；

η_y——钢材超强系数，可按表 113-3 采用，其中塑性耗能区、弹性区分别采用梁、柱替代；

β_e——水平地震作用非塑性耗能区内力调整系数，塑性耗能区构件应取 1.0，其余构件不宜小于 $1.1\eta_y$，支撑系统应按式（113-9）计算确定；

$\Omega_{i,\min}^a$——i 层构件塑性耗能区实际性能系数最小值；

$\varOmega_0^a$——构件塑性耗能区实际性能系数；

W_E——构件塑性耗能区截面模量（mm³），按表113-2取值；

f_y——钢材屈服强度（N/mm²）；

M_{GE}、N_{GE}、V_{GE}——分别为重力荷载代表值产生的弯矩效应（N·mm）、轴力效应（N）和剪力效应（N），可按现行国家标准《建筑抗震设计规范》GB 50011的规定采用；

M_{Ehk2}、M_{Evk2}——分别为按弹性或等效弹性计算的构件水平设防地震作用标准值的弯矩效应、8度且高度大于50m时按弹性或等效弹性计算的构件竖向设防地震作用标准值的弯矩效应（N·mm）；

V_{Ehk2}、V_{Evk2}——分别为按弹性或等效弹性计算的构件水平设防地震作用标准值的剪力效应、8度且高度大于50m时按弹性或等效弹性计算的构件竖向设防地震作用标准值的剪力效应（N）；

N'_{br}、N'_{GE}——支撑对承载力标准值、重力荷载代表值产生的轴力效应（N）。计算承载力标准值时，压杆的承载力应乘以按本书表114-1式（114-5）计算的受压支撑剩余承载力系数 η；

N'_{Ehk2}、N'_{Evk2}——分别为按弹性或等效弹性计算的支撑水平设防地震作用标准值的轴力效应、8度且高度大于50m时按弹性或等效弹性计算的支撑竖向设防地震作用标准值的轴力效应（N）；

N_{Ehk2}、N_{Evk2}——分别为按弹性或等效弹性计算的支撑水平设防地震作用标准值的轴力效应、8度且高度大于50m时按弹性或等效弹性计算的支撑竖向设防地震作用标准值的轴力效应（N）；

$W_{p,l}$——消能梁段塑性截面模量（mm³）；

V_l、V_{lc}——分别为消能梁段受剪承载力和计入轴力影响的受剪承载力（N）；

β_i——i层支撑水平地震剪力分担率，当大于0.714时，取为0.714。

构件截面模量 W_E 取值 表113-2

截面板厚宽厚比等级	S1	S2	S3	S4	S5
构件截面模量	$W_E=W_p$	$W_E=\gamma_x W$	$W_E=W$		有效截面模量

注：W_p 为塑性截面模量；γ_x 为截面塑性发展系数，按本标准表8.1.1采用；W 为弹性截面模量；有效截面模量，均匀受压翼缘有效外伸宽度不大于 $15\varepsilon_k$，腹板可按本书表036第（2）条的规定采用。

钢材超强系数 η_y 表113-3

塑性耗能区 / 弹性区	Q235	Q355、Q345GJ
Q235	1.15	1.05
Q355、Q345GJ、Q390、Q420、Q460	1.2	1.1

注：当塑性耗能区的钢材为管材时，η_y 可取表中数值乘以1.1。

（4）当钢结构构件延性等级为V级时，非塑性耗能区内力调整系数可采用1.0。

注：依据《钢结构设计标准》GB 50017—2017第17.2.2条规定。

114 钢结构构件的承载力应该如何计算？

钢结构构件的承载力计算按表114-1采用。

钢结构构件的承载力计算　　　　　　　　　　　　　　　　　表 114-1

项次	计算项目	计 算 内 容
1	承载力	钢结构构件的承载力应按下列公式验算： $$S_{E2}=S_{GE}+\Omega_i S_{Ehk2}+0.4S_{Evk2} \tag{114-1}$$ $$S_{E2}\leqslant R_k \tag{114-2}$$ 式中：S_{E2}——构件设防地震内力性能组合值(N)； 　　　　S_{GE}——构件重力荷载代表值产生的效应，按现行国家标准《建筑抗震设计规范》 　　　　　　　　GB 50011 或《构筑物抗震设计规范》GB 50191 的规定采用(N)； S_{Ehk2}、S_{Evk2}——分别为按弹性或等效弹性计算的构件水平设防地震作用标准值效应、8 　　　　　　　　度且高度大于 50m 时按弹性或等效弹性计算的构件竖向设防地震作用 　　　　　　　　标准值效应； 　　　　R_k——按屈服强度计算的构件实际截面承载力标准值。
2	框架梁的抗震承载力	框架梁的抗震承载力验算应符合下列规定： (1)框架结构中框架梁进行受剪计算时，剪力应按下式计算： $$V_{pb}=V_{Gb}+\frac{W_{Eb,A}f_y+W_{Eb,B}f_y}{l_n} \tag{114-3}$$ (2)框架-偏心支撑结构中非消能梁段的框架梁，应按压弯构件计算；计算弯矩及轴力效应时，其非塑性耗能区内力调整系数宜按 $1.1\eta_y$ 采用。 (3)交叉支撑系统中的框架梁，应按压弯构件计算；轴力可按式(114-4)计算，计算弯矩效应时，其非塑性耗能区内力调整系数宜按式(113-9)确定。 $$N=A_{br1}f_y\cos\alpha_1-\eta\varphi A_{br2}f_y\cos\alpha_2 \tag{114-4}$$ $$\eta=0.65+0.35\tanh(4-10.5\lambda_{n,br}) \tag{114-5}$$ $$\lambda_{n,br}=\frac{\lambda_{br}}{\pi}\sqrt{\frac{f_y}{E}} \tag{114-6}$$ (4)人字形、V 形支撑系统中的框架梁在支撑连接处应保持连续，并按压弯构件计算；轴力可按式(114-4)计算；弯矩效应宜按不计入支撑支点作用的梁承受重力荷载和支撑屈曲时不平衡力作用计算，竖向不平衡计算宜符合下列规定： ① 除顶层和出屋面房间的框架梁外，竖向不平衡力可按下列公式计算： $$V=\eta_{red}(1-\eta\varphi)A_{br1}f_y\sin\alpha \tag{114-7}$$ $$\eta_{red}=1.25-0.75\frac{V_{P\cdot F}}{V_{br\cdot k}} \tag{114-8}$$ ② 顶层和出屋面房间的框架梁，竖向不平衡力宜按式(114-7)计算的 50% 取值。 ③ 当为屈曲约束支撑，计算轴力效应时，非塑性耗能区内力调整系数宜取 1.0；弯矩效应宜按不计入支撑支点作用的梁承受重力荷载和支撑拉压力标准组合下的不平衡力作用计算，在恒载和支撑最大拉压力标准组合下的变形不宜超过不考虑支撑支点的梁跨度的 1/240。 式中：　　V_{Gb}——梁在重力荷载代表值作用下截面的剪力值(N)； $W_{Eb,A}$、$W_{Eb,B}$——梁端截面 A 和 B 处的构件截面模量，可按本书表 113-2 的规定采用(mm^3)； 　　　　l_n——梁的跨度(mm)； A_{br1}、A_{br2}——分别为上、下层支撑截面面积(mm^2)； 　　α_1、α_2——分别为上、下层支撑斜杆与横梁的交角； 　　　λ_{br}——支撑最小长细比； 　　　　η——受压支撑乘以承载力系数，应按式(114-5)计算； 　　$\lambda_{n,br}$——支撑正则化长细比； 　　　　E——钢材弹性模量(N/mm^2)； 　　　　α——支撑斜杆与横梁的交角；

项次	计算项目	计 算 内 容
2	框架梁的抗震承载力	η_{red}——竖向不平衡力折减系数;当按式(114-8)计算的结果小于0.3时,应取为0.3;大于1.0时,应取1.0; A_{br}——支撑杆截面面积(mm^2); φ——支撑的稳定系数; $V_{P,F}$——框架独立形成侧移机构时的抗侧承载力标准值(N); $V_{br,k}$——支撑发生屈曲时,由人字形支撑提供的抗侧承载力标准值(N)。
3	框架柱的抗震承载力	(1)柱端截面的强度应符合下列规定: ① 等截面梁: 柱截面板件宽厚比等级为S1、S2时: $$\sum W_{Ec}(f_{yc}-N_p/A_c)\geqslant\eta_y\sum W_{Eb}f_{yb} \quad (114\text{-}9)$$ 柱截面板件宽厚比等级为S3、S4时: $$\sum W_{Ec}(f_{yc}-N_p/A_c)\geqslant 1.1\eta_y\sum W_{Eb}f_{yb} \quad (114\text{-}10)$$ ② 端部翼缘为变截面的梁: 柱截面板件宽厚比等级为S1、S2时: $$\sum W_{Ec}(f_{yc}-N_p/A_c)\geqslant\eta_y(\sum W_{Eb1}f_{yb}+V_{pb}s) \quad (114\text{-}11)$$ 柱截面板件宽厚比等级为S3、S4时: $$\sum W_{Ec}(f_{yc}-N_p/A_c)\geqslant 1.1\eta_y(\sum W_{Eb1}f_{yb}+V_{pb}s) \quad (114\text{-}12)$$ (2)符合下列情况之一的框架柱可不按本条第1款的要求验算: ① 单层框架和框架顶层柱; ② 规则框架,本层的受剪承载力比相邻上一层的受剪承载力高出25%; ③ 不满足强柱弱梁要求的柱子提供的受剪承载力之和,不超过总受剪承载力的20%; ④ 与支撑斜杆相连的框架柱; ⑤ 框架柱轴压比(N_p/N_y)不超过0.4且柱的截面板件宽厚比等级满足S3级要求; ⑥ 柱满足构件延性等级为V级时的承载力要求。 (3)框架柱应按压弯构件计算,计算弯矩效应和轴力效应时,其非塑性耗能区内力调整系数不宜小于$1.1\eta_y$。对于框架结构,进行受剪计算时,剪力应按式(114-13)计算;计算弯矩效应时,多高层钢结构底层柱的非塑性耗能区内力调整系数不应小于1.35。对于框架-中心支撑结构和支撑结构,框架柱计算长度系数不宜小于1。计算支撑系统框架柱的弯矩效应和轴力效应时,其非塑性耗能区内力调整系数宜按式(113-9)采用,支撑处重力荷载代表值产生的效应宜由框架柱承担。 $$V_{pc}=V_{Gc}+\frac{W_{Ec,A}f_y+W_{Ec,B}f_y}{h_n} \quad (114\text{-}13)$$ 式中:W_{Ec}、W_{Eb}——分别为交汇于节点的柱和梁的截面模量(mm^3),应按本书表113-2的规定采用; W_{Eb1}——梁塑性铰截面的截面模量(mm^3),应按本书表113-2的规定采用; f_{yc}、f_{yb}——分别是柱和梁的钢材屈服强度(N/mm^2); N_p——设防地震内力性能组合的柱轴力(N),应按式(114-1)计算,非塑性耗能区内力调整系数可取1.0,性能系数可根据承载性能等级按本书表113-1采用; A_c——框架柱的截面面积(mm^2); V_{pb}、V_{pc}——产生塑性铰时塑性铰截面的剪力(N),应分别按式(114-3)、(114-13)计算; s——塑性铰截面至柱侧面的距离(mm); V_{Gc}——在重力荷载代表值作用下柱的剪力效应(N); $W_{Ec,A}$、$W_{Ec,B}$——柱端截面A和B处的构件截面模量,应按本书表113-2的规定采用(mm^3); h_n——柱的净高(mm)。

项次	计算项目	计算内容
4	受拉构件或构件受拉区域的截面	受拉构件或构件受拉区域的截面应符合下式要求： $$Af_y \leqslant A_u f_u \quad (114\text{-}14)$$ 式中：A——受拉构件或构件受拉区域的毛截面面积（mm^2）； 　　　A_n——受拉构件或构件受拉区域的净截面面积（mm^2），当构件多个截面有孔时，应取最不利截面； 　　　f_y——受拉构件或构件受拉区域钢材屈服强度（N/mm^2）； 　　　f_u——受拉构件或构件受拉区域钢材抗拉强度最小值（N/mm^2）。
5		偏心支撑结构中支撑的非塑性耗能区内力调整系数应取 $1.1\eta_y$。
6	消能梁段的受剪承载力	性能梁段的受剪承载力计算应符合下列规定： 当 $N_{p,l} \leqslant 0.15Af_y$ 时，受剪承载力应取式（114-15）和式（114-16）的较小值： $$V_l = A_w f_{yv} \quad (114\text{-}15)$$ $$V_l = 2W_{p,l}f_y/a \quad (114\text{-}16)$$ 当 $N_{p,l} > 0.15Af_y$ 时，受剪承载力应取式（114-17）和式（114-18）的较小值： $$V_{lc} = 2.4W_{p,l}f_y[1 - N_{p,l}/(Af_y)]/a \quad (114\text{-}17)$$ $$V_{lc} = A_w f_{yv}\sqrt{[1 - N_{p,l}/(Af_y)]^2} \quad (114\text{-}18)$$ 式中：A_w——性能梁段腹板截面面积（mm^2）； 　　　f_{yv}——钢材的屈服抗剪强度，可取钢材屈服强度的 0.58 倍（N/mm^2）； 　　　a——消能梁段的净长（mm）。
7	塑性耗能区的连接	塑性耗能区的连接计算应符合下列规定： (1)与塑性耗能区连接的极限承载力应大于与其连接构件的屈服承载力。 (2)梁与柱刚性连接的极限承载力应按下列公式验算： $$M_u^j \geqslant \eta_j W_E f_y \quad (114\text{-}19)$$ $$V_u^j \geqslant 1.2[2(W_E f_y)/l_n] + V_{Gb} \quad (114\text{-}20)$$ (3)与塑性耗能区的连接及支撑拼接的极限承载力应按下列公式验算： 支撑连接和拼接：$N_{ubr}^j \geqslant \eta_j A_{br} f_y \quad (114\text{-}21)$ 梁的连接：$M_{ub,sp}^j \geqslant \eta_j W_E f_y \quad (114\text{-}22)$ (4)柱脚与基础的连接极限承载力应按下式验算： $$M_{u,\text{base}}^j \geqslant \eta_j M_{pc} \quad (114\text{-}23)$$ 式中：　V_{Gb}——梁在重力荷载代表值作用下，按简支梁分析的梁端截面剪力效应（N）； 　　　　M_{pc}——考虑轴心影响时柱的塑性受弯承载力； 　　M_u^j、V_u^j——分别为连接的极限受弯、受剪承载力（N/mm^2）； N_{ubr}^j、$M_{ub,sp}^j$——分别为支撑连接和拼接的极限受拉（压）承载力（N）、梁拼接的极限受弯承载力（N·mm）； 　　$M_{u,\text{base}}^j$——柱脚的极限受弯承载力（N·mm）； 　　　　η_j——连接系数，可按表114-2采用，当梁腹板采用改进型过焊孔时，梁柱刚性连接的连接系数可乘以不小于 0.9 的折减系数。

项次	计算项目	计 算 内 容
8	节点域抗震承载力	当框架结构的梁柱采用刚性连接时,H形和箱形截面柱的节点域抗震承载力应符合下列规定: (1)当与梁翼缘平齐的柱横向加劲肋的厚度不小于梁翼缘厚度时,H形和箱形截面柱的节点域抗震承载力应符合下列规定: ① 当结构构件延性等级为Ⅰ级或Ⅱ级时,节点域的承载力验算应符合下式要求: $$\alpha_p \frac{M_{pb1}+M_{pb2}}{V_p} \leqslant \frac{4}{3} f_{yv} \qquad (114\text{-}24)$$ ② 当结构构件延性等级为Ⅲ级、Ⅳ级或Ⅴ级时,节点域的承载符合下式要求: $$\frac{M_{b1}M_{b2}}{V_p} \leqslant f_{ps} \qquad (114\text{-}25)$$ 式中:M_{b1}、M_{b2}——分别为节点域两侧梁端的设防地震性能组合的弯矩,应按式(114-1)计算,非塑性耗能区内力调整系数可取 1.0(N·mm); $\quad\quad M_{pb1}$、M_{pb2}——分别为与框架柱节点域连接的左、右梁端截面的全塑性受弯承载力(N·mm); $\quad\quad V_p$——节点域的体积,应按本书 057 规定计算(mm³); $\quad\quad f_{ps}$——节点域的抗剪强度,应按本书 057 的规定计算(N/mm²); $\quad\quad \alpha_p$——节点域弯矩系数,边柱取 0.95,中柱取 0.85。 (2)当节点域的计算不满足第 1 条规定时,应根据本书表 057-1 的规定采取加厚柱腹板或贴焊补强板的构造措施。补强板的厚度及其焊接应按传递补强板所分担剪力的要求设计。
9	支撑系统的节点	支撑系统的节点计算应符合下列规定: (1)交叉支撑结构、成对布置的单斜支撑结构的支撑系统,上、下层支撑斜杆交汇处节点的极限承载力不宜小于按下列公式确定的竖向不平衡剪力 V 的 η_j 倍,其中,η_j 为连接系数,应按表 114-2 采用。 $$V=\eta\varphi A_{br1} f_y \sin\alpha_1 + A_{br2} f_y \sin\alpha_2 + V_G \qquad (114\text{-}26)$$ $$V=A_{br1} f_y \sin\alpha_1 + \eta\varphi A_{br2} f_y \sin\alpha_2 - V_G \qquad (114\text{-}27)$$ (2)人字形或 V 形支撑、支撑斜杆、横梁与立柱的汇交点,节点的极限承载力不宜小于按下式计算的剪力 V 的 η_j 倍。 $$V=A_{br} f_y \sin\alpha + V_G \qquad (114\text{-}28)$$ 式中:V——支撑斜杆交汇处的竖向不平衡剪力; $\quad\quad \varphi$——支撑稳定系数; $\quad\quad V_G$——在重力荷载代表值作用下的横梁梁端剪力(对于人字形或 V 形支撑,不应计入支撑的作用); $\quad\quad \eta$——受压支撑乘以承载力系数,可按式(114-5)计算。 (3)当同层同一竖向平面内有两个支撑斜杆汇交于一个柱子时,该节点的极限承载力不宜小于左右支撑屈服和屈曲产生的不平衡力的 η_j 倍。
10	柱脚的承载力	柱脚的承载力验算应符合下列规定: (1)支撑系统的立柱柱脚的极限承载力,不宜小于与其相连斜撑的 1.2 倍屈服拉力产生的剪力和组合拉力。 (2)柱脚进行受剪承载力验算时,剪力性能系数不宜小于 1.0。 (3)对于框架结构或框架承担总水平地震剪力 50%以上的双重抗侧力结构中框架部分的框架柱柱脚,采用外露式柱脚时,锚栓宜符合下列规定: ① 实腹柱刚接柱脚,按锚栓毛截面屈服计算的受弯承载力不宜小于钢柱全截面塑性受弯承载力的 50%;

续表

项次	计算项目	计算内容
10	柱脚的承载力	② 格构柱分离式柱脚,受拉肢的锚栓毛截面受拉承载力标准值不宜小于钢柱分肢受拉承载力标准值的 50%; ③ 实腹柱铰接柱脚,锚栓毛截面受拉承载力标准值不宜小于钢柱最薄弱截面受拉承载力标准值的 50%。

注：依据《钢结构设计标准》GB 50017—2017 第 17.2.3～17.2.12 条规定。

连接系数 　　　　　　　　　　　　　　　　　　　　　表 114-2

母材牌号	梁柱连接		支撑连接、构件拼接		柱脚	
	焊接	螺栓连接	焊接	螺栓连接		
Q235	1.40	1.45	1.25	1.30	埋入式	1.2
Q355	1.30	1.35	1.20	1.25	外包式	1.2
Q345GJ	1.25	1.30	1.15	1.20	外露式	1.2

注：1 屈服强度高于 Q355 的钢材，按 Q355 的规定采用；
　　2 屈服强度高于 Q345GJ 的 GJ 钢材，按 Q345GJ 的规定采用；
　　3 翼缘焊接腹板栓接时，连接系数分别按表中连接形式取用。

8.3 基本抗震措施

115 基本抗震措施应符合哪些规定?

基本抗震措施按表 115-1 采用。

基本抗震措施 　　　　　　　　　　　　　　　　　　　表 115-1

项次	项目	内容
1	一般规定	(1)抗震设防的钢结构节点连接应符合《钢结构焊接规范》GB 50661—2011 第 5.7 节的规定,结构高度大于 50m 或地震烈度高于 7 度的多高层钢结构截面板件宽厚比等级不宜采用 S5 级;截面板件宽厚比等级采用 S5 级的构件,其板件经 $\sqrt{\sigma_{max}/f_y}$ 修正后宜满足 S4 级截面要求。 (2)构件塑性耗能区应符合下列规定: ① 塑性耗能区板件间的连接应采用完全焊透的对接焊缝; ② 位于塑性耗能区的梁或支撑宜采用整根材料,当热轧型钢超过材料最大长度规格时,可进行等强拼接; ③ 位于塑性耗能区的支撑不宜进行现场拼接。 (3)在支撑系统之间,直接与支撑系统构件相连的刚接钢梁,当其在受压斜杆屈曲前屈服时,应按框架结构的框架梁设计,非塑性耗能区内力调整系数可取 1.0,截面板件宽厚比等级宜满足受弯构件 S1 级要求。
2	框架结构	(4)框架梁应符合下列规定: ① 结构构件延性等级对应的塑性耗能区(梁端)截面板件宽厚比等级和设防地震性能组合下的最大轴力 N_{E2},按表 114-1 式(114-3)计算的剪力 V_{pb} 应符合表 115-2 的要求。 ② 当梁端塑性耗能区为工字形截面时,尚应符合下列要求之一: (a)工字形梁上翼缘有楼板且布置间距不大于 2 倍梁高的加劲肋; (b)工字形梁受弯正则化长细比 $\lambda_{n,b}$ 限值符合表 115-3 的要求;

项次	项目	内　　容
2	框架结构	（c）上、下翼缘均设置侧向支撑。 （5）框架柱长细比宜符合表115-4的要求。 （6）当框架结构的梁柱采用刚性连接时，H形和箱形截面的节点域受剪正则化宽厚比 $\lambda_{n,s}$ 限值应符合表115-5的规定。 （7）当框架结构塑性耗能区延性等级为Ⅰ级或Ⅱ级时，梁柱刚性节点应符合下列规定： 　①梁翼缘与柱翼缘焊接时，应采用全焊透焊缝。 　②在梁翼缘上下各600mm的节点范围内，柱翼缘与柱腹板或箱形柱壁板间的连接焊缝应采用全熔透焊缝。在梁上、下翼缘标高处设置的柱水平加劲肋或隔板的厚度不应小于梁翼缘厚度。 　③梁腹板的过焊孔应使其端部与梁翼缘和柱翼缘间的全熔透坡口焊缝完全隔开，并宜采用改进型过焊孔，亦可采用常规型过焊孔。 　④梁翼缘和柱翼缘焊接孔下焊接衬板长度不应小于翼缘宽度加50mm和翼缘宽度加两倍翼缘厚度；与柱翼缘的焊接构造（图115-1）应符合下列规定： 　（a）上翼缘的焊接衬板可采用角焊缝，引弧部分应采用绕角焊； 　（b）下翼缘衬板应采用从上部往下熔透的焊缝与柱翼缘焊接。 图115-1　衬板与柱翼缘的焊接构造 1—下翼缘；2—上翼缘 （8）当梁柱刚性节点采用骨形节点（图115-2）时，应符合下列规定： 　①内力分析模型按未消弱截面计算时，无支撑框架结构侧移限值应乘以0.95；钢梁的挠度限值应乘以0.90； 　②进行消弱截面的受弯承载力验算时，消弱截面的弯矩可按梁端弯矩的0.80倍进行验算； 　③梁的线刚度可按等截面计算的数值乘以0.90倍计算； 　④强柱弱梁应满足本书式（114-11）、式（114-12）要求； 　⑤骨形消弱段应采用自动切割，可按图115-2设计，尺寸 a、b、c 可按下列公式计算： $$a=(0.5\sim0.75)b_f \tag{115-1}$$ $$b=(0.65\sim0.85)h_b \tag{115-2}$$ $$c=(0.15\sim0.25)b_f \tag{115-3}$$ 式中：b_f——框架梁翼缘宽度（mm）； 　　　h_b——框架梁截面高度（mm）。 （9）当梁柱节点采用梁端加强的方法来保证塑性铰外移要求时，应符合下列规定： 　①加强段的塑性弯矩的变化宜与梁端形成塑性铰时的弯矩图相近； 　②采用盖板加强节点时，盖板的计算长度应以离开柱子表面50mm处为起点； 　③采用翼缘加宽的方法时，翼缘边的斜角不应大于1:2.5；加宽的起点和柱翼缘间的距离为$(0.3\sim0.4)h_b$，h_b 为梁截面高度；翼缘加宽后的宽厚比不应超过 $13\varepsilon_k$； 　④当柱子为箱形截面时，宜增加翼缘厚度。 （10）当框架梁上覆混凝土楼板时，其楼板钢筋应可靠锚固。

项次	项目	内　　容
2	框架结构	图 115-2　骨形节点
3	支撑结构及框架-支撑结构	(11)框架-中心支撑结构的框架部分,即不传递支撑内力的梁柱构件,其抗震构造应根据本书表 109-2 确定的延性等级按框架结构采用。 (12)支撑长细比、截面板件宽厚比等级应根据其结构构件延性等级符合表 115-6 的要求,其中支撑截面板件宽厚比应按本书表 024-3 对应的构件板件宽厚比等级的限值采用。 (13)中心支撑结构应符合下列规定: ① 支撑宜成对设置,各层同一水平地震作用方向的不同倾斜方向杆件截面水平投影面积之差不宜大于 10%; ② 交叉支撑结构、成对布置的单斜杆支撑结构的支撑系统,当支撑斜杆的长细比大于 130,内力计算时可不计入压杆作用仅按受拉斜杆计算,当结构层数超过两层时,长细比不应大于 180。 (14)钢支撑连接节点应符合下列规定: ① 支撑和框架采用节点板连接时,支撑端部至节点板最近嵌固点在沿支撑杆件轴线方向的距离,不宜小于节点板的 2 倍; ② 人字形支撑与横梁的连接节点处应设置侧向支承,轴力设计值不得小于梁轴向承载力设计值的 2%。 (15)当结构构件延性等级为Ⅰ级时,消能梁段的构造应符合下列规定: ① 当 $N_{p,l}>0.16Af_y$ 时,消能梁段的长度符合下列规定: 当 $\rho(A_w/A)<0.3$ 时: $$a<1.6W_{p,l}f_y/V_l \tag{115-4}$$ 当 $\rho(A_w/A)\geqslant 0.3$ 时: $$a<[1.15-0.5\rho(A_w/A)]1.6W_{p,l}f_y/V_l \tag{115-5}$$ $$\rho=N_{p,l}/V_{p,l} \tag{115-6}$$ 式中:a——消能梁段的长度(mm); 　　$V_{p,l}$——设防地震性能组合的性能段剪力(N)。 ② 性能梁段的腹板不得贴焊补强板,也不得开孔。 ③ 性能梁段与支撑连接处应在其腹板两侧配置加劲肋,加劲肋的高度应为梁腹板高度,一侧的加劲肋宽度不应小于 $(b_f/2-t_w)$,厚度不应小于 $0.75t_w$ 和 10mm 中的较大值。 ④ 性能梁段应按下列要求在其腹板上设置中间加劲肋: (a) 当 $a\leqslant 1.6W_{p,l}f_y/V_l$ 时, 加劲肋间距不应大于 $(30t_w-h/5)$; (b) 当 $2.6W_{p,l}f_y/V_l<a\leqslant 5W_{p,l}f_y/V_l$ 时, 应在距消能梁端部 $1.5b_f$ 处配置中间加劲肋,且中间加劲肋间距不应大于 $(52t_w-h/5)$; (c) 当 $1.6W_{p,l}f_y/V_l<a\leqslant 2.6W_{p,l}f_y/V_l$ 时, 中间加劲肋的间距宜在上述二者间采用线性插入法确定; (d) 当 $a>5W_{p,l}f_y/V_l$ 时, 可不配置中间加劲肋; (e) 中间加劲肋应与消能梁段的腹板等高;当消能梁段截面高度不大于 640mm 时,可配置单向加劲肋;当消能梁段截面高度大于 640mm 时,应在两侧配置加劲肋,一侧加劲肋的宽度不应小于 $(b/2-t_w)$,厚度不应小于 t_w 和 10mm 中的较大值。

图中: $r=\dfrac{4c^2+b^2}{8c}$

项次	项目	内　　容
3	支撑结构及框架-支撑结构	⑤ 消能梁段与柱连接时，其长度不得大于 $1.6W_{p,l}f_y/V_l$，且应满足相关标准的规定。 ⑥ 消能梁段两端上、下翼应设置侧向支撑，支撑的轴力设计值不得小于消能梁段翼缘轴向承载力设计值的 6%。
4	柱脚	(16)实腹式柱脚采用外包式、埋入式及插入式柱脚的埋入深度应符合现行国家标准《建筑抗震设计规范》GB 50011 或《构筑物抗震设计规范》GB 50191 的有关规定。

注：依据《钢结构设计标准》GB 50017—2017 第 17.3 节规定。

结构构件延性等级对应的塑性耗能区（梁端）截面板件宽厚比等级和轴力、剪力限值

表 115-2

结构构件延性等级	V级	IV级	III级	II级	I级
截面板件宽厚比最低等级	S5	S4	S3	S2	S1
N_{F2}	—	$\leqslant 0.15Af$		$\leqslant 0.15Af_y$	
V_{pb}（未设置纵向加劲肋）	—	$\leqslant 0.5h_wt_wf_v$		$\leqslant 0.5h_wt_wf_{vy}$	

注：单层或顶层无需满足最大轴力与最大剪力的限值。

工字形梁受弯正则化长细比 $\lambda_{n,b}$ 限值

表 115-3

结构构件延性等级	I级、II级	III级	IV级	V级
上翼缘有楼板	0.25	0.40	0.55	0.80

注：受弯正则化长细比 $\lambda_{n,b}$ 按本书表 030-1 式（030-13）计算。

框架柱长细比要求

表 115-4

结构构件延性等级	V级	IV级	I级、II级、III级
$N_p/(Af_y)\leqslant 0.15$	180	150	$120\varepsilon_k$
$N_p/(Af_y)>0.15$		$125[1-N_p/(Af_y)]\varepsilon_k$	

H 形和箱形截面柱节点域受剪正则化宽厚比 $\lambda_{n,s}$ 的限值

表 115-5

结构构件延性等级	I级、II级	III级	IV级	V级
$\lambda_{n,s}$	0.4	0.6	0.8	1.2

注：节点受剪正则化宽厚比 $\lambda_{n,s}$，应按本书表 057-1 式（057-1）或式（057-2）计算。

支撑长细比、截面板件宽厚比等级

表 115-6

抗侧力构件	结构构件延性等级			支撑长细比	支撑截面板件宽厚比最低等级	备注
	支撑结构	框架-中心支撑结构	框架-偏心支撑结构			
交叉中心支撑或对称设置的单斜杆支撑	V级	V级	—	符合本书 025 第(1)条的规定，当内力计算时不计入压杆作用按只受拉斜杆计算时，符合本书 025 第(2)条的规定	符合本书表 035 第(1)条的规定	—

续表

抗侧力构件	结构构件延性等级			支撑长细比	支撑截面板件宽厚比最低等级	备注
	支撑结构	框架-中心支撑结构	框架-偏心支撑结构			
交叉中心支撑或对称设置的单斜杆支撑	IV级	III级	—	$65\varepsilon_k<\lambda\leqslant130$	BS3	—
	III级	II级	—	$33\varepsilon_k<\lambda\leqslant65\varepsilon_k$	BS2	—
				$130<\lambda\leqslant180$	BS2	—
	II级	I级	—	$\lambda\leqslant33\varepsilon_k$	BS1	—
人字形或V形中心支撑	V级	V级	—	符合本书025第(1)条的规定	符合本书表035第(1)条的规定	—
	IV级	III级	—	$65\varepsilon_k<\lambda\leqslant130$	BS3	与支撑相连的梁截面板件宽厚比等级不低于S3级
	III级	II级	—	$33\varepsilon_k<\lambda\leqslant65\varepsilon_k$	BS2	与支撑相连的梁截面板件宽厚比等级不低于S2级
				$130<\lambda\leqslant180$	BS2	框架承担50%以上总水平地震剪力,与支撑相连的梁截面板件宽厚比等级不低于S1级
	II级	I级	—	$\lambda\leqslant33\varepsilon_k$	BS1	与支撑相连的梁截面板件宽厚比等级不低于S1级
				采用屈曲约束支撑	—	—
偏心支撑	—	—	I级	$\lambda\leqslant120\varepsilon_k$	符合本书表035第(1)条的规定	性能梁段截面板件宽厚比要求应符合现行国家标准《建筑抗震设计规范》GB50011的有关规定

注:λ为支撑的最小长细比。

第9章 空间网格结构

9.1 基 本 规 定

116 空间网格结构选型应符合哪些规定？

（1）网架结构可采用双层或多层形式；网壳结构可采用单层或多层形式，也可采用局部双层形式。

（2）网架结构可选用下列网格形式：

① 由交叉桁架体系组成的两向正交正放网架、两向正交斜放网架、两向斜交斜放网架、三向网架、单向折线形网架（图 116-1）；

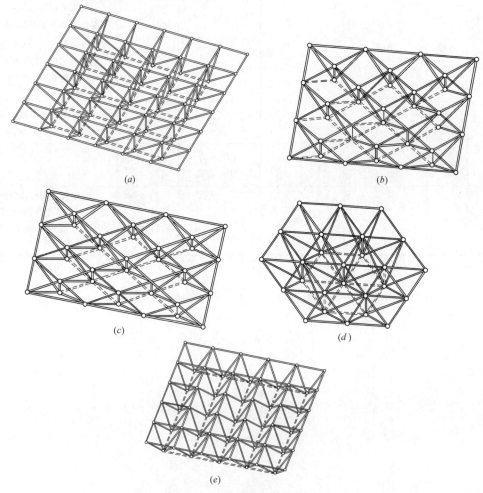

图 116-1 交叉桁架体系形式

（a）两向正交正放网架；（b）两向正交斜放网架；（c）两向斜交斜放网架；（d）三向网架；（e）单向折线形网架

② 由四角锥体系组成的正方四角锥网架、正放抽空四角锥网架、棋盘形四角锥网架、斜放四角锥网架、星形四角锥网架（图116-2）；

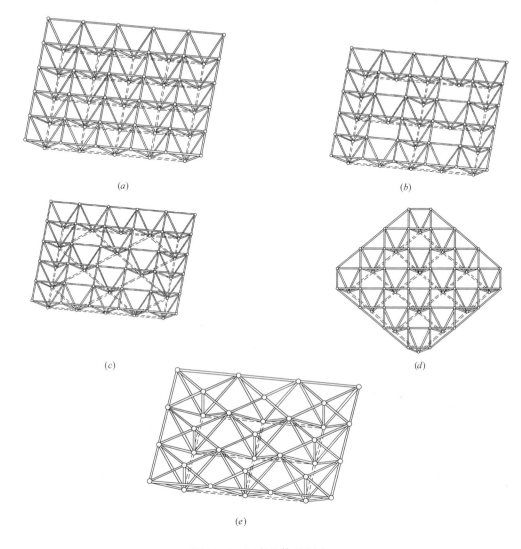

图 116-2　四角锥体系形式
（*a*）正放四角锥网架；（*b*）正放抽空四角锥网架；（*c*）棋盘形四角锥网架；
（*d*）斜放四角锥网架；（*e*）星形四角锥网架

③ 由三角锥体系组成的三角锥网架、抽空三角锥网架、蜂窝形三角锥网架（图116-3）。

（3）网壳结构可采用球面、圆柱面、双曲抛物面、椭圆抛物面等曲面形式，也可采用各种组合曲面形式。

（4）单层网壳可选用下列网格形式：

① 单层圆柱面网壳可采用单向斜杆正交正放网格、交叉斜杆正交正放网格、联方网格及三向网格等形式（图116-4）；

② 单层球面网壳可采用肋环形、肋环斜杆形、三向网格、扇形三向网格、葵花形三向网格、短程线型等形式（图116-5）；

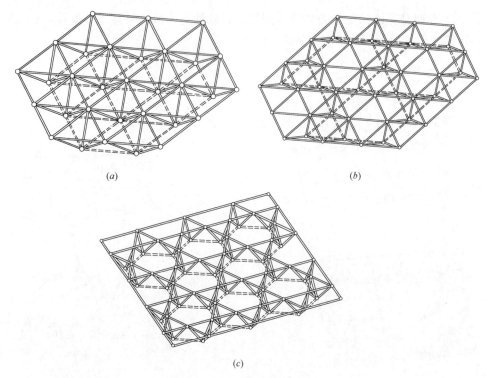

图 116-3　三角锥体系形式

（a）三角锥网架；（b）抽空三角锥网架；（c）蜂窝形三角锥网架

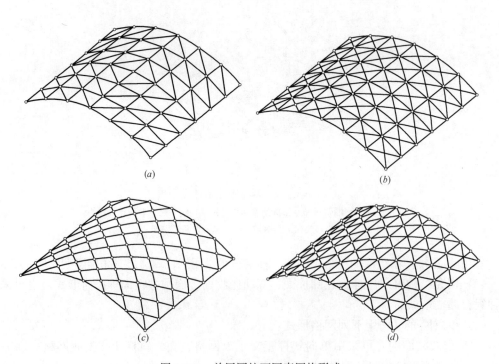

图 116-4　单层圆柱面网壳网格形式

（a）单向斜杆正交正放网格；（b）交叉斜杆正交正放网格；（c）联方网格；

（d）三向网格（其网格也可转 $90°$ 方向布置）

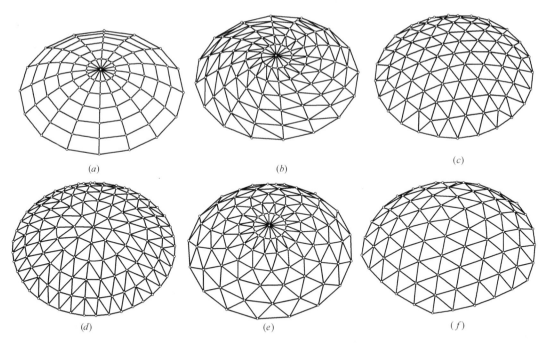

图 116-5　单层球面网壳网格形式

（*a*）肋环型；（*b*）肋环斜杆型；（*c*）三向网格；（*d*）扇形三向网格；（*e*）葵花形三向网格；（*f*）短程线型

③ 单层双曲抛物面网壳宜采用三向网格，其中两个方向杆件沿直纹布置。也可采用两向正交网格，杆件沿主曲率方向布置，局部区域可加设斜杆（图 116-6）；

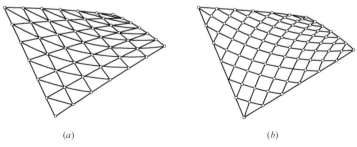

图 116-6　单层双曲抛物面网壳网格形式

（*a*）杆件沿直纹布置；（*b*）杆件沿主曲率方向布置

④ 单层椭圆抛物面网壳可采用三向网格、单向斜杆正交正放网格、椭圆底面网格等形式（图 116-7）。

（5）双层网壳可由两向、三向交叉的桁架体系或由四角锥体系、三角锥体系等组成，其上、下弦网格可采用上面第（4）条的方式布置。

（6）立体桁架可采用直线或曲线形式。

（7）空间网格结构的选型应结合工程的平面形式、跨度大小、支承情况、荷载条件、屋面构造、建筑设计等要求综合分析确定。杆件布置及支承设置应保证结构体系几何不变。

（8）单层网壳应采用刚接节点。

注：依据《空间网格结构技术规程》JGJ 7—2010 第 3.1.1～3.1.8 条规定。

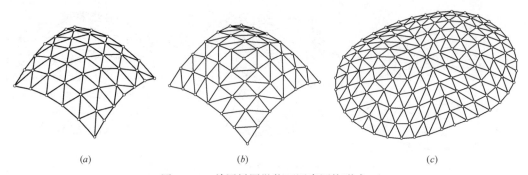

图 116-7　单层椭圆抛物面网壳网格形式

(a) 三向网格；(b) 单向斜杆正交正放网格；(c) 椭圆底面网格

117　网架结构设计有哪些基本规定？

(1) 平面形状为矩形的周边支承网架，当其边长比（即长边与短边之比）小于或等于 1.5 时，宜选用正方四角锥网架、斜放四角锥网架、棋盘形四角锥网架、正方抽空四角锥网架、两向正交斜放网架、两向正交正放网架。当其边长比大于 1.5 时，宜选用两向正交正放网架、正方四角锥网架或正方抽空四角锥网架。

(2) 平面形状为矩形、三边支承一边为开口的网架可按上面第 (1) 条进行选型，开口边必须具有足够的刚度并形成完整的边桁架，当刚度不满足要求时可采用增加网架高度、增加网架层数等办法加强。

(3) 平面形状为矩形、多点支承的网架可根据具体情况选用正放四角锥网架、正放抽空四角锥网架、两向正交正放网架。

(4) 平面形状为圆形、正六边形或接近正六边形等周边支承的网架，可根据具体情况选用三向网架、三角锥网架或抽空三角锥网架。对中小跨度，也可选用蜂窝形三角锥网架。

(5) 网架的网格高度与网格尺寸应根据跨度大小、荷载条件、柱网尺寸、支承情况、网格形式以及构造要求和建筑功能等因素确定。网架的高跨比可取 1/10～1/18。网架在短向跨度的网格数不宜小于 5。确定网格尺寸时宜使相邻杆件间的夹角大于 45°，且不宜小于 30°。

(6) 网架可采用上弦或下弦支承方式，当采用下弦支承时，应在支座边形成边桁架。

(7) 当采用两向正交正放网架，应沿网架周边网格设置封闭的水平支撑。

(8) 多点支承的网架有条件时宜设柱帽。柱帽宜设置于下弦平面之下（图 117a），也可设置于上弦平面之上（图 117b）或采用伞形柱帽（图 117c）。

(9) 对跨度不大于 40m 多层建筑的楼盖及跨度不大于 60m 的屋盖，可采用以钢筋混凝土板代替上弦的组合网架结构。组合网架宜选用正放四角锥形式、正放抽空四角锥形式、两向正交正放形式，斜放四角锥形式和蜂窝形三角锥形式。

(10) 网架屋面排水找坡可采用下列方式：

① 上弦节点上设置小立柱找坡（当小立柱较高时，应保证小立柱自身的稳定性并布置支撑）；

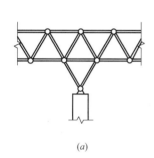 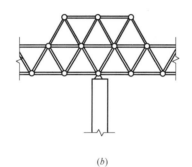 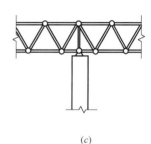

(a) (b) (c)

图 117　多点支承网架柱帽设置

② 网架变高度；

③ 网架结构起坡。

(11) 网架自重荷载标准值可按下式计算：

$$g_{ok}=\sqrt{q_w}L_2/150 \tag{117}$$

式中：g_{ok}——网架自重荷载标准值（kN/m²）；

$\quad\quad q_w$——除网架自重以外的屋面荷载或楼面荷载的标准值（kN/m²）；

$\quad\quad L_2$——网架的短向跨度（m）。

注：依据《空间网格结构技术规程》JGJ 7—2010 第 3.2.1~3.2.11 条规定。

118　网壳结构设计有哪些基本规定？

(1) 球面网壳结构设计宜符合下列规定：

① 球面网壳的矢跨比不宜小于 1/7；

② 双层球面网壳的厚度可取跨度（平面直径）的 1/30~1/60；

③ 单层球面网壳的跨度（平面直径）不宜大于 80m。

(2) 圆柱面网壳结构设计宜符合下列规定：

① 两端边支座的圆柱面网壳，其宽度 B 与跨度 L 之比（图 118）宜小于 1.0，壳体的矢高可取跨度 B 的 1/3~1/6；

② 沿两纵向边支承或四边支承的圆柱面网壳，壳体的矢高可取跨度 L（宽度 B）的 1/2~1/5；

③ 双层圆柱面网壳的厚度可取宽度 B 的 1/20~1/50；

④ 两端边支承的单层圆柱面网壳，其跨度 L 不宜大于 35m；沿两纵向边支承的单层圆柱面网壳，其跨度（此时为宽度 B）不宜大于 30m。

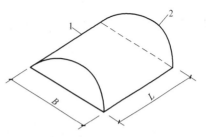

图 118　圆柱面网壳跨度 L、宽度 B 示意
1—纵向边；2—端边

(3) 双曲抛物面网壳结构设计宜符合下列规定：

① 双曲抛物面网壳底面的两对角线长度之比不宜大于 2；

② 单块双曲抛物面壳体的矢高可取跨度的 1/2~1/4（跨度为两个对角支承点之间的距离），四块组合双曲抛物面壳体每个方向的矢高可取相应跨度的 1/4~1/8；

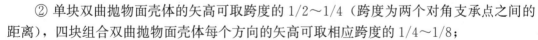

189

③ 双层双曲抛物面网壳的厚度可取短向跨度的 1/20～1/50；

④ 单层双曲抛物面网壳的跨度不宜大于 60m。

（4）椭圆抛物面网壳结构设计宜符合下列规定：

① 椭圆抛物面网壳的底边两跨度之比不宜大于 1.5；

② 壳体每个方向的矢高可取短向跨度的 1/6～1/9；

③ 双层椭圆抛物面网壳的厚度可取短向跨度的 1/20～1/50；

④ 单层椭圆抛物面网壳的跨度不宜大于 50m。

（5）网壳的支承构造应可靠传递竖向反力，同时应满足不同网壳结构形式所必需的边缘约束条件；边缘约束构件应满足刚度要求，并应与网壳结构一起进行整体计算。各类网壳的相应支座约束条件应符合下列规定：

① 球面网壳的支承点应保证抵抗水平位移的约束条件；

② 圆柱面网壳当沿两纵向边支承时，支承点应保证抵抗侧向水平位移的约束条件；

③ 双曲抛物面网壳应通过边缘构件将荷载传递给下部结构；

④ 椭圆抛物面网壳及四块组合双曲抛物面网壳应通过边缘构件沿周边支承。

注：依据《空间网格结构技术规程》JGJ 7—2010 第 3.3.1～3.3.5 条规定。

119 立体桁架、立体拱架与张弦立体拱架设计有哪些基本规定？

（1）立体桁架的高度可取跨度的 1/12～1/16。

（2）立体拱架的拱架厚度可取跨度的 1/20～1/30，矢高可取跨度的 1/3～1/6。当按立体拱架计算时，两端下部结构除了可靠传递竖向反力外还应保证抵抗水平位移的约束条件。当立体拱架跨度较大时应进行立体拱架平面内的整体稳定性验算。

（3）张弦立体拱架的拱架厚度可取跨度的 1/30～1/50，结构矢高可取跨度的 1/7～1/10，其中拱架矢高可取跨度的 1/14～1/18，张弦的垂度可取跨度的 1/12～1/30。

（4）立体桁架支承于下弦节点时桁架整体应有可靠的防侧倾体系，曲线形的立体桁架应考虑支座水平位移对下部结构的影响。

（5）对立体桁架、立体拱架和张弦立体拱架应设置平面外的稳定支撑体系。

注：依据《空间网格结构技术规程》JGJ 7—2010 第 3.4.1～3.4.5 条规定。

120 结构挠度容许值应该如何选取？

（1）空间网格结构在恒荷载与活荷载标准值作用下的最大挠度值不宜超过表 120 中的容许挠度值。

空间网格结构的容许挠度值　　　　表 120

结构体系	屋盖结构（短向跨度）	楼盖结构（短向跨度）	悬挑结构（悬挑跨度）
网架	1/250	1/300	1/125
单层网壳	1/400	—	1/200
双层网壳 立体桁架	1/250	—	1/250

注：对于设有悬挂起重设备的屋盖结构，其最大挠度值不宜大于结构跨度的 1/400。

（2）网架与立体桁架可预先起拱，其起拱值可取不大于短向跨度的 1/300。当仅为改善外观要求时，最大挠度可取恒荷载与活荷载标准值作用下挠度减去起拱值。

9.2 结 构 计 算

121 空间网格结构应该如何计算？

空间网格结构计算包括一般计算原则、静力计算、网壳的稳定性计算和地震作用下的内力计算，应按表 121 采用。

结构计算 表 121

项次	项目	内 容
1	一般计算原则	(1)空间网格结构应进行重力荷载及风荷载作用下的位移、内力计算，并应根据具体情况，对地震、温度变化、支座沉陷及施工安装荷载等作用下的位移、内力计算。空间网格结构的内力和位移可按弹性理论计算；网壳结构的整体稳定性计算应考虑结构的非线性影响。 (2)对非抗震设计，作用及作用组合的效应应按现行国家标准《建筑结构荷载规范》GB 50009进行计算，在杆件截面及节点设计中，应按作用基本组合的效应确定内力设计值；对抗震设计，地震组合的效应应按现行国家标准《建筑抗震设计规范》GB 50011计算。在位移验算中，应按作用标准组合的效应确定其挠度。 (3)对于单个球面网壳和圆柱面网壳的风载体型系数，可按现行国家标准《建筑结构荷载规范》GB 50009取值；对于多个连接的球面网壳和圆柱面网壳，以及各种复杂形体的空间网格结构，当跨度较大时，应通过风洞试验或专门研究确定风载体型系数。对于基本自振周期大于 0.25s 的空间网格结构，宜进行风振计算。 (4)分析网架结构和双层网壳结构时，可假定节点为铰接，杆件只承受轴向力；分析立体管桁架时，当杆件的节间长度与截面高度（或直径）之比不小于 12（主管）和 24（支管）时，也可假定节点为铰接；分析单层网壳时，应假定节点为刚接，杆件除承受轴向力外，还承受弯矩、扭矩、剪力等。 (5)空间网格结构的外荷载可按静力等效原则将节点所辖区域内的荷载集中作用在该节点上。当杆件上作用有局部荷载时，应另行考虑局部弯曲内力的影响。 (6)空间网格结构分析时，应考虑上部空间网格结构与下部支承结构的相互影响。空间网格结构的协同分析可把下部支承结构折算等效刚度和等效质量作为上部空间网格结构分析时的条件；也可把上部空间网格结构折算等效刚度和等效质量作为下部支承结构分析时的条件；也可以将上、下部结构整体分析。 (7)分析空间网格结构时，应根据结构形式、支座节点的位置、数量和构造情况以及支承结构的刚度，确定合理的边界约束条件。支座节点的边界约束条件，对于网架、双层网壳和立体桁架，应按实际构造采用两向或一向可侧移、无侧移的铰接支座或弹性支座；对于单层网壳，可采用不动铰支座，也可采用刚接支座或弹性支座。 (8)空间网格结构施工安装阶段与使用阶段支承情况不一致时，应区别不同支承条件分析计算施工安装阶段和使用阶段在相应荷载作用下的结构位移和内力。 (9)根据空间网格结构的类型、平面形状、荷载形式及不同设计阶段等条件，可采用有限元法或基于连续化假定的方法进行计算。选用计算方法的适用范围和条件应符合下列规定： ① 网架、双层网壳和立体桁架宜采用空间杆系有限元法进行计算； ② 单层网壳应采用空间梁系有限元法进行计算； ③ 在结构方案选择和初步设计时，网架结构、网壳结构也可分别采用拟夹层板法、拟壳法进行计算。
2	静力计算	(1)按有限元法进行空间网格结构静力计算时可采用下列基本方程： $$KU=F \qquad (121-1)$$ 式中：K——空间网格结构总弹性刚度矩阵； U——空间网格结构节点位移向量； F——空间网格结构节点荷载向量。

项次	项目	内　容
2	静力计算	(2)空间网格结构应经过位移、内力计算后进行杆件截面设计,如杆件截面需要调整应重新进行计算,使其满足设计要求,空间网格结构设计后,杆件不宜替换,如必须替换时,应根据截面及刚度等效的原则进行。 (3)分析空间网格结构因温度变化而产生的内力,可将温差引起的杆件固端反力作为等效荷载反向作用在杆件两端节点上,然后按有限元法计算。 (4)当网架结构符合下列条件之一时,可不考虑由于温度变化而引起的内力: ① 支座节点的构造允许网架侧移,且允许侧移值大于或等于网架结构的温度变形值; ② 网架周边支承、网架验算方向跨度小于40m,且支承结构为独立柱; ③ 在单位力作用下,柱顶水平位移大于或等于下式的计算值: $$\mu = \frac{L}{2\xi EA_{\mathrm{m}}}\left(\frac{E\alpha\Delta t}{0.038f}-1\right) \qquad (121\text{-}2)$$ 式中:f——钢材的抗拉强度设计值(N/mm²); 　　　E——材料的弹性模量(N/mm²); 　　　α——材料的线膨胀系数(1/℃); 　　　Δt——温差(℃); 　　　L——网架在验算方向的跨度(m); 　　　A_{m}——支承(上承或下承)平面弦杆截面积的算术平均值(mm²); 　　　ξ——系数,支承平面弦杆为正交正放时$\xi=1.0$,正交斜放时$\xi=\sqrt{2}$,三向时$\xi=2.0$。 (5)预应力空间网格结构分析时,可根据具体情况将预应力作为初始内力或外力来考虑,然后按有限元法进行分析。对于索应考虑几何非线性的影响,并应按预应力施加程序对预应力施工全过程进行分析。 (6)斜拉空间网格结构可按有限元法进行分析。斜拉索(或钢棒)应根据具体情况施加预应力,以确保在风荷载和地震作用下斜拉索处于受拉状态,必要时可设置稳定索加强。 (7)由平面桁架系或角锥体系组成的矩形平面、周边支承网架结构,可简化为正交异性或各向同性的平板按拟夹层板法进行位移、内力计算。 (8)网壳结构采用拟壳法分析时,可根据壳面形式、网格布置和构件截面把网壳等代为当量薄壳结构,在由相应边界条件求得拟壳的位移和内力后,可按几何和平衡条件返回计算网壳杆件的内力。网壳等效刚度可按本规程附录C进行计算。 (9)组合网架结构可按有限元法进行位移、内力计算。分析时应将组合网架的带肋平板离散成能承受轴力、膜力和弯矩的梁元和板壳元,将腹杆和下弦作为承受轴力的杆元,并应考虑两种不同材料的材性。 (10)组合网架结构也可采用空间杆系有限元法作简化计算。分析时可将组合网架的带肋平板等代为仅能承受轴力的上弦,并与腹杆和下弦构成两种不同材料的等代网架,按空间杆系有限元法进行位移、内力计算。等代上弦截面及带肋平板中内力可按本规程附录D确定。
3	网壳的稳定性计算	(1)单层网壳以及厚度小于跨度1/50的双层网壳均应进行稳定性计算。 (2)网壳的稳定性可按考虑几何非线性的有限元法(即荷载-位移全过程分析)进行计算,分析中可假定材料为弹性,也可考虑材料的弹塑性。对于大型和形状复杂的网壳结构宜采用考虑材料弹塑性的全过程分析方法。全过程分析的迭代方程可采用下式: $$K_{\mathrm{t}}\Delta U^{(i)} = F_{\mathrm{t}+\Delta \mathrm{t}} - N_{\mathrm{t}+\Delta \mathrm{t}}^{(i-1)} \qquad (121\text{-}3)$$ 式中:K_{t}——t时刻结构的切线刚度矩阵; 　　　$\Delta U^{(i)}$——当前位移的迭代增量; 　　　$F_{\mathrm{t}+\Delta \mathrm{t}}$——$t+\Delta t$时刻外部所施加的节点荷载向量; 　　　$N_{\mathrm{t}+\Delta \mathrm{t}}^{(i-1)}$——$t+\Delta t$时刻相应的杆件节点内力向量。 (3)球面网壳的全过程分析可按满跨均布荷载进行,圆柱面网壳和椭圆抛物面网壳除应考虑满跨均布荷载外,尚应考虑半跨活荷载分布的情况。进行网壳全过程分析时应考虑初始几何缺陷(即初始曲面形状的安装偏差)的影响,初始几何缺陷分布可采用结构的最低阶屈曲模态,其缺陷最大计算值可按网壳跨度的1/300取值。

项次	项目	内　　容
3	网壳的稳定性计算	(4)按上面第(2)条和第(3)条进行网壳全过程分析求得的第一个临界点处的荷载值,可作为网壳的稳定极限承载力。网壳稳定容许承载力(荷载取标准值)应等于网壳稳定极限承载力除以安全系数 K。当按弹塑性全过程分析时,安全系数 K 可取为 2.0;当按弹性全过程分析、且为单层球面网壳、柱面网壳和椭圆抛物面网壳时,安全系数 K 可取为 4.2。 (5)当单层球面网壳跨度小于 50m、单层圆柱面网壳拱向跨度小于 25m、单层椭圆抛物面网壳跨度小于 30m 时,或进行网壳稳定性初步计算时,其容许承载力可按本规程附录 E 进行计算。
4	地震作用下的内力计算	(1)对用作屋盖的网架结构,其抗震验算应符合下列规定: ① 在抗震设防烈度为 8 度的地区,对于周边支承的中小跨度网架结构应进行竖向抗震验算,对于其他网架结构均应进行竖向和水平抗震验算; ② 在抗震设防烈度为 9 度的地区,对各种网架结构应进行竖向和水平抗震验算。 (2)对于网壳结构,其抗震验算应符合下列规定: ① 在抗震设防烈度为 7 度的地区,当网壳结构的矢跨比大于或等于 1/5 时,应进行水平抗震验算;当矢跨比小于 1/5 时,应进行竖向和水平抗震验算; ② 在抗震设防烈度为 8 度或 9 度的地区,对各种网壳结构应进行竖向和水平抗震验算。 (3)在单维地震作用下,对空间网格结构进行多遇地震作用下的效应计算时,可采用振型分解反应谱法;对于体型复杂或重要的大跨度结构,应采用时程分析法进行补充计算。 (4)按时程分析法计算空间网格结构地震效应时,其动力平衡方程应为: $$M\ddot{U}+C\dot{U}+KU=-M\ddot{U}_{\mathrm{g}} \qquad (121\text{-}4)$$ 式中:M——结构质量矩阵; 　　　C——结构阻尼矩阵; 　　　K——结构刚度矩阵; $\ddot{U}$、$\dot{U}$、U——结构节点相对加速度向量、相对速度向量和相对位移向量; 　　$\ddot{U}_{\mathrm{g}}$——地面运动加速度向量。 (5)采用时程分析法时,应按建筑场地类别和设计地震分组选用不少于两组的实际强震记录和一组人工模拟的加速度时程曲线,其平均地震影响系数曲线应与振型分解反应谱法所采用的地震影响系数曲线在统计意义上相符。加速度曲线峰值应根据与抗震设防烈度相应的多遇地震的加速度时程曲线最大值进行调整,并选择足够长的地震动持续时间。 (6)采用振型分解反应谱法进行单维地震效应分析时,空间网格结构 j 振型、i 节点的水平或竖向地震作用标准值应按下式确定: $$\left.\begin{array}{l}F_{\mathrm{E}xji}=\alpha_j\gamma_j X_{ji}G_i \\ F_{\mathrm{E}yji}=\alpha_j\gamma_j Y_{ji}G_i \\ F_{\mathrm{E}zji}=\alpha_j\gamma_j Z_{ji}G_i\end{array}\right\} \qquad (121\text{-}5)$$ 式中:$F_{\mathrm{E}xji}$、$F_{\mathrm{E}yji}$、$F_{\mathrm{E}zji}$——j 振型、i 节点分别沿 x、y、z 方向的地震作用标准值; 　　　　α_j——相应于 j 振型自振周期的水平地震影响系数,按现行国家标准《建筑抗震设计规范》GB 50011 确定;当仅 z 方向竖向地震作用时,竖向地震影响系数取 $0.65\alpha_j$; 　　X_{ji}、Y_{ji}、Z_{ji}——分别 j 振型、i 节点的 x、y、z 方向的相对位移; 　　　　G_i——空间网格结构第 i 节点的重力荷载代表值,其中恒载取结构自重标准值;可变荷载取屋面雪荷载或积灰荷载标准值,组合值系数取 0.5; 　　　　γ_j——j 振型参与系数,应按式(121-6)～式(121-8)确定。 当仅 x 方向水平地震作用时,j 振型参与系数应按下式计算: $$\gamma_j=\frac{\sum\limits_{i=1}^{n}X_{ji}G_i}{\sum\limits_{i=1}^{n}(X_{ji}^2+Y_{ji}^2+Z_{ji}^2)G_i} \qquad (121\text{-}6)$$

项次	项目	内　　容	

当仅 y 方向水平地震作用时，j 振型参与系数应按下式计算：

$$\gamma_j = \frac{\sum_{i=1}^{n} Y_{ji} G_i}{\sum_{i=1}^{n} (X_{ji}^2 + Y_{ji}^2 + Z_{ji}^2) G_i}$$ (121-7)

当仅 z 方向水平地震作用时，j 振型参与系数应按下式计算：

$$\gamma_j = \frac{\sum_{i=1}^{n} Z_{ji} G_i}{\sum_{i=1}^{n} (X_{ji}^2 + Y_{ji}^2 + Z_{ji}^2) G_i}$$ (121-8)

式中：n——空间网格结构节点数。

(7)按振型分解反应谱法进行在多遇地震作用下单维地震作用效应分析时，网架结构杆件地震作用效应可按下式确定：

$$S_{Ek} = \sqrt{\sum_{j=1}^{m} S_j^2}$$ (121-9)

网壳结构杆件地震作用效应宜按下列公式确定：

$$S_{Ek} = \sqrt{\sum_{j=1}^{m} \sum_{k=1}^{m} \rho_{jk} S_j S_k}$$ (121-10)

$$\rho_{jk} = \frac{8\zeta_j \zeta_k (1+\lambda_T)\lambda_T^{1.5}}{(1-\lambda_T^2)^2 + 4\zeta_j \zeta_k (1+\lambda_T)^2 \lambda_T}$$ (121-11)

式中：S_{Ek}——杆件地震作用标准值的效应；

S_j、S_k——分别为 j、k 振型地震作用标准值的效应；

ρ_{jk}——j 振型与 k 振型的耦联系数；

ζ_j、ζ_k——分别为 j、k 振型的阻尼比；

λ_T——k 振型与 j 振型的自振周期比；

m——计算中考虑的振型数。

（项次4，项目：地震作用下的内力计算）

(8)当采用振型分解反应谱法进行空间网格结构地震效应分析时，对于网架结构宜至少取前10~15个振型，对于网壳结构宜至少取前25~30个振型，以进行效应组合；对于体型复杂或重要的大跨度空间网格结构需要取更多振型进行效应组合。

(9)在抗震分析时，应考虑支承体系对空间网格结构受力的影响。此时宜将空间网格结构与支承体系共同考虑，按整体分析模型进行计算；亦可把支承体系简化为空间网格结构的弹性支座，按弹性支座模型计算。

(10)在进行结构地震效应分析时，对于周边落地的空间网格结构，阻尼比值可取0.02；对设有混凝土结构支承体系的空间网格结构，阻尼比值可取0.03。

(11)对于体型复杂和较大跨度的空间网格结构，宜进行多维地震作用下的效应分析。进行多维地震效应计算时，可采用多维随机振动分析方法、多维反应谱法或时程分析法。当按多维反应谱法进行空间网格结构三维地震效应分析时，结构各节点最大位移响应与各杆件最大内力响应可按本规程附录F公式进行组合计算。

(12)周边支承或多点支承与周边支承相结合的用于屋盖的网架结构，其竖向地震作用效应可按本规程附录G进行简化计算。

(13)单层球面网壳结构、单层双曲抛物面网壳结构和正放四角锥双层圆柱面网壳结构水平地震作用效应可按本规程附录H进行简化计算。

注：依据《空间网格结构技术规程》JGJ 7—2010第4.1节~第4.4节规定。

9.3 杆件的构造要求

122 杆件的构造要求有哪些规定？

（1）空间网格结构的杆件可采用普通型钢或薄壁型钢。管材宜采用高频焊管或无缝钢管，当有条件时应采用薄壁管型截面。杆件采用的钢材牌号和质量等级应符合现行国家标准《钢结构设计标准》GB 50017 的规定。杆件截面应按现行国家标准《钢结构设计标准》GB 50017 根据强度和稳定性的要求计算确定。

（2）确定杆件的长细比时，其计算长度 l_0 应按表 122-1 采用。

杆件的计算长度 l_0 表 122-1

结构体系	杆件形式	节点形式				
		螺栓球	焊接空心球	板节点	毂节点	相贯节点
网架	弦杆及支座腹杆	$1.0l$	$0.9l$	$1.0l$	—	—
	腹杆	$1.0l$	$0.8l$	$0.8l$		
双层网壳	弦杆及支座腹杆	$1.0l$	$1.0l$	$1.0l$	—	—
	腹杆	$1.0l$	$0.9l$	$0.9l$		
单层网壳	壳体曲面内	—	$0.9l$	—	$1.0l$	$0.9l$
	壳体曲面外		$1.6l$		$1.6l$	$1.6l$
立体桁架	弦杆及支座腹杆	$1.0l$	$1.0l$	—	—	$1.0l$
	腹杆	$1.0l$	$0.9l$			$0.9l$

注：l 为杆件的几何长度（节点中心间距离）。

（3）杆件的长细比不宜超过表 122-2 中规定的数值。

杆件的容许长细比 $[\lambda]$ 表 122-2

结构体系	杆件形式	杆件受拉	杆件受压	杆件受压与压弯	杆件受拉与拉弯
网架 立体桁架 双层网壳	一般杆件	300	180	—	—
	支座附近杆件	250			
	直接承受动力荷载杆件	250			
单层网壳	一般杆件	—	—	150	250

（4）杆件截面的最小尺寸应根据结构的跨度与网格大小按计算确定，普通角钢不宜小于∟50×3，钢管不宜小于 $\phi48×3$。对大、中跨度空间网格结构，钢管不宜小于 $\phi60×3.5$。

（5）空间网格结构杆件分布应保证刚度的连续性，受力方向相邻的弦杆其杆件截面面积之比不宜超过 1.8 倍，多点支承的网架结构其反弯点处的上、下弦杆宜按构造要求加大截面。

（6）对于低应力、小规格的受拉杆件其长细比宜按受压杆件控制。

（7）在杆件与节点构造设计时，应考虑便于检查、清刷与油漆，避免易于积留湿气或灰尘的死角与凹槽，钢管端部应进行封闭。

注：依据《空间网格结构技术规程》JGJ 7—2010 第 5.1.1～5.1.7 条规定。

第 10 章 门式刚架轻型房屋

10.1 基本设计规定

123 门式刚架轻型房屋设计原则主要有哪些规定?

(1) 门式刚架轻型房屋钢结构采用以概率理论为基础的极限状态设计方法,以可靠指标度量结构构件的可靠度,采用分项系数的设计表达式进行设计。

(2) 门式刚架轻型房屋钢结构的承重构件,应按承载能力极限状态和正常使用极限状态进行设计。

(3) 当结构构件按承载能力极限状态设计时,持久设计状况、短暂设计状况应满足下式要求:

$$\gamma_0 S_d \leqslant R_d \tag{123-1}$$

式中:γ_0——结构重要性系数。对安全等级为一级的结构构件不小于 1.1,对安全等级为二级的结构构件不小于 1.0,门式刚架钢结构构件安全等级可取二级,对于设计使用年限为 25 年的结构构件,γ_0 不应小于 0.95;

S_d——不考虑地震作用时,荷载组合的效应设计值,应符合本书表 127 项次 5 第(2) 条的规定。

R_d——结构构件承载力设计值。

(4) 当抗震设防烈度 7 度 (0.15g) 及以上时,应进行地震作用组合的效应验算,地震设计状况应满足下式要求:

$$S_E \leqslant R_d / \gamma_{RE} \tag{123-2}$$

式中:S_E——考虑多遇地震作用时,荷载和地震作用组合的效应设计值,应符合本书表 127 项次 5 第 (2) 条的规定;

γ_{RE}——承载力抗震调整系数,应按表 123 采用。

承载力抗震调整系数 γ_{RE} 表 123

构件或连接	受力状态	γ_{RE}
梁、柱、支撑、螺栓;节点、焊缝	强度	0.85
柱、支撑	稳定	0.90

(5) 当结构构件按正常使用极限状态设计时,应根据现行国家标准《建筑结构荷载规范》GB 50009 的规定采用荷载的标准组合计算变形,并应满足本书 125 的要求。

(6) 结构构件的受拉强度应按净截面计算,受压强度应按有效净截面计算,稳定性应按有效截面计算,变形和各种稳定系数均可按毛截面计算。

注:依据《门式刚架轻型房屋钢结构技术规范》GB 51022—2015 第 3.1.1~3.1.7 条规定。

124　材料应该如何选用？

门式刚架轻型房屋钢材、连接件、焊接材料的选用应符合表 124-1 的规定。

门式刚架轻房屋材料选用　　　　　　表 124-1

材料选用		现行国家标准或钢材质量等级	
钢材	用于承重的冷弯薄壁型钢、热轧型钢和钢板	《碳素结构钢》GB/T 700—2006 规定的 Q235 和《低合金高强度结构钢》GB/T 1591—2018 规定的 Q355 钢材	
	门式刚架、吊车梁和焊接的檩条、墙梁等构件	宜采用 Q235B 或 Q355A 及以上等级的钢材	当有根据时，门式刚架、檩条和墙梁可采用其他牌号的钢材制作
	非焊接的檩条和墙梁等构件	可采用 Q235A 钢材	
	用于围护系统的屋面及墙面板材	《连续热镀锌钢板及钢带》GB/T 2518—2008、《连续热镀铝锌合金镀层钢板及钢带》GB/T 14978—2008、《彩色镀层钢板及钢带》GB/T 12754—2006	
	采用的压型钢板	《建筑用压型钢板》GB/T 12755—2008	
连接件	普通螺栓	《六角头螺栓 C 级》GB/T 5780—2016 和《六角头螺栓》GB/T 5782—2016 《紧固件机械性能　螺栓、螺钉和螺柱》GB/T 3098.1—2010	
	高强度螺栓	《钢结构用高强度大六角头螺栓》GB/T 1228—2006、《钢结构用高强度大六角螺母》GB/T 1229—2006、《钢结构用高强度垫圈》GB/T 1230—2006、《钢结构用高强度大六角头螺栓、大六角螺母、垫圈技术条件》GB/T 1231—2006 或《钢结构用扭剪型高强度螺栓连接副》GB/T 3632—2008	
	连接屋面板和墙面板采用的自攻、自钻螺栓	《十字槽盘头自钻自攻螺钉》GB/T 15856.1—2002、《十字槽沉头自钻自攻螺钉》GB/T 15856.2—2002、《十字槽半沉头自钻自攻螺钉》GB/T 15856.3—2002、《六角法兰面自钻自攻螺钉》GB/T 15856.4—2002、《六角凸缘自攻螺钉》GB/T 15856.5—2002、《开槽盘头自攻螺钉》GB/T 5282—2017、《开槽沉头自攻螺钉》GB/T 5283—2017、《开槽半沉头自攻螺钉》GB/T 5284—2017、《六角头自攻螺钉》GB/T 5285—2017	
	抽芯铆钉	BL2 或 BL3 号钢制成	《标准件用碳素钢热轧圆钢或盘条》YB/T 4155—2006、《封闭型平圆头抽芯铆钉》GB/T 12615.1—2004 ～ GB/T 12615.4—2004、《封闭型沉头抽芯铆钉》GB/T 12616.1—2004、《开口型沉头抽芯铆钉》GB/T 12617.1—2006～GB/T 12617.5—2006、《平口型平圆头抽芯铆钉》GB/T 12618.1—2006～GB/T 12618.6—2006
	射钉	《射钉》GB/T 18981—2008	
	锚栓	Q235 级钢	《碳素结构钢》GB/T 700—2006
		Q355 级钢	《低合金高强度结构钢》GB/T 1591—2018
焊接材料	手工焊焊条或自动焊焊丝的牌号和性能应与构件钢材性能相适应，当两种强度级别的钢材焊接时，宜选用与强度较低钢材相匹配的焊接材料		
	焊条的材质和性能	《非合金钢及细晶粒钢焊条》GB/T 5117—2012 和《热强钢焊条》GB/T 5118—2012	
	焊丝的材质和性能	《熔化焊用焊丝》GB/T 14957—94、《气体保护电弧焊用碳钢、低合金钢焊丝》GB/T 8110—2008 及《非合金钢及细晶粒钢药芯焊丝》GB/T 10045—2018、《热强钢药芯焊丝》GB/T 17493—2018	

材料选用		现行国家标准或钢材质量等级
焊接材料	埋弧焊用焊丝和焊剂的材质和性能	《埋弧焊用非合金钢及细晶粒钢实心焊丝、药芯焊丝和焊丝-焊剂组合分类要求》GB/T 5293—2018、《埋弧焊用热强钢实心焊丝、药芯焊丝和焊丝-焊剂组合分类要求》GB/T 12470—2018

注：依据《门式刚架轻型房屋钢结构技术规范》GB 51022—2015 第 3.2.1～3.2.3 条规定。

125 变形应该如何选取？

（1）在风荷载或多遇地震标准值作用下的单层门式刚架的柱顶位移值，不应大于 125-1 规定的限值。夹层处柱顶的水平位移限值宜为 $H/250$，H 为夹层处柱高度。

刚架柱顶位移限值（mm） 表 125-1

吊车情况	其他情况	柱顶位移限值
无吊车	当采用轻型钢墙板时	$h/60$
	当采用砌体墙时	$h/240$
有桥式吊车	当吊车有驾驶室时	$h/400$
	当吊车由地面操作时	$h/180$

注：表中 h 为刚架柱高度。

（2）门式刚架受弯构件的挠度值，不应大于表 125-2 规定的限值。

受弯构件的挠度与跨度比限值（mm） 表 125-2

构件类别			构件挠度限值
竖向挠度	门式刚架斜梁	仅支承压型钢板屋面和冷弯型钢檩条	$L/180$
		尚有吊顶	$L/240$
		有悬挂起重机	$L/400$
	夹层	主梁	$L/400$
		次梁	$L/250$
	檩条	仅支承压型钢板屋面板	$L/150$
		尚有吊顶	$L/240$
	压型钢板屋面板		$L/150$
水平挠度	墙板		$L/100$
	抗风柱或抗风桁架		$L/250$
	墙梁	仅支承压型钢板墙	$L/100$
		支承砌体墙	$L/180$ 且≤50mm

注：1 表中 L 为跨度；
   2 对门式刚架斜梁，L 取全跨；
   3 对悬臂梁，按悬伸长度的 2 倍计算受弯构件的跨度。

（3）由柱顶位移和构件挠度产生的屋面坡度改变值，不应大于坡度设计值的 1/3。

注：依据《门式刚架轻型房屋钢结构技术规范》GB 51022—2015 第 3.3.1～3.3.3 条规定。

126　构造要求应符合哪些规定?

（1）钢结构构件的壁厚和板件宽厚比应符合下列规定：

① 用于檩条和墙梁的冷弯薄壁型钢，壁厚不宜小于 1.5mm。用于焊接主刚架构件腹板的钢板，厚度不宜小于 4mm；当有根据时，腹板厚度可取不小于 3mm。

② 构件中受压板件的宽厚比，不宜大于现行国家标准《冷弯薄壁型钢结构技术规范》GB 50018 规定的宽厚比限值；主刚架构件受压板件中，工字形截面构件受压翼缘板自由外伸宽度 b 与其厚度 t 之比，不应大于 $15\sqrt{235/f_y}$；工字形截面梁、柱构件腹板的计算高度 h_w 与其厚度 t_w 之比，不应大于 250。当受压板件的局部稳定临界应力低于钢材屈服强度时，应按实际应力验算板件的稳定性，或采用有效宽度计算构件的有效截面，并验算构件的强度和稳定。

（2）构件长细比应符合下列规定：

① 受压构件的长细比，不宜大于表 126-1 规定的限值。

受压构件的长细比限值　　　　　　　　　　　　　表 126-1

构件类别	长细比限值
主要构件	180
其他构件及支撑	220

② 受拉构件的长细比，不宜大于表 126-2 规定的限值。

受拉构件的长细比限值　　　　　　　　　　　　　表 126-2

构件类别	承受静力荷载或间接承受动力荷载的结构	直接承受动力荷载的结构
桁架构件	350	250
吊车梁或吊车桁架以下的柱间支撑	300	—
除张紧的圆钢或钢索支撑除外的其他支撑	400	—

注：1　对承受静力荷载的结构，可仅计算受拉构件在竖向平面内的长细比；

　　2　对直接或间接承受动力荷载的结构，计算单角钢受拉构件的长细比时，应采用角钢的最小回转半径；在计算单角钢交叉受拉杆件平面外长细比时，应采用与角钢肢边平行轴的回转半径；

　　3　在永久荷载与风荷载组合作用下受压时，其长细比不宜大于 250。

（3）当地震作用组合的效应控制结构设计时，门式刚架轻型房屋钢结构的抗震构造措施应符合下列规定：

① 工字形截面构件受压翼缘板自由外伸宽度 b 与其厚度 t 之比，不应大于 $13\sqrt{235/f_y}$；工字形截面梁、柱构件腹板的计算高度 h_w 与其厚度 t_w 之比，不应大于 160。

② 在檐口或中柱的两侧三个檩距范围内，每道檩条处屋面梁均应布置双侧隅撑；边柱的檐口墙檩处均应双侧设置隅撑；

③ 当柱脚刚接时，锚栓的面积不应小于柱子截面面积的 0.15 倍；

④ 纵向支撑采用圆钢或钢索时，支撑与柱子腹板的连接应采用不能相对滑动的连接；

⑤ 柱的长细比不应大于 150。

10.2　荷载和荷载组合的效应

127　荷载和荷载组合的效应应该如何确定?

荷载和荷载组合的效应应符合表 127 的规定。

荷载和荷载组合的效应　　　　　　　　　　表 127

项次	项目	内　　容
1	一般规定	(1)门式刚架轻型房屋钢结构采用的设计荷载应包括永久荷载、竖向可变荷载、风荷载、温度作用和地震作用。 (2)吊挂荷载宜按活荷载考虑。当吊挂荷载位置固定不变时,也可按恒荷载考虑。屋面设备荷载应按实际情况采用。 (3)当采用压型钢板轻型屋面时,屋面按水平投影面积计算的竖向活荷载的标准值应取 $0.5 \mathrm{kN/m^2}$,对承受荷载水平投影面积大于 $60 \mathrm{m^2}$ 的刚架构件,屋面竖向均布活荷载的标准值可取不小于 $0.3 \mathrm{kN/m^2}$。 (4)设计屋面板和檩条时,尚应考虑施工及检修集中荷载,其标准值应取 $1.0 \mathrm{kN}$ 且作用在结构最不利位置上;当施工荷载有可能超过时,应按实际情况采用。
2	风荷载	(1)门式刚架轻型房屋钢结构计算时,风荷载作用面积应取垂直于风向的最大投影面积,垂直于建筑物表面的单位面积风荷载标准值应按下式计算: $$w_k = \beta \mu_w \mu_z w_0 \qquad (127\text{-}1)$$ 式中:w_k——风荷载标准值$(\mathrm{kN/m^2})$; 　　　w_0——基本风压$(\mathrm{kN/m^2})$,按现行国家标准《建筑结构荷载规范》GB 50009 的规定值采用; 　　　μ_z——风压高度变化系数,按现行国家标准《建筑结构荷载规范》GB 50009 的规定采用;当高度小于 10m 时,应按 10m 高度处的数值采用; 　　　μ_w——风荷载系数,考虑内、外风压最大值的组合,按现行国家标准《门式刚架轻型房屋钢结构技术规范》GB 51022—2015 第 4.2.2 条的规定采用; 　　　β——系数,计算主刚架时取 $\beta=1.1$;计算檩条、墙梁、屋面板和墙面板及其连接时,取 $\beta=1.5$。 (2)门式刚架轻型房屋构件的有效风荷载面积(A)可按下式计算: $$A = lc \qquad (127\text{-}2)$$ 式中:l——所考虑构件的跨度(m); 　　　c——所考虑构件的受风宽度(m),应大于 $(a+b)/2$ 或 $l/3$;a、b 分别为所考虑构件(墙架柱、墙梁、檩条等)在左、右侧或上、下侧与相邻构件间的距离;无确定宽度的外墙及其他板式构件采用 $c=l/3$。
3	屋面雪荷载	(1)门式刚架轻型房屋钢结构屋面水平投影面上的雪荷载标准值,应按下式计算: $$S_k = \mu_r S_0 \qquad (127\text{-}3)$$ 式中:S_k——雪荷载标准值$(\mathrm{kN/m^2})$; 　　　μ_r——屋面积雪分布系数,按现行国家标准《门式刚架轻型房屋钢结构技术规范》GB 51022—2015 第 4.3.2 条的规定采用; 　　　S_0——基本雪压$(\mathrm{kN/m^2})$,按现行国家标准《建筑结构荷载规范》GB 50009 规定的 100 年重现期的雪压采用。 (2)当高低屋面及相邻房屋屋面高低满足 $(h_r - h_b)/h_b$ 大于 0.2 时,应按下列规定考虑雪堆积和漂移。 ① 高低屋面应考虑低跨屋面雪堆积分布(图 127-1); ② 当相邻房屋的间距 s 小于 6m 时,应考虑低屋面雪堆积分布(图 127-2); ③ 当高屋面坡度 θ 大于 10° 且未采取防止雪下滑的措施时,应考虑高屋面的雪漂移,积雪高度应增加 40%,但最大取 $h_r - h_b$;当相邻屋面的间距大于 h_r 或 6m 时,不考虑高屋面的雪漂移(图 127-3); ④ 当屋面突出物的水平长度大于 4.5m 时,应考虑屋面雪堆积分布(图 127-4); ⑤ 积雪堆积高度 h_d 应按下列公式计算,取两式计算高度的较大值: $$h_d = 0.416 \sqrt[3]{w_{b1}} \sqrt[4]{S_0} + 0.479 - 0.457 \leqslant h_r - h_b \qquad (127\text{-}4)$$

续表

项次	项目	内　　　容	
3	屋面雪荷载	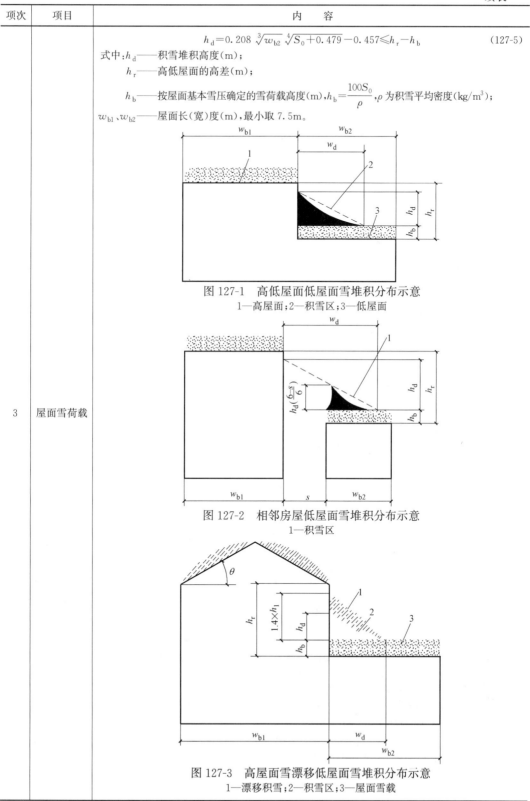	

$$h_{\mathrm{d}} = 0.208 \sqrt[3]{w_{\mathrm{b2}}} \sqrt[4]{S_0 + 0.479} - 0.457 \leqslant h_{\mathrm{r}} - h_{\mathrm{b}} \qquad (127\text{-}5)$$

式中：h_{d}——积雪堆积高度（m）；

　　　h_{r}——高低屋面的高差（m）；

　　　h_{b}——按屋面基本雪压确定的雪荷载高度（m），$h_{\mathrm{b}} = \dfrac{100S_0}{\rho}$，$\rho$ 为积雪平均密度（kg/m^3）；

　　　w_{b1}、w_{b2}——屋面长（宽）度（m），最小取 7.5m。

图 127-1　高低屋面低屋面雪堆积分布示意
1—高屋面；2—积雪区；3—低屋面

图 127-2　相邻房屋低屋面雪堆积分布示意
1—积雪区

图 127-3　高屋面雪漂移低屋面雪堆积分布示意
1—漂移积雪；2—积雪区；3—屋面雪载

项次	项目	内 容
3	屋面雪荷载	图 127-4　屋面有突出物雪堆积分布示意 1—屋面突出物；2—积雪区 ⑥ 积雪堆积长度 w_d 应按下列规定确定： 当 $h_d \leqslant h_r - h_b$ 时，　　　　　　　$w_d = 4h_d$　　　　(127-6) 当 $h_d > h_r - h_b$ 时，　　　　$w_d = 4h_d^2/(h_r - h_b) \leqslant 8(h_r - h_b)$　　(127-7) ⑦ 堆积雪荷载的最高点荷载值 S_{max} 应按下式计算： $$S_{max} = h_d \times \rho \qquad (127\text{-}8)$$ (3)各地区积雪的平均密度 ρ 应符合下列规定： ① 东北及新疆北部地区取 $180kg/m^3$； ② 华北及西北地区取 $160kg/m^3$，其中青海取 $150kg/m^3$； ③ 淮河、秦岭以南地区一般取 $180kg/m^3$，其中江西、浙江取 $230kg/m^3$。 (4)设计时应按下列规定采用积雪的分布情况： ① 屋面板和檩条按积雪不均匀分布的最不利情况采用； ② 刚架斜梁按全跨积雪的均匀分布、不均匀分布和半跨积雪的均匀分布，按最不利情况采用； ③ 刚架柱可按全跨积雪的均匀分布情况采用。
4	地震作用	(1)门式刚架轻型房屋钢结构的抗震设防类别和抗震设防标准，应按现行国家标准《建筑工程抗震设防分类标准》GB 50223 的规定采用。 (2)门式刚架轻型房屋钢结构应按下列原则考虑地震作用： ① 一般情况下，按房屋的两个主轴方向分别计算水平地震作用； ② 质量与刚度分布明显不对称的结构，应计算双向水平地震作用并计入扭转的影响； ③ 抗震设防烈度为 8 度、9 度时，应计算竖向地震作用，可分别取该结构重力荷载代表值的 10%和 20%，设计基本地震加速度为 $0.30g$ 时，可取该结构重力荷载代表值的 15%； ④ 计算地震作用时尚应考虑墙体对地震作用的影响。
5	荷载组合和地震作用组合的效应	(1)荷载组合应符合下列原则： ① 屋面均布活荷载不与雪荷载同时考虑，应取两者中的较大值； ② 积灰荷载与雪荷载或屋面均布活荷载中的较大值同时考虑； ③ 施工或检修集中荷载不与屋面材料或檩条自重以外的其他荷载同时考虑； ④ 多台吊车的组合应符合现行国家标准《建筑结构荷载规范》GB 50009 的规定； ⑤ 风荷载不与地震作用同时考虑。 (2)持久设计状况和短暂设计状况下，当荷载与荷载效应按线性关系考虑时，荷载基本组合的效应设计值应按下式确定： $$S_d = \gamma_G S_{Gk} + \psi_Q \gamma_Q S_{Qk} + \psi_w \gamma_w S_{wk} \qquad (127\text{-}9)$$ 式中：S_d——荷载组合的效应设计值； 　　　γ_G——永久荷载分项系数，当作用效应对承载力不利时取 1.3，当作用效应对承载力有利时取 $\leqslant 1.0$；

项次	项目	内　　容
5	荷载组合和地震作用组合的效应	γ_Q——竖向可变荷载分项系数,当作用效应对承载力不利时取 1.5,当作用效应对承载力有利时取 0; γ_w——风荷载分项系数,当作用效应对承载力不利时取 1.5,当作用效应对承载力有利时取 0; S_{Gk}——永久荷载效应标准值; S_{Qk}——竖向可变荷载效应标准值; S_{wk}——风荷载效应标准值; ψ_Q、ψ_w——分别为可变荷载组合值系数和风荷载组合值系数,当永久荷载效应起控制作用时应分别取 0.7 和 0;当可变荷载效应起控制作用时应分别取 1.0 和 0.6 或 0.7 和 1.0。 (3)地震设计状况下,当作用与作用效应按线性关系考虑时,荷载与地震作用基本组合效应设计值应按下式确定: $$S_E=\gamma_G S_{GE}+\gamma_{Eh} S_{Ehk}+\gamma_{Ev} S_{Evk} \qquad (127\text{-}10)$$ 式中:S_E——荷载和地震效应组合的效应设计值; S_{GE}——重力荷载代表值的效应; S_{Ehk}——水平地震作用标准值的效应; S_{Evk}——竖向地震作用标准值的效应; γ_G——重力荷载分项系数; γ_{Eh}——水平地震作用分项系数,取 1.3; γ_{Ev}——竖向地震作用分项系数,取 1.3,同时计算水平与竖向地震作用时取 0.5。

注：依据《门式刚架轻型房屋钢结构技术规范》GB 51022—2015 第 4 章规定,《建筑结构可靠性设计统一标准》GB 50068—2018 第 8.2.9 条规定。

10.3　结构形式和布置

128　结构形式应该如何选取?

（1）在门式刚架轻型房屋结构钢结构体系中,屋盖宜采用压型钢板屋面板和冷弯薄壁型钢檩条,主刚架可采用变截面实腹刚架,外墙宜采用压型钢板墙面板和冷弯薄壁型钢墙梁。主刚架斜梁下翼缘和刚架柱内翼缘平面外的稳定性,应由隅撑保证。主刚架间的交叉支撑可采用张紧的圆钢、钢索或型钢等。

（2）门式刚架分为单跨（图 128a）、双跨（图 128b）、多跨（图 128c）刚架以及带挑檐的（图 128d）和带毗屋的（图 128e）刚架等形式。多跨刚架中间柱与斜梁的连接可采用铰接。多跨刚架宜采用双坡或单坡屋盖（图 128f）,也可采用由多个双坡屋盖组合的多跨刚架形式。

当设置夹层时,夹层可沿纵向设置（图 128g）或在横向端跨设置（图 128h）。夹层与柱的连接可采用刚性连接或铰接。

（3）根据跨度、高度和荷载不同,门式刚架的梁、柱可采用变截面或等截面实腹焊接工字形截面或轧制 H 形截面。设有桥式吊车时,柱宜采用等截面构件。变截面构件宜做成改变腹板高度的楔形;必要时也可改变腹板厚度。结构构件在制作单元内不宜改变翼缘截面,当必要时,仅可改变翼缘厚度;邻接的制作单元可采用不同的翼缘截面,两单元相邻截面高度宜相等。

（4）门式刚架的柱脚宜按铰接支承设计。当用于工业厂房且有 5t 以上桥式吊车时，可将柱脚设计成刚接。

（5）门式刚架可由多个梁、柱单元构件组成。柱宜为单独的单元构件，斜梁可根据运输条件划分为若干个单元，单元构件本身应采用焊接，单元构件之间宜通过端板采用高强度螺栓连接。

注：依据《门式刚架轻型房屋钢结构技术规范》GB 51022—2015 第 5.1.1～5.1.5 条规定。

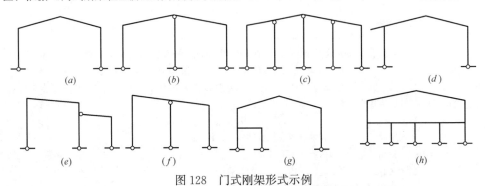

图 128　门式刚架形式示例

（a）单跨刚架；（b）双跨刚架；（c）多跨刚架；（d）带挑檐刚架；（e）带毗屋刚架；
（f）单坡刚架；（g）纵向带夹层刚架；（h）端跨带夹层刚架

129　结构布置应该如何选择?

（1）门式刚架轻型房屋钢结构的尺寸应符合下列规定：

① 门式刚架的跨度，应取横向刚架柱轴线间的距离；

② 门式刚架的高度，应取室外地面至柱轴线与斜梁轴线交点的高度。高度应根据使用要求的室内净高确定，有吊车的厂房应根据轨顶标高和吊车净空要求确定；

③ 柱的轴线可取通过柱下端（较小端）中心的竖向轴线。斜梁的轴线可取通过变截面梁段最小端中心与斜梁上表面平行的轴线；

④ 门式刚架轻型房屋的檐口高度，应取室外地面至房屋外侧檩条上缘的高度。门式刚架轻型房屋的最大高度，应取室外地面至屋盖顶部檩条上缘的距离。门式刚架轻型房屋的宽度，应取房屋侧墙墙梁外皮之间的距离。门式刚架轻型房屋的长度，应取两端山墙墙梁外皮之间的距离。

（2）门式刚架的单跨跨度宜为 12m～48m。当有根据时，可采用更大跨度。当边柱宽度不等时，其外侧应对齐。门式刚架的间距，即柱网轴线在纵向的距离宜为 6m～9m，挑檐长度可根据使用要求确定，宜为 0.5m～1.2m，其上翼缘坡度宜与斜梁坡度相同。

（3）门式刚架轻型房屋的屋面坡度宜取 1/8～1/20，在雨水较多的地区宜取其中的较大值。

（4）门式刚架轻型房屋钢结构的温度区段长度，应符合下列规定：

① 纵向温度区段不宜大于 300m；

② 横向温度区段不宜大于 150m，当横向温度区段大于 150m 时，应考虑温度的影响；

③ 当有可靠依据时，温度区段长度可适当加大。

（5）需要设置伸缩缝时，应符合下列规定：

① 在搭接檩条的螺栓连接处宜采用长圆孔，该处屋面板在构造上应允许胀缩或设置

双柱；

　　② 吊车梁与柱的连接处宜采用长圆孔。

　　（6）在多跨刚架局部抽掉中间柱或边柱处，宜布置托梁或托架。

　　（7）屋面檩条的布置，应考虑天窗、通风屋脊、采光带、屋面材料、檩条供货规格等因素的影响。屋面压型钢板厚度和檩条间距应按计算确定。

　　（8）山墙可设置由斜梁、抗风柱、墙梁及其支撑组成的山墙墙架，或采用门式刚架。

　　（9）房屋的纵向应有明确、可靠的传力体系。当某一柱列纵向刚度和强度较弱时，应通过房屋横向水平支撑，将水平力传递至相邻柱列。

　　注：依据《门式刚架轻型房屋钢结构技术规范》GB 51022—2015 第 5.2.1～5.2.9 条规定。

130　墙架应该如何布置？

　　（1）门式刚架轻型房屋钢结构侧墙墙梁的布置，应考虑设置门窗、挑檐、遮阳和雨篷等构件和围护材料的要求。

　　（2）门式刚架轻型房屋钢结构的侧墙，当采用压型钢板作围护面时，墙梁宜布置在刚架柱的外侧，其间距应随墙板板型和规格确定，且不应大于计算要求的间距。

　　（3）门式刚架轻型房屋的外墙，当抗震设防烈度在 8 度及以下时，宜采用轻型金属墙板或非嵌砌砌体；当抗震设防烈度在 9 度时，应采用轻型金属墙板或与柱柔性连接的轻质墙板。

　　注：依据《门式刚架轻型房屋钢结构技术规范》GB 51022—2015 第 5.3.1～5.3.3 条规定。

10.4　结构计算分析

131　结构计算分析应符合哪些规定？

　　门式刚架的计算、地震作用分析、温度作用分析应符合表 131 的规定。

结构计算分析　　　　　　　　　　　　　　　　　　　　　　　　表 131

项次	项目	内　　容
1	门式刚架的计算	(1)门式刚架应按弹性分析方法计算。 (2)门式刚架不宜考虑应力蒙皮效应，可按平面结构分析内力。 (3)当未设置柱间支撑时，柱脚应设计成刚接，柱应按双向受力进行设计计算。 (4)当采用二阶弹性分析时，应施加假想水平荷载。假想水平荷载应取竖向荷载设计值的 0.5%，分别施加在竖向荷载的作用处。假想荷载的方向与风荷载或地震作用的方向相同。
2	地震作用分析	(1)计算门式刚架地震作用时，其阻尼比取值应符合下列规定： ① 封闭式房屋可取 0.05； ② 敞开式房屋可取 0.035； ③ 其余房屋应按外墙面积开孔率插值计算。 (2)单跨房屋、多跨等高房屋可采用基底剪力法进行横向刚架的水平地震作用计算，不等高房屋可按振型分解反应谱法计算。 (3)有吊车厂房，在计算地震作用时，应考虑吊车自重，平均分配于两牛腿处。 (4)当采用砌体墙做围护墙体时，砌体墙的质量应沿高度分配到不少于两个质量集中点作为钢柱的附加质量，参与刚架横向的水平地震作用计算。

项次	项目	内　　容
2	地震作用分析	(5)纵向柱列的地震作用采用基底剪力法计算时,应保证每一集中质量处,均能将按高度和质量大小分配的地震力传递到纵向支撑或纵向框架。 (6)当房屋的纵向长度不大于横向宽度的1.5倍,且纵向与横向均有高低跨,宜按整体空间刚架模型对纵向支撑体系进行计算。 (7)门式刚架可不进行强柱弱梁的验算。在梁柱采用端板连接或梁柱节点处是梁柱下翼缘圆弧过渡时,也可不进行强节点弱杆件的验算。其他情况下,应进行强节点弱杆件计算,计算方法应按现行国家标准《建筑抗震设计规范》GB 50011 的规定执行。 (8)门式刚架轻型房屋带夹层时,夹层的纵向抗震设计可单独进行,对内侧柱列的纵向地震作用应乘以增大系数1.2。
3	温度作用分析	(1)当房屋总宽度或总长度超出本书第129条第(4)款规定的温度区段最大长度时,应采取释放温度应力的措施或计算温度作用效应。 (2)计算温度作用效应时,基本气温应按现行国家标准《建筑结构荷载规范》GB 50009 规定采用。温度作用效应的分项系数宜采用1.5。 (3)房屋纵向结构采用全螺栓连接时,可对温度作用效应进行折减,折减系数可取0.35。

注：依据《门式刚架轻型房屋钢结构技术规范》GB 51022—2015 第 6 章规定,《建筑结构可靠性设计统一标准》GB 50068—2018 第 8.2.9 条规定。

10.5　构件设计

132　构件应该如何设计?

刚架构件计算、端部刚架的设计应符合表 132 的规定。

构件设计　　　　　　　　　　　　　　　　　　　　　　　表 132

项次	项目	内　　容
1	刚架构件计算	(1)板件屈曲后强度利用应符合下列规定: ① 当工字形截面构件腹板受弯及受压板幅利用屈曲后强度时,应按有效宽度计算截面特性。受压区有效宽度应按下式计算: $$h_e = \rho h_c \tag{132-1}$$ 式中:h_e——腹板受压区有效宽度(mm); 　　　h_c——腹板受压区宽度(mm); 　　　ρ——有效宽度系数,当 $\rho > 1.0$ 时,取 1.0。 ② 有效宽度系数 ρ 应按下列公式计算: $$\rho = \frac{1}{(0.243 + \lambda_p^{1.25})^{0.9}} \tag{132-2}$$ $$\lambda_p = \frac{h_w/t_w}{28.1\sqrt{k_\sigma}\sqrt{235/f_y}} \tag{132-3}$$ $$k_\sigma = \frac{16}{\sqrt{(1+\beta)^2 + 0.112(1-\beta)^2} + (1+\beta)} \tag{132-4}$$ 式中:λ_p——与板件受弯、受压有关的参数,当 $\sigma_1 < f$ 时,计算 λ_p 可用 $\gamma_R\sigma_1$ 代替式(132-3)中的 f_y,γ_R 为抗力分项系数,对 Q235 钢和 Q355 钢,γ_R 取 1.1; 　　　h_w——腹板的高度(mm),对楔形腹板取板幅平均高度; 　　　t_w——腹板的厚度(mm); 　　　k_σ——杆件在正应力作用下的屈曲系数; 　　　β——截面边缘正应力比值(图 132-1),$-1 \leqslant \beta \leqslant 1$; 　　　σ_1、σ_2——分别为板边最大和最小应力,且 $|\sigma_2| \leqslant |\sigma_1|$。

项次	项目	内　　容	

③ 腹板有效宽度 h_e 应按下列规则分布(图 132-1)：

当截面全部受压,即 $\beta \geqslant 0$ 时：

$$h_{e1} = 2h_e/(5-\beta) \tag{132-5}$$

$$h_{e2} = h_e - h_{e1} \tag{132-6}$$

当截面部分受拉,即 $\beta < 0$ 时：

$$h_{e1} = 0.4h_e \tag{132-7}$$

$$h_{e2} = 0.6h_e \tag{132-8}$$

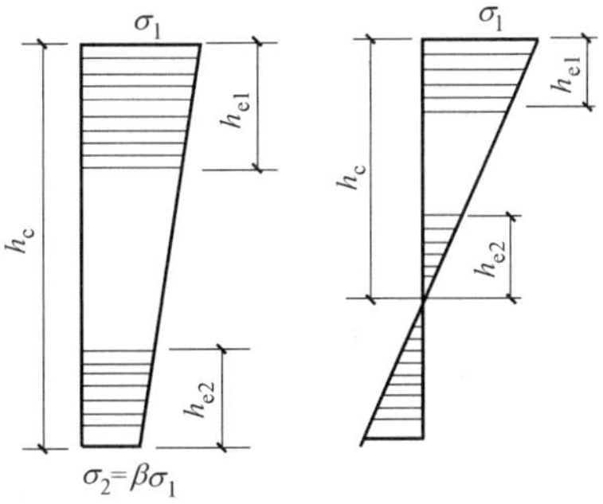

图 132-1　腹板有效宽度的分布

$(a)\beta \geqslant 0; (b)\beta < 0$

④ 工字形截面构件腹板的受剪板幅,考虑屈曲后强度时,应设置横向加劲肋,板幅的长度与板幅范围内的大端截面高度相比不应大于 3。

⑤ 腹板高度变化的区格,考虑屈曲后强度,其受剪承载力设计值应按下列公式计算：

$$V_d = \chi_{tap}\varphi_{ps}h_{w1}t_w f_v \leqslant h_{w0}t_w f_v \tag{132-9}$$

$$\varphi_{ps} = \frac{1}{(0.51+\lambda_s^{3.2})^{1/2.6}} \leqslant 1.0 \tag{132-10}$$

$$\chi_{tap} = 1-0.35\alpha^{0.2}\gamma_p^{2/3} \tag{132-11}$$

$$\gamma_p = \frac{h_{w1}}{h_{w0}} - 1 \tag{132-12}$$

$$\alpha = \frac{a}{h_{w1}} \tag{132-13}$$

式中：f_v——钢材抗剪强度设计值(N/mm²)；

h_{w1}、h_{w0}——楔形腹板大端和小端腹板高度(mm)；

t_w——腹板的厚度(mm)；

λ_s——与板件受剪有关的参数,按本条第⑥款的规定采用；

χ_{tap}——腹板屈曲后抗剪强度的楔率折减系数；

γ_p——腹板区格的楔率；

α——区格的长度与高度之比；

a——加劲肋间距(mm)。

⑥ 参数 λ_s 应按下列公式计算：

$$\lambda_s = \frac{h_{w1}/t_w}{37\sqrt{k_\tau}\sqrt{235/f_y}} \tag{132-14}$$

当 $a/h_{w1} < 1$ 时，$\quad k_\tau = 4+5.34/(a/h_{w1})^2 \tag{132-15}$

当 $a/h_{w1} \geqslant 1$ 时，$\quad k_\tau = \eta_s[5.34+4/(a/h_{w1})^2] \tag{132-16}$

$$\eta_s = 1-\omega_1\sqrt{\gamma_p} \tag{132-17}$$

项次 1　项目 刚架构件计算

项次	项目	内　　容	

$$\omega_1 = 0.41 - 0.897\alpha + 0.363\alpha^2 - 0.041\alpha^3 \tag{132-18}$$

式中:k_τ——受剪板件的屈曲系数;当不设横向加劲肋时,取 $k_\tau = 5.34\eta_s$。

(2)刚架构件的强度计算和加劲肋设置应符合下列规定:

① 工字形截面受弯构件在剪力 V 和弯矩 M 共同作用下的强度,应满足下列公式要求:

当 $V \leqslant 0.5V_d$ 时

$$M \leqslant M_E \tag{132-19}$$

当 $0.5V_d < V \leqslant V_d$ 时

$$M \leqslant M_f + (M_e - M_f)\left[1 - \left(\frac{V}{0.5V_d} - 1\right)^2\right] \tag{132-20}$$

当截面为双轴对称时

$$M_f = A_f(h_w + t_f)f \tag{132-21}$$

式中:M_f——两翼缘所承担的弯矩(N・mm);

M_e——构件有效截面所承担的弯矩(N・mm),$M_e = W_e f$;

W_e——构件有效截面最大受压纤维的截面模量(mm^3);

A_f——构件翼缘的截面面积(mm^2);

h_w——计算截面的腹板高度(mm);

t_f——计算截面的翼缘厚度(mm);

V_d——腹板受剪承载力设计值(N),按本表式(132-9)计算。

② 工字形截面压弯构件在剪力 V、弯矩 M 和轴力 N 共同作用下的强度,应满足下列公式要求:

当 $V \leqslant 0.5V_d$ 时

$$\frac{N}{A_e} + \frac{M}{W_e} \leqslant f \tag{132-22}$$

当 $0.5V_d < V \leqslant V_d$ 时

$$M \leqslant M_f^N + (M_e^N - M_f^N)\left[1 - \left(\frac{V}{0.5V_d} - 1\right)^2\right] \tag{132-23}$$

$$M_e^N = M_e - NW_e/A_e \tag{132-24}$$

当截面为双轴对称时

$$M_f^N = A_f(h_w + t_f)(f - N/A_e) \tag{132-25}$$

式中:A_e——有效截面面积(mm^2);

M_f^N——兼承压力 N 时两翼缘所承担的弯矩(N・mm)。

③ 梁腹板应在与中柱连接处、较大集中荷载作用处和翼缘转折处设置横向加劲肋,并符合下列规定:

(a)梁腹板利用屈曲后强度时,其中间加劲肋除承受集中荷载和翼缘转折产生的应力外,尚应承受拉力场产生的压力。该压力应按下列公式计算:

$$N_s = V - 0.9\varphi_s h_w t_w f_v \tag{132-26}$$

$$\varphi_s = \frac{1}{\sqrt[3]{0.738 + \lambda_s^6}} \tag{132-27}$$

式中:N_s——拉力场产生的压力(N);

V——梁受剪承载力设计值(N);

φ_s——腹板剪切屈曲稳定系数,$\varphi_s \leqslant 1.0$;

λ_s——腹板剪切屈曲通用高厚比,按本表式(132-14);

h_w——腹板的高度(mm);

t_w——腹板的厚度(mm)。

(b)当验算加劲肋稳定性时,其截面应包括每侧 $15t_w\sqrt{235/f_y}$ 宽度范围内的腹板面积,计算长度取 h_w。

④ 小端截面应验算轴力、弯矩和剪力共同作用下的强度。

(项次:1　项目:刚架构件计算)

项次	项目	内　　容
1	刚架构件计算	（3）变截面柱在刚架平面内的稳定应按下列公式计算： $$\dfrac{N_1}{\eta_t \varphi_x A_{e1}} + \dfrac{\beta_{mx} M_1}{(1-N_1/N_{cr})W_{e1}} \leqslant f \qquad (132\text{-}28)$$ $$N_{cr} = \pi^2 E A_{e1}/\lambda_1^2 \qquad (132\text{-}29)$$ 当 $\bar{\lambda}_1 \geqslant 1.2$ 时 $\eta_t = 1 \qquad (132\text{-}30)$ 当 $\bar{\lambda}_1 < 1.2$ 时 $\eta_t = \dfrac{A_0}{A_1} + \left(1-\dfrac{A_0}{A_1}\right) \times \dfrac{\bar{\lambda}_1^2}{1.44} \qquad (132\text{-}31)$ $$\lambda_1 = \dfrac{\mu H}{i_{x1}} \qquad (132\text{-}32)$$ $$\bar{\lambda}_1 = \dfrac{\lambda_1}{\pi}\sqrt{\dfrac{E}{f_y}} \qquad (132\text{-}33)$$ 式中：N_1——大端的轴向压力设计值（N）； 　　M_1——大端的弯矩设计值（N·mm）； 　　A_{e1}——大端的有效截面面积（mm²）； 　　W_{e1}——大端有效截面最大受压纤维的截面模量（mm³）； 　　φ_x——杆件轴心受压稳定系数，楔形柱按本规范附录 A 规定的计算长度系数由现行国家标准《钢结构设计标准》GB 50017 查得，计算长细比时取大端截面的回转半径； 　　β_{mx}——等效弯矩系数，有侧移刚架柱的等效弯矩系数 β_{mx} 取 1.0； 　　N_{cr}——欧拉临界力（N）； 　　λ_1——按大端截面计算的，考虑计算长度系数的长细比； 　　$\bar{\lambda}_1$——通用长细比； 　　i_{x1}——大端截面绕强轴的回转半径（mm）； 　　μ——柱计算长度系数，按本规范附录 A 计算； 　　H——柱高（mm）； 　　A_0、A_1——小端和大端截面的毛截面面积（mm²）； 　　E——柱钢材的弹性模量（N/mm²）； 　　f_y——柱钢材的屈服强度值（N/mm²）。 注：当柱的最大弯矩不出现在大端时，M_1 和 W_{e1} 分别取最大弯矩和该弯矩所在截面的有效截面模量。 （4）变截面刚架梁的稳定性应符合下列规定： ① 承受线性变化弯矩的楔形变截面梁端的稳定性，按下列公式计算： $$\dfrac{M_1}{\gamma_x \varphi_b W_{x1}} \leqslant f \qquad (132\text{-}34)$$ $$\varphi_b = \dfrac{1}{(1-\lambda_{b0}^{2n} + \lambda_b^{2n})^{1/n}} \qquad (132\text{-}35)$$ $$\lambda_{b0} = \dfrac{0.55 - 0.25 k_\sigma}{(1+\gamma)^{0.2}} \qquad (132\text{-}36)$$ $$n = \dfrac{1.51}{\lambda_b^{0.1}}\sqrt[3]{\dfrac{b_1}{h_1}} \qquad (132\text{-}37)$$ $$k_\sigma = k_M \dfrac{W_{x1}}{W_{x0}} \qquad (132\text{-}38)$$ $$\lambda_b = \sqrt{\dfrac{\gamma_x W_{x1} f_y}{M_{cr}}} \qquad (132\text{-}39)$$ $$k_M = \dfrac{M_0}{M_1} \qquad (132\text{-}40)$$

项次	项目	内　　容	

$$\gamma=(h_1-h_0)/h_0 \tag{132-41}$$

式中：φ_b——楔形变截面梁段的整体稳定性，$\varphi_b \leqslant 1.0$；

$\quad k_\sigma$——小端截面压应力除以大端截面压应力得到的比值；

$\quad k_M$——弯矩比，为较小弯矩除以较大弯矩；

$\quad \lambda_b$——梁的通用长细比；

$\quad \gamma_x$——截面塑性开展系数，按现行国家标准《钢结构设计标准》GB 50017 的规定取值；

$\quad M_{cr}$——楔形变截面梁弹性屈曲临界弯矩（N·mm），按本条第②款计算；

$\quad b_1、h_1$——弯矩较大截面的受压翼缘宽度和上、下翼缘中面之间的距离；

$\quad W_{x1}$——弯矩较大截面受压边缘的截面模量（mm³）；

$\quad \gamma$——变截面梁楔率；

$\quad h_0$——小端截面上、下翼缘中面之间的距离；

$\quad M_0$——小端弯矩（N·mm）；

$\quad M_1$——大端弯矩（N·mm）。

② 弹性屈曲临界弯矩应按下列公式计算：

$$M_{cr}=C_1\frac{\pi^2EI_y}{L^2}\left[\beta_{x\eta}+\sqrt{\frac{I_{\omega\eta}}{\beta_{x\eta}^2+I_y}\left(1+\frac{GJ_\eta L^2}{\pi^2EI_{\omega\eta}}\right)}\right] \tag{132-42}$$

$$C_1=0.46k_M^2\eta_i^{0.346}-1.32k_M\eta_i^{0.132}+1.86\eta_i^{0.023} \tag{132-43}$$

$$\beta_{x\eta}=0.45(1+\gamma\eta)h_0\frac{I_{yT}-I_{yB}}{I_y} \tag{132-44}$$

$$\eta=0.55+0.04(1-k_\sigma)\sqrt[3]{\eta_i} \tag{132-45}$$

$$I_{\omega\eta}=I_{\omega0}(1+\gamma\eta)^2 \tag{132-46}$$

$$I_{\omega0}=I_{yT}h_{sT0}^2+I_{yB}h_{sB0}^2 \tag{132-47}$$

$$J_\eta=J_0+\frac{1}{3}\gamma\eta(h_0-t_f)t_w^3 \tag{132-48}$$

$$\eta_i=\frac{I_{yB}}{I_{yT}} \tag{132-49}$$

式中：C_1——等效弯矩系数，$C_1 \leqslant 2.75$；

$\quad \eta_i$——惯性矩比；

$\quad I_{yT}、I_{yB}$——弯矩最大截面受压翼缘和受拉翼缘绕弱轴的惯性矩（mm⁴）；

$\quad \beta_{x\eta}$——截面不对称系数；

$\quad I_y$——变截面梁绕弱轴惯性矩（mm⁴）；

$\quad I_{\omega\eta}$——变截面梁的等效翘曲惯性矩（mm⁴）；

$\quad I_{\omega0}$——小端截面的翘曲惯性矩（mm⁴）；

$\quad J_\eta$——变截面梁等效圣维南扭转常数；

$\quad J_0$——小端截面自由扭转常数；

$\quad h_{sT0}、h_{sB0}$——分别是小端截面上、下翼缘的中面到剪切中心的距离；

$\quad t_f$——翼缘厚度（mm）；

$\quad t_w$——腹板厚度（mm）；

$\quad L$——梁段平面外计算长度（mm）。

（5）变截面柱的平面外稳定应分段按下列公式计算，当不能满足时，应设置侧向支撑或隅撑，并验算每段的平面外稳定。

$$\frac{N_1}{\eta_{ty}\varphi_yA_{e1}f}+\left(\frac{M_1}{\varphi_b\gamma_xW_{e1}f}\right)^{1.3-0.3k_\sigma}\leqslant 1 \tag{132-50}$$

当 $\bar{\lambda}_{1y}\geqslant 1.3$ 时 $\eta_{ty}=1$ $\tag{132-51}$

项次 1　项目：刚架构件计算

项次	项目	内　　容
1	刚架构件计算	当 $\bar{\lambda}_{1y}<1.3$ 时 $\eta_{ty}=\dfrac{A_0}{A_1}+\left(1-\dfrac{A_0}{A_1}\right)\times\dfrac{\bar{\lambda}_{1y}^2}{1.69}$　　(132-52) $$\bar{\lambda}_{1y}=\dfrac{\lambda_{1y}}{\pi}\sqrt{\dfrac{f_y}{E}}\qquad(132\text{-}53)$$ $$\lambda_{1y}=\dfrac{L}{i_{y1}}\qquad(132\text{-}54)$$ 式中: $\bar{\lambda}_{1y}$——绕弱轴的通用长细比; 　　　λ_{1y}——绕弱轴的长细比; 　　　i_{y1}——大端截面绕弱轴的回转半径(mm); 　　　φ_y——轴心受压构件弯矩作用平面外的稳定系数,以大端为准,按现行国家标准《钢结构设计标准》GB 50017 的规定采用,计算长度取纵向柱间支撑点间的距离; 　　　N_1——所计算构件段大端截面的轴压力(N); 　　　M_1——所计算构件段大端截面的弯矩(N·mm); 　　　φ_b——稳定系数,按本表第(4)条计算。 (6)斜梁和隅撑的设计,应符合下列规定: ① 实腹式刚架斜梁在平面内可按压弯构件计算强度,在平面外应按压弯构件计算稳定。 ② 实腹式刚架斜梁的平面外计算长度,应取侧向支承点间的距离;当斜梁两翼缘侧向支承点间的距离不等时,应取最大受压翼缘侧向支承点间的距离。 ③ 当实腹式刚架斜梁的下翼缘受压时,支承在屋面斜梁上翼缘的檩条,不能单独作为屋面斜梁的侧向支承。 ④ 屋面斜梁和檩条之间设置的隅撑满足下列条件时,下翼缘受压的屋面斜梁的平面外计算长度可考虑隅撑的作用: (a)在屋面斜梁的两侧均设置隅撑(图 132-2); (b)隅撑的上支承点的位置不低于檩条形心线; (c)符合对隅撑的设计要求。 图 132-2　屋面斜梁的隅撑 1—檩条;2—钢梁;3—隅撑 ⑤ 隅撑单面设置时,应考虑隅撑作为檩条的实际支座承受的压力对屋面斜梁下翼缘的水平作用。屋面斜梁的强度和稳定性计算宜考虑其影响。 ⑥ 当斜梁上翼缘承受集中荷载处不设横向加劲肋时,除应按现行国家标准《钢结构设计标准》GB 50017 的规定验算腹板上边缘正应力、剪应力和局部压应力共同作用时的折算应力外,尚应满足下列公式要求:

项次	项目	内　　容
1	刚架构件计算	$$F \leqslant 1.5\alpha_m t_w^2 f \sqrt{\frac{t_f}{t_w}} \sqrt{\frac{235}{f_y}} \qquad (132\text{-}55)$$ $$\alpha_m = 1.5 - M/(W_e f) \qquad (132\text{-}56)$$ 式中：F——上翼缘所受的集中荷载(N)； 　　t_f、t_w——分别为斜梁翼缘和腹板的厚度(mm)； 　　α_m——参数，$\alpha_m \leqslant 1.0$，在斜梁负弯矩区取 1.0； 　　M——集中荷载作用处的弯矩(N·mm)； 　　W_e——有效截面最大受压纤维的截面模量(mm³)。 ⑦ 隔撑支撑梁的稳定系数应按本表第(4)条的规定确定，其中 k_σ 为大、小端应力比，取 3 倍隔撑间距范围内的梁段的应力比，楔率 γ 取 3 倍隔撑间距计算；弹性屈曲临界弯矩应按下列公式计算： $$M_{cr} = \frac{GJ + 2e\sqrt{k_b(EI_y e_1^2 + EI_\omega)}}{2(e_1 - \beta_x)} \qquad (132\text{-}57)$$ $$k_b = \frac{1}{l_{kk}} \left[\frac{(1+2\beta)l_p}{2EA_p} + (a+h)\frac{(3-4\beta)}{6EI_p}\beta l_p^2 \tan\alpha + \frac{l_k^2}{\beta l_p EA_k \cos\alpha} \right]^{-1} \qquad (132\text{-}58)$$ $$\beta_x = 0.45h\frac{I_1 - I_2}{I_y} \qquad (132\text{-}59)$$ 式中：J、I_y、I_ω——大端截面的自由扭转常数，绕弱轴惯性矩和翘曲惯性矩(mm⁴)； 　　G——斜梁钢材的剪切模量(N/mm²)； 　　E——斜梁钢材的弹性模量(N/mm²)； 　　a——檩条截面形心到梁上翼缘中心的距离(mm)； 　　h——大端截面上、下翼缘中面间的距离(mm)； 　　α——隔撑和檩条轴线的夹角(°)； 　　β——隔撑与檩条的连接点离开主梁的距离与檩条跨度的比值； 　　l_p——檩条的跨度(m)； 　　I_p——檩条截面绕强轴的惯性矩(m⁴)； 　　A_p——檩条的截面面积(m²)； 　　A_k——隔撑杆的截面面积(m²)； 　　l_k——隔撑杆的长度(mm)； 　　l_{kk}——隔撑的间距(mm)； 　　e——隔撑下支撑点到檩条形心线的距离(mm)； 　　e_1——梁截面的剪切中心到檩条形心线的距离(mm)； 　　I_1——被隔撑支撑的翼缘绕弱轴的惯性矩(mm⁴)； 　　I_2——与檩条连接的翼缘绕弱轴的惯性矩(mm⁴)。
2	端部刚架的设计	(1)抗风柱下端与基础的连接可铰接也可刚接。在屋面材料能够适用较大变形时，抗风柱柱顶可采用固定连接(图132-3)，作为屋面斜梁的中间竖向铰支座。 (2)端部刚架的屋面斜梁与檩条之间，除下面第(3)条规定的抗风柱位置外，不宜设置隔撑。 (3)抗风柱处、端开间的两根屋面斜梁之间应设置刚性系杆。屋脊高度小于 10m 的房屋或基本风压不小于 0.55kN/m² 时，屋脊高度小于 8m 的房屋，可采用隔撑-双檩条体系代替刚性系杆，此时隔撑应采用高强度螺栓与屋面斜梁和檩条连接，与冷弯型钢檩条的连接应增设双面填板增强局部承压强度，连接点不应低于型钢檩条中心线；在隔撑与双檩条的连接点处，沿屋面坡度方向对檩条施加隔撑轴向承载力设计值 3% 的力，验算双檩条在组合内力作用下的强度和稳定性。

续表

项次	项目	内　　容
2	端部刚架的设计	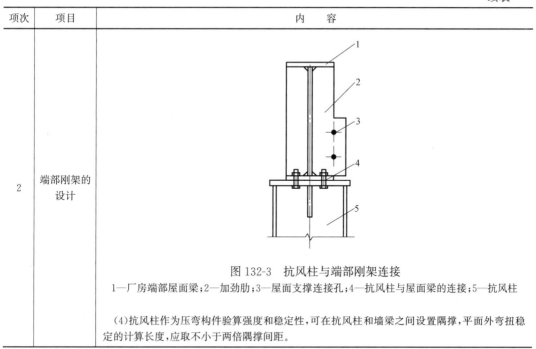图 132-3　抗风柱与端部刚架连接 1—厂房端部屋面梁;2—加劲肋;3—屋面支撑连接孔;4—抗风柱与屋面梁的连接;5—抗风柱 (4)抗风柱作为压弯构件验算强度和稳定性,可在抗风柱和墙梁之间设置隔撑,平面外弯扭稳定的计算长度,应取不小于两倍隔撑间距。

注:依据《门式刚架轻型房屋钢结构技术规范》GB 51022—2015 第 7 章规定。

10.6　支撑系统设计

133　支撑系统应该如何设计?

支撑系统设计应符合表 133 的规定。

支撑系统设计　　　　　　　　　　　　　　　　　　　　表 133

项次	项目	内　　容
1	一般规定	(1)每个温度区段、结构单元或分期建设的区段、结构单元应设置独立的支撑系统,与刚架结构一同构成独立的空间稳定体系。施工安装阶段,结构临时支撑的设置尚应符合本规范第 14 章的相关规定。 (2)柱间支撑与屋盖横向支撑宜设置在同一开间。
2	柱间支撑系统	(1)柱间支撑应设置在侧墙柱列,当房屋宽度大于 60m 时,在内柱列应设置柱间支撑。当有吊车时,每个吊车跨两侧柱列均应设置吊车柱间支撑。 (2)同一柱列不宜混用刚度差异大的支撑形式。在同一柱列设置的柱间支撑共同承担该柱列的水平荷载,水平荷载应按各支撑的刚度进行分配。 (3)柱间支撑采用的形式宜为:门式框架、圆钢或钢索交叉支撑、型钢交叉支撑、方管或圆管人字支撑等。当有吊车时,吊车牛腿以下交叉支撑应选用型钢交叉支撑。 (4)当房屋高度大于柱间距 2 倍时,柱间支撑宜分层设置。当沿柱高有质量集中点,吊车牛腿或低屋面连接点处应设置相应支撑点。 (5)柱间支撑的设置应根据房屋纵向柱距、受力情况和温度区段等条件确定。当无吊车时,柱间支撑间距宜取 30m~45m,端部柱间支撑宜设置在房屋端部第一或第二开间。当有吊车时,吊车牛腿下部支撑宜设置在温度区段中部,当温度区段较长时,宜设置在三分点内,且支撑间距不应大于 50m。牛腿上部支撑设置原则与无吊车时的柱间支撑设置相同。

项次	项目	内　容
2	柱间支撑系统	(6)柱间支撑的设计,应按支承于柱脚基础上的竖向悬臂桁架计算;对于圆钢或钢索交叉支撑应按拉杆设计,型钢可按拉杆设计,支撑中的刚性系杆应按压杆设计。
3	屋面横向和纵向支撑系统	(1)屋面端部横向支撑应布置在房屋端部和温度区段第一或第二开间,当布置在第二间时应在房屋端部第一开间抗风柱顶对应位置布置刚性系杆。 (2)屋面支撑形式可选用圆钢或钢索交叉支撑;当屋面斜梁承受悬挂吊车荷载时,屋面横向支撑应选用型钢交叉支撑。屋面横向交叉支撑节点布置应与抗风柱相对应,并应在屋面梁转折处布置节点。 (3)屋面横向支撑应按支承于柱间支撑柱顶水平桁架设计;圆钢或钢索应按拉杆设计,型钢可按拉杆设计,刚性系杆应按压杆设计。 (4)对设有带驾驶室且起重量大于15t桥式吊车的跨间,应在屋盖边缘设置纵向支撑;在有抽柱的柱列,沿托架长度应设置纵向支撑。
4	隔撑设计	(1)当实腹式门式刚架的梁、柱翼缘受压时,应在受压翼缘侧布置隔撑与檩条或墙梁相连接。 (2)隔撑应按轴心受压构件设计。轴心设计值 N 可按下式计算,当隔撑成对布置时,每根隔撑的计算轴力可取计算值的 $\frac{1}{2}$ 。 $$N=Af/(60\cos\theta) \qquad (133)$$ 式中:A——被支撑翼缘的截面面积(mm^2); 　　　f——被支撑翼缘钢材的抗压强度设计值(N/mm^2); 　　　θ——隔撑与檩条轴线的夹角(°)。
5	圆杆支撑与刚架连接节点设计	(1)圆钢支撑与刚架连接节点可用连接板连接(图133-1)。 图133-1　圆钢支撑与连接板连接 1—腹板;2—连接板;3—U形连接夹;4—圆钢;5—开口销;6—插销 (2)当圆钢支撑直接与梁柱腹板连接,应设置垫块或垫板且尺寸 B 不小于4倍圆钢支撑直径(图133-2)。 (a) 图133-2　圆钢支撑与腹板连接(一) (a)弧形垫块

项次	项目	内　容
5	圆杆支撑与刚架连接节点设计	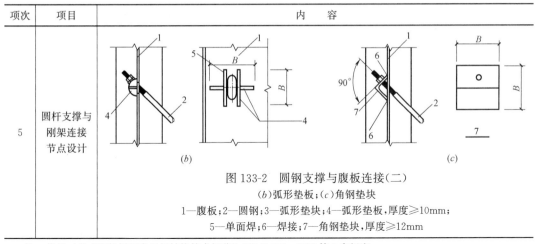 图 133-2　圆钢支撑与腹板连接(二) (b)弧形垫板;(c)角钢垫块 1—腹板;2—圆钢;3—弧形垫块;4—弧形垫板,厚度≥10mm; 5—单面焊;6—焊接;7—角钢垫块,厚度≥12mm

注：依据《门式刚架轻型房屋钢结构技术规范》GB 51022—2015 第 8 章规定。

10.7　檩条与墙梁设计

134　檩条与墙梁应该如何设计?

檩条和墙梁设计应符合表 134 的规定。

檩条与墙梁设计　　　　　　　　　　　　　　　　表 134

项次	项目	内　容
1	实腹式檩条设计	(1)檩条宜采用实腹式构件,也可采用桁架式构件;跨度大于9m的简支檩条宜采用桁架式构件。 (2)实腹式檩条宜采用直卷边槽形和斜卷边Z形冷弯薄壁型钢,斜卷边角度宜为60°,也可采用直卷边Z形冷弯薄壁型钢或高频焊接H型钢。 (3)实腹式檩条可设计成单跨简支构件也可设计成连续构件,连续构件可采用嵌套搭接方式组成,计算檩条挠度和内力时应考虑因嵌套搭接方式松动引起刚度的变化。 　实腹式檩条也可采用多跨静定梁模式(图 134-1),跨内檩条的长度 l 宜为 $0.8L$,檩条端头的节点应有刚性连接件夹住构件的腹板,使节点具有抗扭转能力,跨中檩条的整体稳定按节点间檩条或反弯点之间的檩条为简支梁模式计算。 图 134-1　多跨静定梁模式 L—檩条跨度;l—跨内檩条长度 (4)实腹式檩条卷边的宽厚比不宜大于13,卷边宽度与翼缘宽度之比不宜小于0.25,不宜大于0.326。 (5)实腹式檩条的计算,应符合下列规定: ① 当屋面能阻止檩条侧向位移和扭转时,实腹式檩条可仅做强度计算,不做整体稳定性计算。强度可按下列公式计算: $$\frac{M_{x'}}{W_{enx'}} \leqslant f \qquad (134\text{-}1)$$ $$\frac{3V_{v'\max}}{2h_0 t} \leqslant f_v \qquad (134\text{-}2)$$

项次	项目	内　容
1	实腹式檩条设计	式中：$M_{x'}$——腹板平面内的弯矩设计值（N·mm）； $W_{enx'}$——按腹板平面内（图134-2，绕 x'-x'）计算的有效净截面模量（对冷弯薄壁型钢）或净截面模量（对热轧型钢）（mm³），冷弯薄壁型钢的有效净截面，应按现行国家标准《冷弯薄壁型钢结构技术规范》GB 50018 的方法计算，其中，翼缘屈曲系数可取 3.0，腹板屈曲系数可取 23.9，卷边屈曲系数可取 0.425；对于双檩条搭接段，可取两檩条有效净截面模量之和并乘以折减系数 0.9； $V_{v'max}$——腹板平面内的剪力设计值（N）； h_0——檩条腹板扣除冷弯半径后的平直段高度（mm）； t——檩条厚度（mm）；当双檩条搭接时，取两檩条厚度之和并乘以折减系数 0.9； f——钢材的抗拉、抗压和抗弯强度设计值（N/mm²）； f_v——钢材的抗剪强度设计值（N/mm²）。 图 134-2　檩条的计算惯性轴 ② 当屋面不能阻止檩条侧向位移和扭转时，应按下列公式计算檩条的稳定性： $$\frac{M_x}{\varphi_{by}W_{enx}}+\frac{M_y}{W_{eny}}\leqslant f \qquad (134\text{-}3)$$ 式中：M_x、M_y——对截面主轴 x、y 轴的弯矩设计值（N·mm）； W_{enx}、W_{eny}——对截面主轴 x、y 轴的有效净截面模量（对冷弯薄壁型钢）或净截面模量（对热轧型钢）（mm³）； φ_{by}——梁的整体稳定系数，冷弯薄壁型钢构件按现行国家标准《冷弯薄壁型钢结构技术规范》GB 50018，热轧型钢构件按现行国家标准《钢结构设计标准》GB 50017 的规定计算。 ③ 在风吸力作用下，受压下翼缘的稳定性应按现行国家标准《冷弯薄壁型钢结构技术规范》GB 50018 的规定计算；当受压下翼缘有内衬板约束且能防止檩条截面扭转时，整体稳定性可不做计算。 (6) 当檩条腹板高厚比大于 200 时，应设置檩托板连接檩条腹板传力；当腹板高厚比不大于 200 时，也可不设置檩托板，由翼缘支承传力，但应按下列公式计算檩条的局部屈曲承压能力。当不满足下列规定时，对腹板应采取局部加强措施。 ① 对于翼缘有卷边的檩条 $$P_n=4t^2f(1-0.14\sqrt{R/t})(1+0.35\sqrt{b/t})(1-0.02\sqrt{h_0/t}) \qquad (134\text{-}4)$$ ② 对于翼缘无卷边的檩条 $$P_n=4t^2f(1-0.4\sqrt{R/t})(1+0.6\sqrt{b/t})(1-0.03\sqrt{h_0/t}) \qquad (134\text{-}5)$$ 式中：p_n——檩条的局部屈曲承压能力； t——檩条的厚度（mm）； f——檩条钢材的强度设计值（N/mm²）； R——檩条冷弯的内表面半径（mm），可取 $1.5t$； b——檩条传力的支承长度（mm），不应小于 20mm； h_0——檩条腹板扣除冷弯半径后的平直段高度（mm）。

项次	项目	内　　容
1	实腹式檩条设计	③ 对于连续檩条在支座处,尚应按下式计算檩条的弯矩和局部承压组合作用。 $$\left(\frac{V_v}{P_n}\right)^2+\left(\frac{M_x}{M_n}\right)^2\leqslant 1.0 \tag{134-6}$$ 式中: V_y——檩条支座反力(N); $\qquad P_n$——由式(134-4)或式(134-5)得到的檩条局部屈曲承压能力(N),当为双檩条时,取两者之和; $\qquad M_x$——檩条支座处的弯矩(N·mm); $\qquad M_n$——檩条的受弯承载能力(N·mm),当为双檩条时,取两者之和乘以折减系数0.9。 (7)檩条兼做屋面横向水平支撑压杆和纵向系杆时,檩条长细比不应大于200。 (8)兼做压杆,纵向系杆的檩条应按压弯构件计算,在本表式(134-1)和式(134-3)中叠加轴向力产生的应力,其压杆稳定系数应按构件平面外方向计算,计算长度应取拉条或撑杆的距离。 (9)吊挂在屋面上的普通集中荷载宜通过螺栓或自攻钉直接作用在檩条的腹板上,也可在檩条之间加设冷弯薄壁型钢作为扁担支承吊挂荷载,冷弯薄壁型钢扁担与檩条间的连接宜采用螺栓或自攻钉连接。 (10)檩条与刚架的连接和檩条与拉条的连接应符合下列规定: ① 屋面檩条与刚架斜梁宜采用普通螺栓连接,檩条每端应设两个螺栓(图134-3)。檩条连接宜采用檩托板,檩条高度较大时,檩条板宜设加劲板。嵌套搭接方式的Z形连续檩条,当有可靠依据时,可不设檩托,由Z形檩条翼缘用螺栓连于刚架上。 ② 连续檩条的搭接长度 $2a$ 不宜小于 10% 的檩条跨度(图134-4),嵌套搭接部分的檩条应采用螺栓连接,按连续檩条支座处弯矩验算螺栓连接强度。 图 134-3　檩条与刚架斜梁连接 1—檩条;2—檩托;3—屋面斜梁 图 134-4　连续檩条的搭接 1—檩条

项次	项目	内　　容
1	实腹式檩条设计	③ 檩条之间的拉条和撑杆应直接连于檩条腹板上，并采用普通螺栓连接（图134-5a），斜拉条端部宜弯折或设置垫块（图134-5b、图134-5c）。 ④ 屋脊两侧檩条之间可用槽钢、角钢和圆钢相连（图134-6）。 (a) (b)　　　　(c) 图 134-5　拉条和撑杆与檩条连接 1—拉条；2—撑杆 (a)　　　　(b) 图 134-6　屋脊檩条连接 (a)屋脊檩条用槽钢相连；(b)屋脊檩条用圆钢相连
2	桁架式檩条设计	(1)桁架式檩条可采用平面桁架式,平面桁架式檩条应设置拉条体系。 (2)平面桁架式檩条的计算,应符合下列规定: ① 所有节点均应按铰接进行计算,上、下弦杆轴向力应按下式计算: $$N_s=M_x/h \qquad (134-7)$$ 对上弦杆应计算节间局部弯矩,应按下式计算: $$M_{1x}=q_x a^2/10 \qquad (134-8)$$ 腹杆受轴向压力应按下式计算: $$N_w=V_{max}/\sin\theta \qquad (134-9)$$ 式中:N_s——檩条上、下弦杆的轴向力(N); 　　N_w——腹杆的轴向压力(N); M_x,M_{1x}——垂直于屋面板方向的主弯矩和节间次弯矩(N·mm); 　　h——檩条上、下弦杆中心的距离(mm); 　　q_x——垂直于屋面的荷载(N/mm); 　　a——上弦杆节间长度(mm); 　　V_{max}——檩条的最大剪力(N); 　　θ——腹杆与弦杆之间的夹角(°)。

续表

项次	项目	内　容
2	桁架式檩条设计	② 在重力荷载作用下,当屋面板能阻止檩条侧向位移时,上、下弦杆强度验算应符合下列规定: (a)上弦杆的强度应按下式验算: $$\frac{N_s}{A_{nl}}+\frac{M_{1x}}{M_{nlx}}\leq 0.9f \qquad (134-10)$$ 式中:A_{nl}——杆件的净截面面积(mm^2); 　　　W_{nlx}——杆件的净截面模量(mm^3); 　　　f——钢材强度设计值(N/mm^2)。 (b)下弦杆的强度应按下式计算: $$\frac{N_s}{A_{nl}}\leq 0.9f \qquad (134-11)$$ (c)腹杆应按下列公式验算: 强度 $$\frac{N_w}{A_{nl}}\leq 0.9f \qquad (134-12)$$ 稳定 $$\frac{N_w}{\varphi_{min}A_{nl}}\leq 0.9f \qquad (134-13)$$ 式中:φ_{min}——腹杆的轴压稳定系数,为(φ_x,φ_y)两者的较小值,计算长度取节点间距离。 ③ 在重力荷载作用下,当屋面板不能阻止檩条侧向位移时,应按下式计算上弦杆的平面外稳定: $$\frac{N_s}{\varphi_y A_{nl}}+\frac{\beta_{tx}M_{1x}}{\varphi_b W_{nlxc}}\leq 0.9f \qquad (134-14)$$ 式中:φ_y——上弦杆轴心受压稳定系数,计算长度取侧向支撑点的距离; 　　　φ_b——上弦杆均匀受弯整体稳定系数,计算长度取上弦杆侧向支撑点的距离。上弦杆 $I_y\geq I_x$ 时可取 $\varphi_b=1.0$; 　　　β_{tx}——等效弯矩系数,可取 0.85; 　　　W_{nlxc}——上弦杆在 M_{1x} 作用下受压纤维的净截面模量(mm^3)。 ④ 在风吸力作用下,下弦杆的平面外稳定应按下式计算: $$\frac{N_s}{\varphi_y A_{nl}}\leq 0.9f \qquad (134-15)$$ 式中:φ_y——下弦杆平面外受压稳定系数,计算长度取侧向支撑点的距离。
3	拉条设计	(1)实腹式檩条跨度不宜大于 12m,当檩条跨度大于 4m 时,宜在檩条间跨中位置设置拉条或撑杆;当檩条跨度大于 6m 时,宜在檩条跨度三分点处各设一道拉条或撑杆;当檩条跨度大于 9m 时,宜在檩条跨度四分点处各设一道拉条或撑杆。斜拉条和刚性撑杆组成的桁架结构体系应分别设在檐口和屋脊处(图 134-7),当构造能保证屋脊处拉条互相拉结平衡,在屋脊处可不设斜拉条和刚性撑杆。 当单坡长度大于 50m,宜在中间增加一道双向斜拉条和刚性撑杆组成的桁架结构体系(图 134-7)。 (2)撑杆长细比不应大于 220;但采用圆钢做拉条时,圆钢直径不宜小于 10mm。圆钢拉条可设在距檩条翼缘 1/3 腹板高度的范围内。 (3)檩间支撑的形式可采用刚性支撑系统或柔性支撑系统。应根据檩条的整体稳定性设置一层檩间支撑或上、下二层檩间支撑。 (4)屋面对檩条产生倾覆力矩,可采用变化檩条翼缘的朝向使之相互平衡,当不能平衡倾覆力矩时,应通过檩间支撑传递至屋面梁,檩间支撑由拉条和斜拉条共同组成。应根据屋面荷载、坡度计算檩条的倾覆力矩大小和方向,验算檩间支撑体系的承载力。倾覆力 P_L 作用在靠近檩条上翼缘的拉条上,以朝向屋脊方向为正,应按下列公式计算:

项次	项目	内 容

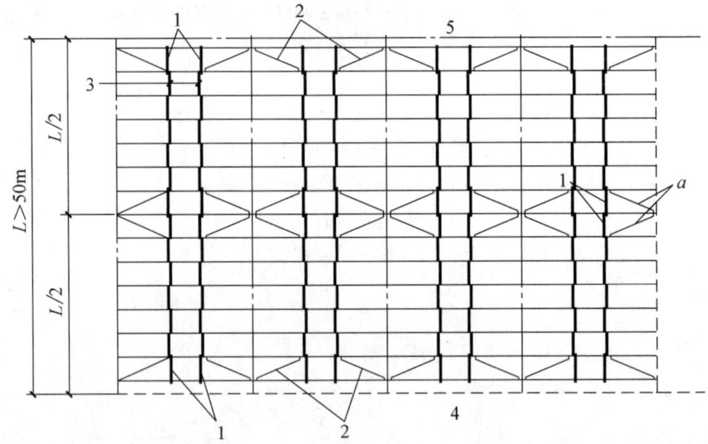

图 134-7　双向斜拉条和撑杆体系

1—刚性撑杆；2—斜拉条；3—拉条；4—檐口位置；5—屋脊位置；

L—单坡长度；a—斜拉条与刚性撑杆组成双向斜拉条和刚性撑杆体系

① 当 C 形檩条翼缘均朝屋脊同一方向时：

$$P = 0.05W \tag{134-16}$$

② 简支 Z 形檩条

当 1 道檩间支撑：

$$P_L = \left(\frac{0.224b^{1.32}}{n_p^{0.65} d^{0.83} t^{0.50}} - \sin\theta \right) W \tag{134-17}$$

当 2 道檩间支撑：

$$P_L = 0.5 \left(\frac{0.474b^{1.22}}{n_p^{0.57} d^{0.89} t^{0.33}} - \sin\theta \right) W \tag{134-18}$$

多于 2 道檩间支撑：

$$P_L = 0.35 \left(\frac{0.474b^{1.22}}{n_p^{0.57} d^{0.89} t^{0.33}} - \sin\theta \right) W \tag{134-19}$$

③ 连续 Z 形檩条

当 1 道檩间支撑：

$$P_L = C_{ms} \left(\frac{0.116b^{1.32} L^{0.18}}{n_p^{0.70} d t^{0.50}} - \sin\theta \right) W \tag{134-20}$$

当 2 道檩间支撑：

$$P_L = C_{th} \left(\frac{0.181b^{1.15} L^{0.25}}{n_p^{0.54} d^{1.11} t^{0.29}} - \sin\theta \right) W \tag{134-21}$$

多于 2 道檩间支撑：

$$P_L = 0.7 C_{th} \left(\frac{0.181b^{1.15} L^{0.25}}{n_p^{0.54} d^{1.11} t^{0.29}} - \sin\theta \right) W \tag{134-22}$$

式中：P——1 个柱距内拉条的总内力设计值(N)，当有多道拉条时由其平均分担；

P_L——1 根拉条的内力设计值(N)；

b——檩条翼缘宽度(mm)；

d——檩条截面高度(mm)；

t——檩条壁厚(mm)；

L——檩条跨度(mm)；

θ——屋面坡度角(°)；

（项次 3　拉条设计）

div align="right">续表

项次	项目	内　容
3	拉条设计	n_p——檩间支撑承担受力区域的檩条数,当 $n_p<4$ 时,n_p 取 4;当 $4<n_p\leq20$ 时,n_p 取实际值;当 $n_p>20$ 时,n_p 取 20; C_{ms}——系数,当檩间支撑位于端跨时,C_{ms} 取 1.05;位于其他位置处,C_{ms} 取 0.90; C_{th}——系数,当檩间支撑位于端跨时,C_{th} 取 0.57;位于其他位置处,C_{th} 取 0.48; W——1 个柱距内檩间支撑承担受力区域的屋面总竖向荷载设计值(N),向下为正。
4	墙梁设计	(1)轻型墙体结构的墙梁宜采用卷边槽形或卷边 Z 形的冷弯薄壁型钢或高频焊接 H 型钢,兼做窗框的墙梁和门框等构件宜采用卷边槽形冷弯薄壁型钢或组合矩形截面构件。 (2)墙梁可设计成简支或连续构件,两端支承在刚架柱上,墙梁主要承受水平风荷载,宜将腹板置于水平面。当墙板底部端头自承重且墙梁与墙板间有可靠连接时,可不考虑墙面自重引起的弯矩和剪力。当墙梁需承受墙板重量时,应考虑双向弯曲。 (3)当墙梁跨度为 4m~6m 时,宜在跨中设一道拉条;当墙梁跨度大于 6m 时,宜在跨间三分点处各设一道拉条。在最上层墙梁处宜设斜拉条将拉力传至承重柱或墙架柱;当墙板的竖向荷载有可靠途径直接传至地面或托梁时,可不设传递竖向荷载的拉条。 (4)单侧挂墙板的墙梁,应按下列公式计算其强度和稳定: ① 在承受朝向面板的风压时,墙梁的强度可按下列公式验算: $$\frac{M_{x'}}{W_{enx'}}+\frac{M_{y'}}{W_{eny'}}\leq f \qquad (134\text{-}23)$$ $$\frac{3V_{y',max}}{2h_0t}\leq f_v \qquad (134\text{-}24)$$ $$\frac{3V_{x',max}}{4b_0t}\leq f_v \qquad (134\text{-}25)$$ 式中:$M_{x'}$、$M_{y'}$——分别为水平荷载和竖向荷载产生的弯矩(N·mm),下标 x' 和 y' 分别表示墙梁的竖向轴和水平轴,当墙板底部端头自承重时,$M_{y'}=0$; $V_{x',max}$、$V_{y',max}$——分别为竖向荷载和水平荷载产生的剪力(N);当墙板底部端头自承重时,$V_{x',max}=0$; $W_{enx'}$、$W_{eny'}$——分别为绕竖向轴 x' 和水平轴 y' 的有效净截面模量(对冷弯薄壁型钢)或净截面模量(对热轧型钢)(mm³); b_0、h_0——分别为墙梁在竖向和水平方向的计算高度(mm),取板件弯折处两圆弧起点之间的距离; t——墙梁壁厚(mm)。 ② 仅外侧设有压型钢板的墙梁在风吸力作用下的稳定性,可按现行国家标准《冷弯薄壁型钢结构技术规范》GB 50018 的规定计算。 (5)双侧挂墙板的墙梁,应按上述第(4)条计算朝向面板的风压和风吸力作用下的强度;当有一侧墙板底部端头自承重时,$M_{y'}$ 和 $V_{x',max}$ 均可取 0。

注：依据《门式刚架轻型房屋钢结构技术规范》GB 51022—2015 第 9 章规定。

10.8　连接和节点设计

135　连接和节点应该如何设计?

连接和节点设计应符合表 135-1 的规定。

连接和节点设计 表 135-1

项次	项目	内　容
1	焊接	(1)当被连接板件的最小厚度大于 4mm 时,其对接焊缝、角焊缝和部分熔透对接焊缝的强度,应分别按现行国家标准《钢结构设计标准》GB 50017 的规定计算。当最小厚度不大于 4mm 时,正面角焊缝的强度增大系数 β_f 取 1.0。焊缝质量等级的要求按现行国家标准《钢结构工程施工质量验收规范》GB 50205 的规定执行。

div align="right">221

项次	项目	内　容
1	焊接	（2）当 T 形连接的腹板厚度不大于 8mm，并符合下列规定时，可采用自动或半自动埋弧焊接单面角焊缝（图 135-1）。 图 135-1　单面角焊缝 ① 单面角焊缝适用于仅承受剪力的焊缝； ② 单面角焊缝仅可用于承受静力荷载和间接承受动力荷载的、非露天和不接触强腐蚀介质的结构构件； ③ 焊脚尺寸、焊喉及最小根部熔深应符合表 135-2 的要求； ④ 经工艺评定合格的焊接参数、方法不得变更； ⑤ 柱与底板的连接，柱与牛腿的连接，梁端板的连接，吊车梁及支承局部吊挂荷载的吊架等，除非设计专门规定，不得采用单面角焊缝； ⑥ 由地震作用控制结构设计的门式刚架轻型房屋钢结构构件不得采用单面角焊缝连接。 （3）刚架构件的翼缘与端板或柱底板的连接，当翼缘厚度大于 12mm 时宜采用全熔透对接焊缝，并应符合现行国家标准《气焊、焊条电弧焊、气体保护焊和高能束焊的推荐坡口》GB/T 985.1 和《埋弧焊的推荐坡口》GB/T 985.2 的相关规定；其他情况宜采用等强连接的角焊缝或角对接组合焊缝，并应符合现行国家标准《钢结构焊接规范》GB 50661 的相关规定。 （4）牛腿上、下翼缘与柱翼缘的焊接应采用坡口全熔透对接焊缝，焊缝等级为二级；牛腿腹板与柱翼缘板间的焊接应采用双面角焊缝，焊脚尺寸不应小于牛腿腹板厚度的 0.7 倍。 （5）柱子在牛腿上、下翼缘 600mm 范围内，腹板与翼缘的连接焊缝应采用双面角焊缝。 （6）当采用喇叭形焊缝时应符合下列规定： ① 喇叭形焊缝可分为单边喇叭形焊缝（图 135-2）和双边喇叭形焊缝（图 135-3）。单边喇叭形焊缝的焊脚尺寸 h_f 不得小于被连接板的厚度。 （a）　　　　　　　　　　（b） 图 135-2　单边喇叭形焊缝 （a）作用力垂直于焊缝轴线方向；（b）作用力平行于焊缝轴线方向 t—被连接板的最小厚度；h_f—焊脚尺寸；l_w—焊缝有效长度 图 135-3　双边喇叭形焊缝 t—被连接板的最小厚度；h_f—焊脚尺寸；l_w—焊缝有效长度

项次	项目	内　　容
1	焊接	② 当连接板件的最小厚度不大于 4mm 时,喇叭形焊缝连接的强度应按对接焊缝计算,其焊缝的抗剪强度可按下式计算: $$\tau=\frac{N}{tl_w}\leqslant\beta f_t \qquad (135\text{-}1)$$ 式中:N——轴向拉力或轴心压力设计值(N); 　　　t——被连接板件的最小厚度(mm); 　　　l_w——焊缝有效长度(mm),等于焊缝长度扣除 2 倍焊脚尺寸; 　　　β——强度折减系数;当通过焊缝形心的作用力垂直于焊缝轴线方向时(图 135-2a),$\beta=$ 0.8;当通过焊缝形心的作用力平行于焊缝轴线方向时(图 135-2b),$\beta=0.7$; 　　　f_t——被连接板件钢材抗拉强度设计值(N/mm^2)。 ③ 当连接板件的最小厚度大于 4mm 时,喇叭形焊缝连接的强度应按角焊缝计算。 (a)单边喇叭形焊缝的抗剪强度可按下式计算: $$\tau=\frac{N}{h_f l_w}\leqslant\beta f_f^w \qquad (135\text{-}2)$$ (b)双边喇叭形焊缝的抗剪强度可按下式计算: $$\tau=\frac{N}{2h_f l_w}\leqslant\beta f_f^w \qquad (135\text{-}3)$$ 式中:h_f——焊脚尺寸(mm); 　　　β——强度折减系数;当通过焊缝形心的作用力垂直于焊缝轴线方向时(图 135-2a),$\beta=$ 0.75;当通过焊缝形心的作用力平行于焊缝轴线方向时(图 135-2b),$\beta=0.7$; 　　　f_f^w——角焊缝强度设计值(N/mm^2)。 ④ 在组合构件中,组合件间的喇叭形焊缝可采用断续焊缝。断续焊缝的长度不得小于 8t 和 40mm,断续焊缝间的净距不得大于 15t(对受压构件)或 30t(对受拉构件),t 为焊件的最小厚度。
2	节点设计	(1)节点设计应传力简捷,构造合理,具有必要的延性;应便于焊接,避免应力集中和过大的约束应力;应便于加工及安装,容易就位和调整。 (2)刚架构件间的连接,可采用高强度螺栓端板连接。高强度螺栓直径应根据受力确定,可采用 M16~M24 螺栓。高强度螺栓承压型连接可用于承受静力荷载和间接承受动力荷载的结构;重要结构或承受动力荷载的结构应采用高强度螺栓摩擦型连接;用来耗能的连接接头可采用承压型连接。 (3)门式刚架横梁与立柱连接节点,可采用端板竖放(图 135-4a)、平放(图 135-4b)和斜放(图 135-4c)三种形式。斜梁与刚架柱连接节点的受拉侧,宜采用端板外伸式,与斜梁端板连接的柱的翼缘部位应与端板等厚;斜梁拼接时宜使端板与构件外边缘垂直(图 135-4d),应采用外伸式连接,并使翼缘内外螺栓群中心与翼缘中心重合或接近。连接节点处的三角形短加劲长边与短边之比宜大于 1.5∶1.0,不满足时可增加板厚。 图 135-4　刚架连接节点 (a)端板竖放;(b)端板平放;(c)端板斜放;(d)斜梁拼接 (4)端板螺栓宜成对布置。螺栓中心至翼缘板表面的距离,应满足拧紧螺栓时的施工要求,不宜小于 45mm。螺栓端距不应小于 2 倍螺栓孔径;螺栓中距不应小于 3 倍螺栓孔径。当端板上两对螺栓间最大距离大于 400mm 时,应在端板中间增设一对螺栓。

项次	项目	内　　　　　容
2	节点设计	(5)当端板连接只承受轴向力和弯矩作用或剪力小于其抗滑移承载力时,端板表面可不作摩擦面处理。 (6)端板连接应按所受最大内力和按能够承受不小于较小被连接截面承载力的一半设计,并取两者的大值。 (7)端板连接节点设计应包括连接螺栓设计、端板厚度确定、节点域剪应力验算、端板螺栓处构件腹板强度、端板连接刚度验算,并应符合下列规定: 　① 连接螺栓应按现行国家标准《钢结构设计标准》GB 50017 验算螺栓在拉力、剪力或拉剪共同作用下的强度。 　② 端板厚度 t 应根据支承条件确定(图 135-5),各种支承条件端板区格的厚度应分别按下列公式计算: 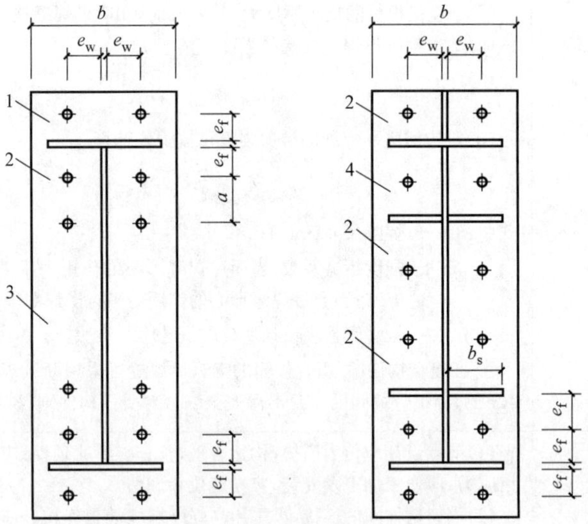

图 135-5　端板支承条件

1—伸臂;2—两边;3—无肋;4—三边

(a)伸臂类区格

$$t \geqslant \sqrt{\frac{6e_f N_t}{bf}} \tag{135-4}$$

(b)无加劲肋类区格

$$t \geqslant \sqrt{\frac{3e_w N_t}{(0.5a+e_w)f}} \tag{135-5}$$

(c)两邻边支承类区格

当端板外伸时

$$t \geqslant \sqrt{\frac{6e_f e_w N_t}{[e_w b+2e_f(e_f+e_w)]f}} \tag{135-6}$$

当端板平齐时

$$t \geqslant \sqrt{\frac{12e_f e_w N_t}{[e_w b+4e_f(e_f+e_w)]f}} \tag{135-7}$$

(d)三边支承类区格

$$t \geqslant \sqrt{\frac{6e_f e_w N_t}{[e_w(b+2b_s)+4e_f^2]f}} \tag{135-8}$$

项次	项目	内　　容
2	节点设计	式中:N_t——个高强度螺栓的受拉承载力设计值(N/mm²);

式中:N_t——个高强度螺栓的受拉承载力设计值(N/mm²);

　　e_w、e_f——分别为螺栓中心至腹板和翼缘板表面的距离(mm);

　　b、b_s——分别为端板和加劲肋板的宽度(mm);

　　a——螺栓的间距(mm);

　　f——端板钢材的抗拉强度设计值(N/mm²)。

(e)端板厚度取各种支承条件计算确定的板厚最大值,但不应小于16mm及0.8倍的高强度螺栓直径。

③ 门式刚架斜梁与柱相交的节点域(图135-6a),应按下式验算剪应力,当不满足式(135-9)要求时,应加厚腹板或设置斜加劲肋(图135-6b)。

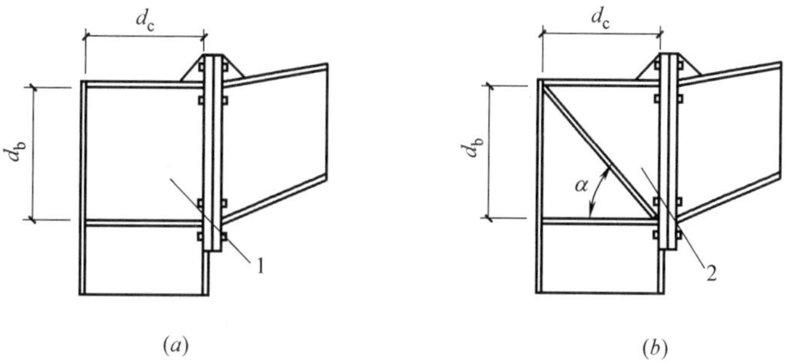

$$(a) \qquad\qquad\qquad (b)$$

图 135-6　节点域

1—节点域;2—使用斜向加劲肋补强的节点域

$$\tau = \frac{M}{d_b d_c t_c} \leqslant f_v \qquad (135\text{-}9)$$

式中:d_c、t_c——分别为节点域的宽度和厚度(mm);

　　d_b——斜梁端部高度或节点域高度(mm);

　　M——节点承受的弯矩(N·mm),对多跨刚架中间柱处,应取两侧斜梁端弯矩的代数和或柱端弯矩;

　　f_v——节点域钢材的抗剪强度设计值(N/mm²)。

④ 端板螺栓处构件腹板强度应按下列公式计算:

当 $N_{t2} \leqslant 0.4P$ 时: $\qquad \dfrac{0.4P}{e_w t_w} \leqslant f \qquad (135\text{-}10)$

当 $N_{t2} > 0.4P$ 时: $\qquad \dfrac{N_{t2}}{e_w t_w} \leqslant f \qquad (135\text{-}11)$

式中:N_{t2}——翼缘内第二排一个螺栓的轴向拉力设计值(N/mm²);

　　P——1 个高强度螺栓的预拉力设计值(N);

　　e_w——螺栓中心至腹板表面的距离(mm);

　　t_w——腹板厚度(mm);

　　f——腹板钢材的抗拉强度设计值(N/mm²)。

⑤ 端板连接刚度应按下列规定进行验算:

(a)梁柱连接节点刚度应满足下式要求:

$$R \geqslant 25EI_b / l_b \qquad (135\text{-}12)$$

式中:R——刚架梁柱转动刚度(N·mm);

　　I_b——刚架横梁跨间的平均截面惯性矩(mm⁴);

　　l_b——刚架横梁跨度(mm),中柱为摇摆柱时,取摇摆柱与刚架柱距离的 2 倍;

　　E——钢材的弹性模量(N/mm²)。

项次	项目	内　容
2	节点设计	(b)梁柱转动刚度应按下列公式计算： $$R=\frac{R_1 R_2}{R_1+R_2}\qquad(135\text{-}13)$$ $$R_1=Gh_1 d_c t_p+Ed_b A_{st}\cos^2\alpha\sin\alpha\qquad(135\text{-}14)$$ $$R_2=\frac{6EI_e h_1^2}{1.1e_f^3}\qquad(135\text{-}15)$$ 式中：R_1——与节点域剪切变形对应的刚度(N·mm)； 　　　R_2——连接的弯曲刚度，包括端板弯曲、螺栓拉伸和柱翼缘弯曲所对应的刚度(N·mm)； 　　　h_1——梁端翼缘板中心间的距离(mm)； 　　　t_p——柱节点域腹板厚度(mm)； 　　　I_e——端板惯性矩(mm⁴)； 　　　e_f——端板外伸部分的螺栓中心到其加劲肋外边缘的距离(mm)； 　　　A_{st}——两条斜加劲肋的总截面面积(mm²)； 　　　α——斜加劲肋倾角(°)； 　　　G——钢材的剪切模量(N/mm²)。 (8)屋面梁与摇摆柱连接节点应设计成铰接节点，采用端板横放的顶接连接方式(图135-7)。 (a)　　　　　　　　(b)　　　　　　　　(c) 图135-7　屋面梁和摇摆柱连接节点 (9)吊车梁承受动力荷载，其构造和连接节点应符合下列规定： ①焊接吊车梁的翼缘板与腹板的拼接焊缝宜采用加引弧板的熔透对接焊缝，引弧板割去处应予打磨平整。焊接吊车梁的翼缘与腹板的连接焊缝严禁采用单面角焊缝。 ②在焊接吊车梁或吊车桁架中，焊透的T形接头宜采用对接与角接组合焊缝(图135-8)。 ③焊接吊车梁的横向加劲肋不得与受拉翼缘焊接，但可与受压翼缘焊接。横向加劲肋宜在距受拉下翼缘50mm～100mm处断开(图135-9)，其与腹板的连接焊缝不宜在肋下端起落弧。当吊车梁受拉翼缘与支撑相连时，不宜采用焊接。 图135-8　焊透的T形连接焊缝 t_w—腹板厚度

项次	项目	内容
2	节点设计	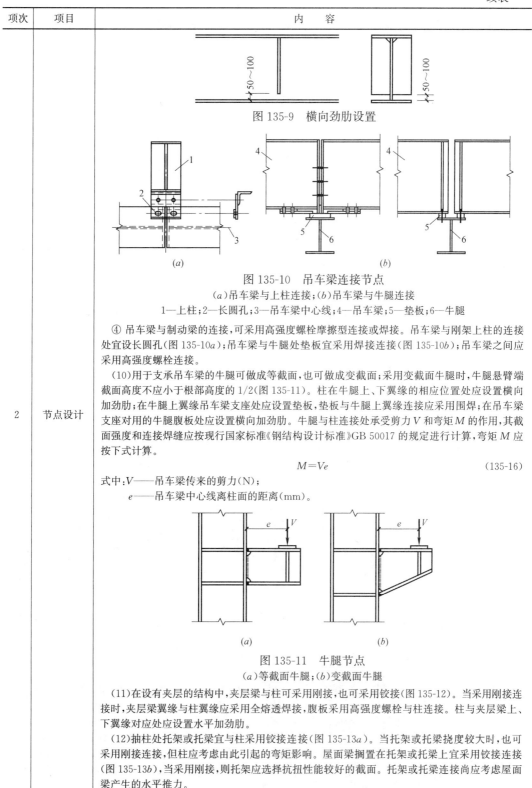

图 135-9 横向劲肋设置

图 135-10 吊车梁连接节点

(a)吊车梁与上柱连接;(b)吊车梁与牛腿连接

1—上柱;2—长圆孔;3—吊车梁中心线;4—吊车梁;5—垫板;6—牛腿

④ 吊车梁与制动梁的连接,可采用高强度螺栓摩擦型连接或焊接。吊车梁与刚架上柱的连接处宜设长圆孔(图 135-10a);吊车梁与牛腿处垫板宜采用焊接连接(图 135-10b);吊车梁之间应采用高强度螺栓连接。

(10)用于支承吊车梁的牛腿可做成等截面,也可做成变截面;采用变截面牛腿时,牛腿悬臂端截面高度不应小于根部高度的 1/2(图 135-11)。柱在牛腿上、下翼缘的相应位置处应设置横向加劲肋;在牛腿上翼缘吊车梁支座处应设置垫板,垫板与牛腿上翼缘连接应采用围焊;在吊车梁支座对用的牛腿腹板处应设置横向加劲肋。牛腿与柱连接处承受剪力 V 和弯矩 M 的作用,其截面强度和连接焊缝应按现行国家标准《钢结构设计标准》GB 50017 的规定进行计算,弯矩 M 应按下式计算。

$$M = Ve \tag{135-16}$$

式中:V——吊车梁传来的剪力(N);

e——吊车梁中心线离柱面的距离(mm)。

图 135-11 牛腿节点

(a)等截面牛腿;(b)变截面牛腿

(11)在设有夹层的结构中,夹层梁与柱可采用刚接,也可采用铰接(图 135-12)。当采用刚接连接时,夹层梁翼缘与柱翼缘应采用全熔透焊接,腹板采用高强度螺栓与柱连接。柱与夹层梁上、下翼缘对应处应设置水平加劲肋。

(12)抽柱处托架或托梁宜与柱采用铰接连接(图 135-13a)。当托架或托梁挠度较大时,也可采用刚接连接,但柱应考虑由此引起的弯矩影响。屋面梁搁置在托架或托梁上宜采用铰接连接(图 135-13b),当采用刚接,则托架应选择抗扭性能较好的截面。托架或托梁连接尚应考虑屋面梁产生的水平推力。

项次	项目	内　容
2	节点设计	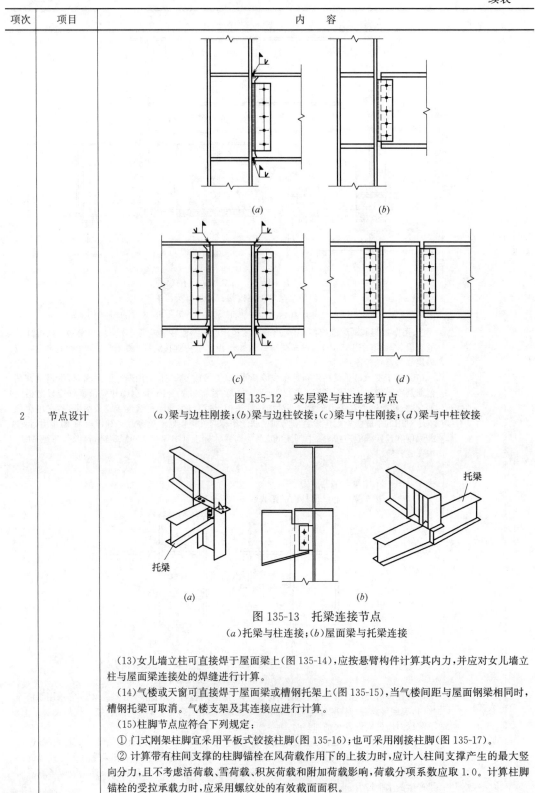

图 135-12　夹层梁与柱连接节点

(a)梁与边柱刚接;(b)梁与边柱铰接;(c)梁与中柱刚接;(d)梁与中柱铰接

图 135-13　托梁连接节点

(a)托梁与柱连接;(b)屋面梁与托梁连接

(13)女儿墙立柱可直接焊于屋面梁上(图 135-14),应按悬臂构件计算其内力,并应对女儿墙立柱与屋面梁连接处的焊缝进行计算。

(14)气楼或天窗可直接焊于屋面梁或槽钢托架上(图 135-15),当气楼间距与屋面钢梁相同时,槽钢托梁可取消。气楼支架及其连接应进行计算。

(15)柱脚节点应符合下列规定:

① 门式刚架柱脚宜采用平板式铰接柱脚(图 135-16);也可采用刚接柱脚(图 135-17)。

② 计算带有柱间支撑的柱脚锚栓在风荷载作用下的上拔力时,应计入柱间支撑产生的最大竖向分力,且不考虑活荷载、雪荷载、积灰荷载和附加荷载影响,荷载分项系数应取 1.0。计算柱脚锚栓的受拉承载力时,应采用螺纹处的有效截面面积。

项次	项目	内　　容
2	节点设计	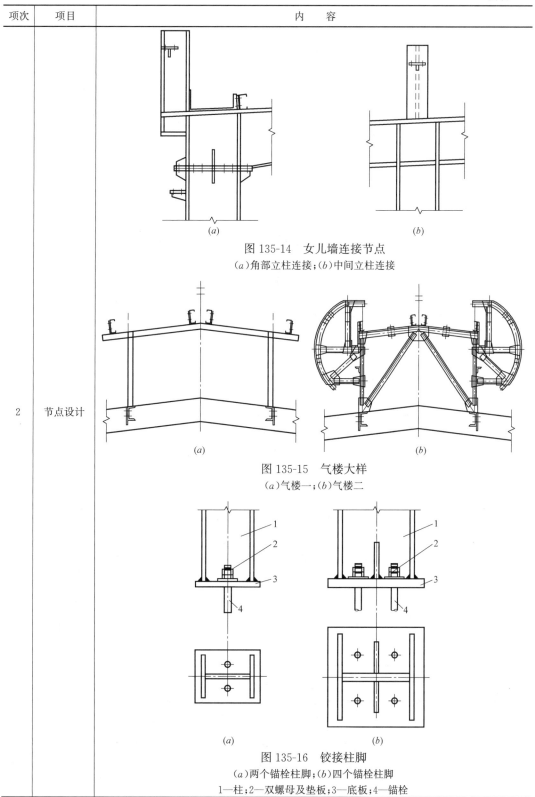

图 135-14　女儿墙连接节点

(*a*)角部立柱连接;(*b*)中间立柱连接

图 135-15　气楼大样

(*a*)气楼一;(*b*)气楼二

图 135-16　铰接柱脚

(*a*)两个锚栓柱脚;(*b*)四个锚栓柱脚

1—柱;2—双螺母及垫板;3—底板;4—锚栓

项次	项目	内 容
2	节点设计	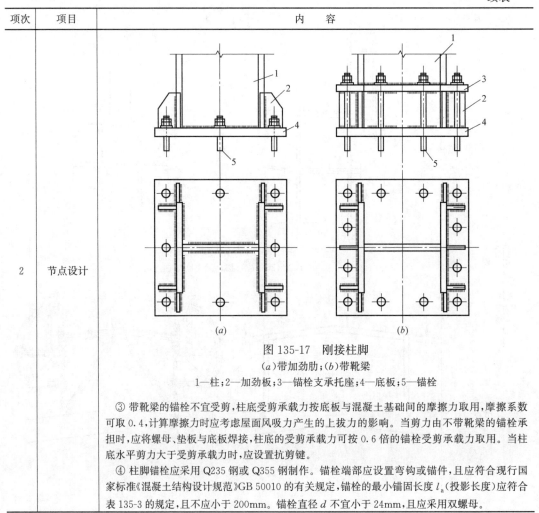 图 135-17　刚接柱脚 (a)带加劲肋;(b)带靴梁 1—柱;2—加劲板;3—锚栓支承托座;4—底板;5—锚栓

③ 带靴梁的锚栓不宜受剪,柱底受剪承载力按底板与混凝土基础间的摩擦力取用,摩擦系数可取 0.4,计算摩擦力时应考虑屋面风吸力产生的上拔力的影响。当剪力由不带靴梁的锚栓承担时,应将螺母、垫板与底板焊接,柱底的受剪承载力可按 0.6 倍的锚栓受剪承载力取用。当柱底水平剪力大于受剪承载力时,应设置抗剪键。

④ 柱脚锚栓应采用 Q235 钢或 Q355 钢制作。锚栓端部应设置弯钩或锚件,且应符合现行国家标准《混凝土结构设计规范》GB 50010 的有关规定,锚栓的最小锚固长度 l_a(投影长度)应符合表 135-3 的规定,且不应小于 200mm。锚栓直径 d 不宜小于 24mm,且应采用双螺母。

注: 依据《门式刚架轻型房屋钢结构技术规范》GB 51022—2015 第 10 章规定。

单面角焊缝参数（mm）　　　　　　　　　　　　　　　表 135-2

腹板厚度 t_w	最小焊脚尺寸 k	有效厚度 H	最小根部熔深 J（焊丝直径 1.2～2.0）
3	3.0	2.1	1.0
4	4.0	2.8	1.2
5	5.0	3.5	1.4
6	5.5	3.9	1.6
7	6.0	4.2	1.8
8	6.5	4.6	2.0

锚栓的最小锚固长度　　　　　　　　　　　　　　　表 135-3

锚栓钢材	混凝土强度等级					
	C25	C30	C35	C40	C45	≥C50
Q235	20d	18d	16d	15d	14d	14d
Q355	25d	23d	21d	19d	18d	17d

第11章 钢结构防护

11.1 抗火设计

136 抗火设计应包括哪些内容？

（1）钢结构防火保护措施及其构造应根据工程实际，考虑结构类型、耐火极限要求、工作环境等因素，按照安全可靠、经济合理的原则确定。

（2）建筑钢构件的设计耐火极限应符合现行国家标准《建筑设计防火规范》GB 50016中的有关规定。

（3）当钢构件的耐火时间不能达到规定的设计耐火极限要求时，应进行防火保护设计，建筑钢结构应按现行国家标准《建筑钢结构防火技术规范》GB 51249进行抗火性能验算。

（4）在钢结构设计文件中，应注明结构的设计耐火等级，构件的设计耐火极限、所需要的防火保护措施及其防火保护材料的性能要求。

（5）构件采用防火涂料进行防火保护时，其高强度螺栓连接处的涂层厚度不应小于相邻构件的涂料厚度。

注：依据《钢结构设计标准》GB 50017—2017第18.1节规定。

11.2 防腐蚀设计

137 防腐蚀设计应包括哪些内容？

（1）钢结构应遵循安全可靠、经济合理的原则，按下列要求进行防腐蚀设计：

① 钢结构防腐蚀设计应根据建筑物的重要性、环境腐蚀条件、施工和维修条件等要求合理确定防腐蚀设计年限；

② 防腐蚀设计应考虑环保节能的要求；

③ 钢结构除必须采取防腐蚀措施外，尚应尽量避免加速腐蚀的不良设计；

④ 防腐蚀设计中应考虑钢结构全寿命期内的检查、维护和大修。

（2）钢结构防腐蚀设计应综合考虑环境中介质的腐蚀性、环境条件、施工或维修条件等因素，因地制宜，从下列方案中综合选择防腐蚀方案或其组合：

① 防腐蚀涂料；

② 各种工艺形成的锌、铝等金属保护层；

③ 阴极保护措施；

④ 耐候钢。

（3）对危及人身安全和维修困难的部位，以及重要的承重结构和构件应加强防护。对处于严重腐蚀的使用环境且仅靠涂装难以有效保护的主要承重钢结构构件，宜采用耐候钢或外包混凝土。

当某些次要构件的设计使用年限与主体结构的设计使用年限不相同时，次要构件应便于更换。

（4）结构防腐蚀设计应符合下列规定：

① 当采用型钢组合的杆件时，型钢间的空隙宽度宜满足防护层施工、检查和维修的要求；

② 不同金属材料接触会加速腐蚀时，应在接触部位采用隔离措施；

③ 焊条、螺栓、垫圈、节点板等连接构件的耐腐蚀性能，不应低于主材材料；螺栓直径不应小于12mm。垫圈不应采用弹簧垫圈。螺栓、螺母和垫圈应采用镀锌等方法防护，安装后再采用与主体结构相同的防腐蚀方案；

④ 设计使用年限大于或等于25年的建筑物，对不易维修的结构应加强防护；

⑤ 避免出现难于检查、清理和涂漆之处，以及能积留湿气和大量灰尘的死角或凹槽；闭口截面构件应沿全长和端部焊接封闭；

⑥ 柱脚在地面以下的部分应采用强度等级较低的混凝土包裹（保护层厚度不应小于50mm），包裹的混凝土高出室外地面不应小于150mm，室内地面不宜小于50mm，并宜采取措施防止水分残留；当柱脚底面在地面以上时，柱脚底面高出室外地面不应小于100mm，室内地面不宜小于50mm。

（5）钢材表面原始锈蚀等级和钢材除锈等级标准应符合现行国家标准《涂覆涂料前钢材表面处理 表面清洁度的目视评定》GB/T 8923的规定。

① 表面原始锈蚀等级为D级的钢材不应用作结构钢；

② 喷砂或抛丸用的磨料等表面处理材料应符合防腐蚀产品对表面清洁度和粗糙度的要求，并符合环保要求。

（6）钢结构防腐蚀涂料的配套方案，可根据环境腐蚀条件、防腐蚀设计年限、施工和维修条件等要求设计。修补和焊缝部位的底漆应能适应表面处理的条件。

（7）在钢结构设计文件中应注明防腐蚀方案，如采用涂（镀）层方案，须注明所要求的钢材除锈等级和所要用的涂料（或镀层）及涂（镀）层厚度，并注明使用单位在使用过程中对钢结构防腐蚀进行定期检查和维修的要求，建议制订防腐蚀维护计划。

注：依据《钢结构设计标准》GB 50017—2017 第18.2节规定。

11.3 隔 热

138 隔热防护措施应包括哪些内容？

（1）处于高温工作环境中的钢结构，应考虑高温作用对结构的影响。高温工作环境的设计状况为持久状况，高温作用为可变荷载，设计时应按承载力极限状态和正常使用极限状态设计。

（2）钢结构的温度超过100℃时，进行钢结构的承载力和变形验算时，应该考虑长期高温作用对钢材和钢结构连接性能的影响。

（3）高温环境下的钢结构温度超过100℃时，应进行结构温度作用验算，并应根据不同情况采取防护措施：

　　① 当钢结构可能受到炽热熔化金属的侵害时，应采用砌块或耐热固体材料做成的隔热层加以保护；

　　② 当钢结构可能受到短时间的火焰直接作用时，应采用加耐热隔热涂层、热辐射屏蔽等隔热防护措施；

　　③ 当高温环境下钢结构的承载力不满足要求时，应采用增大构件截面、采用耐火钢或采用加耐热隔热涂层、热辐射屏蔽、水套隔热降温措施等隔热降温措施；

　　④ 当高强度螺栓连接长期受热达150℃以上时，应采用加耐热隔热涂层、热辐射屏蔽等隔热防护措施。

　　（4）钢结构的隔热保护措施在相应的工作环境下应具有耐久性、并与钢结构的防腐、防火保护措施相容。

　　注：依据《钢结构设计标准》GB 50017—2017 第 18.3 节规定。

附录 A 混凝土、钢筋

混凝土强度设计值、标准值（N/mm²）

强度	混凝土强度等级												
	C20	C25	C30	C35	C40	C45	C50	C55	C60	C65	C70	C75	C80
f_c	9.6	11.9	14.3	16.7	19.1	21.1	23.1	25.3	27.5	29.7	31.8	33.8	35.9
f_t	1.10	1.27	1.43	1.57	1.71	1.80	1.89	1.96	2.04	2.09	2.14	2.18	2.22
f_{ck}	13.4	16.7	20.1	23.4	26.8	29.6	32.4	35.5	38.5	41.5	44.5	47.4	50.2
f_{tk}	1.54	1.78	2.01	2.20	2.39	2.51	2.64	2.74	2.85	2.93	2.99	3.05	3.11

混凝土的弹性模量（×10⁴ N/mm²）

混凝土强度等级	C20	C25	C30	C35	C40	C45	C50	C55	C60	C65	C70	C75	C80
E_c	2.55	2.80	3.00	3.15	3.25	3.35	3.45	3.55	3.60	3.65	3.70	3.75	3.80

普通钢筋强度设计值、标准值（N/mm²）

牌号	抗拉强度设计值 f_y	抗压强度设计值 f'_y	屈服强度标准值 f_{yk}	极限强度标准值 f_{stk}
HPB300	270	270	300	420
HRB400	360	360	400	540
HRB500	435	410	500	630

钢筋的弹性模量（×10⁵ N/mm²）

牌号	弹性模量 E_s
HPB300 钢筋	2.10
HRB400、HRB500 钢筋	2.00

附录 B 双向板塑性计算系数

四边固端双向板塑性计算系数 ξ

附表 B.1

λ	α	β=1.2		β=1.4		β=1.6		β=1.8		β=2.0	
		M_x	M_y	M_x	M_y	M_x	M_y	M_x	M_y	M_x	M_y
1.00	1.00	0.019	0.019	0.017	0.017	0.016	0.016	0.015	0.015	0.014	0.014
1.05	0.91	0.021	0.019	0.019	0.017	0.018	0.016	0.016	0.015	0.015	0.014
1.10	0.83	0.023	0.019	0.021	0.017	0.019	0.016	0.018	0.015	0.017	0.014
1.15	0.76	0.024	0.018	0.022	0.017	0.021	0.016	0.019	0.014	0.018	0.013
1.20	0.69	0.026	0.018	0.024	0.017	0.022	0.015	0.020	0.014	0.019	0.013
1.25	0.64	0.028	0.018	0.025	0.016	0.023	0.015	0.022	0.014	0.020	0.013
1.30	0.59	0.029	0.017	0.027	0.016	0.025	0.015	0.023	0.013	0.021	0.013
1.35	0.55	0.030	0.017	0.028	0.015	0.026	0.014	0.024	0.013	0.022	0.012
1.40	0.51	0.032	0.016	0.029	0.015	0.027	0.014	0.025	0.013	0.023	0.012
1.45	0.48	0.033	0.016	0.030	0.014	0.028	0.013	0.026	0.012	0.024	0.011
1.50	0.44	0.034	0.015	0.031	0.014	0.029	0.013	0.027	0.012	0.025	0.011
1.55	0.42	0.035	0.015	0.032	0.013	0.030	0.012	0.028	0.011	0.026	0.011
1.60	0.39	0.036	0.014	0.033	0.013	0.031	0.012	0.028	0.011	0.027	0.010
1.65	0.37	0.037	0.013	0.034	0.012	0.031	0.012	0.029	0.011	0.027	0.010
1.70	0.35	0.038	0.013	0.035	0.012	0.032	0.011	0.030	0.010	0.028	0.010
1.75	0.33	0.039	0.013	0.036	0.012	0.033	0.011	0.030	0.010	0.028	0.009
1.80	0.31	0.040	0.012	0.036	0.011	0.033	0.010	0.031	0.010	0.029	0.009
1.85	0.29	0.040	0.012	0.037	0.011	0.034	0.010	0.032	0.009	0.030	0.009
1.90	0.28	0.041	0.011	0.037	0.010	0.035	0.010	0.032	0.009	0.030	0.008
1.95	0.26	0.042	0.011	0.038	0.010	0.035	0.009	0.033	0.009	0.030	0.008
2.00	0.25	0.042	0.011	0.039	0.010	0.036	0.009	0.033	0.008	0.031	0.008

注：1 $\lambda = l_y/l_x$，$\alpha = 1/\lambda^2$，$M_x = \xi q l_x^2$，$M_y = \xi q l_x^2$，$M_x^{I} = M_x^{II} = \beta M_x$，$M_y^{I} = M_y^{II} = \beta M_y$，其中 l_x 为短向跨度，l_y 为长向跨度，q 为板面均布荷载。

2 计算公式为 $M_x = \dfrac{3\lambda - 1}{24(\lambda + \alpha)(1 + \beta)} q l_x^2$，$M_y = \alpha M_x$，单位为每延米弯矩。

三边固端一边简支双向板塑性计算系数 ξ（对边固端为长边）

附表 B.2

λ	α	β=1.2		β=1.4		β=1.6		β=1.8		β=2.0	
		M_x	M_y	M_x	M_y	M_x	M_y	M_x	M_y	M_x	M_y
1.00	1.00	0.022	0.022	0.020	0.020	0.019	0.019	0.018	0.018	0.017	0.017
1.05	0.91	0.024	0.022	0.023	0.021	0.021	0.019	0.020	0.018	0.019	0.017
1.10	0.83	0.027	0.022	0.025	0.021	0.023	0.019	0.022	0.018	0.020	0.017
1.15	0.76	0.029	0.022	0.027	0.020	0.025	0.019	0.024	0.018	0.022	0.017

λ	α	$\beta=1.2$		$\beta=1.4$		$\beta=1.6$		$\beta=1.8$		$\beta=2.0$	
		M_x	M_y	M_x	M_y	M_x	M_y	M_x	M_y	M_x	M_y
1.20	0.69	0.031	0.022	0.029	0.020	0.027	0.019	0.026	0.018	0.024	0.017
1.25	0.64	0.034	0.022	0.031	0.020	0.029	0.019	0.027	0.018	0.026	0.017
1.30	0.59	0.036	0.021	0.033	0.020	0.031	0.018	0.029	0.017	0.028	0.016
1.35	0.55	0.038	0.021	0.035	0.019	0.033	0.018	0.031	0.017	0.029	0.016
1.40	0.51	0.040	0.020	0.037	0.019	0.035	0.018	0.033	0.017	0.031	0.016
1.45	0.48	0.041	0.020	0.039	0.018	0.036	0.017	0.034	0.016	0.032	0.015
1.50	0.44	0.043	0.019	0.040	0.018	0.038	0.017	0.036	0.016	0.034	0.015
1.55	0.42	0.045	0.019	0.042	0.017	0.039	0.016	0.037	0.015	0.035	0.015
1.60	0.39	0.046	0.018	0.043	0.017	0.041	0.016	0.038	0.015	0.036	0.014
1.65	0.37	0.048	0.018	0.045	0.016	0.042	0.015	0.040	0.015	0.037	0.014
1.70	0.35	0.049	0.017	0.046	0.016	0.043	0.015	0.041	0.014	0.038	0.013
1.75	0.33	0.050	0.016	0.047	0.015	0.044	0.014	0.042	0.014	0.040	0.013
1.80	0.31	0.052	0.016	0.048	0.015	0.045	0.014	0.043	0.013	0.041	0.013
1.85	0.29	0.053	0.015	0.049	0.014	0.046	0.014	0.044	0.013	0.041	0.012
1.90	0.28	0.054	0.015	0.050	0.014	0.047	0.013	0.045	0.012	0.042	0.012
1.95	0.26	0.055	0.014	0.051	0.013	0.048	0.013	0.046	0.012	0.043	0.011
2.00	0.25	0.056	0.014	0.052	0.013	0.049	0.012	0.046	0.012	0.044	0.011

注：1 $\lambda=l_y/l_x$，$\alpha=1/\lambda^2$，$M_x=\xi ql_x^2$，$M_y=\xi ql_x^2$，$M_x^{\mathrm{I}}=\beta M_x$，$M_y^{\mathrm{I}}=M_y^{\mathrm{II}}=\beta M_y$，其中 l_x 为短向跨度，l_y 为长向跨度，q 为板面均布荷载。

2 计算公式为 $M_x=\dfrac{3\lambda-1}{24[\lambda(1+0.5\beta)+\alpha(1+\beta)]}ql_x^2$，$M_y=\alpha M_x$，单位为每延米弯矩。

三边固端一边简支双向板塑性计算系数 ξ（对边固端为短边）　　　　附表 B.3

λ	α	$\beta=1.2$		$\beta=1.4$		$\beta=1.6$		$\beta=1.8$		$\beta=2.0$	
		M_x	M_y	M_x	M_y	M_x	M_y	M_x	M_y	M_x	M_y
1.00	1.00	0.022	0.022	0.020	0.020	0.019	0.019	0.018	0.018	0.017	0.017
1.05	0.91	0.024	0.022	0.022	0.020	0.021	0.019	0.019	0.017	0.018	0.016
1.10	0.83	0.026	0.021	0.024	0.020	0.022	0.018	0.021	0.017	0.019	0.016
1.15	0.76	0.027	0.021	0.025	0.019	0.023	0.018	0.022	0.017	0.021	0.016
1.20	0.69	0.029	0.020	0.027	0.019	0.025	0.017	0.023	0.016	0.022	0.015
1.25	0.64	0.030	0.019	0.028	0.018	0.026	0.017	0.024	0.016	0.023	0.015
1.30	0.59	0.032	0.019	0.029	0.017	0.027	0.016	0.025	0.015	0.024	0.014
1.35	0.55	0.033	0.018	0.030	0.017	0.028	0.016	0.026	0.014	0.025	0.014
1.40	0.51	0.034	0.017	0.032	0.016	0.029	0.015	0.027	0.014	0.026	0.013
1.45	0.48	0.035	0.017	0.033	0.015	0.030	0.014	0.028	0.013	0.026	0.013
1.50	0.44	0.036	0.016	0.033	0.015	0.031	0.014	0.029	0.013	0.027	0.012
1.55	0.42	0.037	0.016	0.034	0.014	0.032	0.013	0.030	0.012	0.028	0.012

续表

λ	α	β=1.2		β=1.4		β=1.6		β=1.8		β=2.0	
		M_x	M_y	M_x	M_y	M_x	M_y	M_x	M_y	M_x	M_y
1.60	0.39	0.038	0.015	0.035	0.014	0.033	0.013	0.030	0.012	0.028	0.011
1.65	0.37	0.039	0.014	0.036	0.013	0.033	0.012	0.031	0.011	0.029	0.011
1.70	0.35	0.040	0.014	0.037	0.013	0.034	0.012	0.032	0.011	0.029	0.010
1.75	0.33	0.040	0.013	0.037	0.012	0.034	0.011	0.032	0.010	0.030	0.010
1.80	0.31	0.041	0.013	0.038	0.012	0.035	0.011	0.033	0.010	0.030	0.009
1.85	0.29	0.042	0.012	0.038	0.011	0.036	0.010	0.033	0.010	0.031	0.009
1.90	0.28	0.042	0.012	0.039	0.011	0.036	0.010	0.033	0.009	0.031	0.009
1.95	0.26	0.043	0.011	0.039	0.010	0.036	0.010	0.034	0.009	0.032	0.008
2.00	0.25	0.043	0.011	0.040	0.010	0.037	0.009	0.034	0.009	0.032	0.008

注：1 $\lambda=l_y/l_x$，$\alpha=1/\lambda^2$，$M_x=\xi q l_x^2$，$M_y=\xi q l_x^2$，$M_x^{\text{I}}=M_x^{\text{II}}=\beta M_x$，$M_y^{\text{I}}=\beta M_y$，其中 l_x 为短向跨度，l_y 为长向跨度，q 为板面均布荷载。

2 计算公式为 $M_x=\dfrac{3\lambda-1}{24[\lambda(1+\beta)+\alpha(1+0.5\beta)]}q l_x^2$，$M_y=\alpha M_x$，单位为每延米弯矩。

二边固端二边简支双向板塑性计算系数 ξ（相邻固端） 附表 B.4

λ	α	β=1.2		β=1.4		β=1.6		β=1.8		β=2.0	
		M_x	M_y	M_x	M_y	M_x	M_y	M_x	M_y	M_x	M_y
1.00	1.00	0.026	0.026	0.025	0.025	0.023	0.023	0.022	0.022	0.021	0.021
1.05	0.91	0.029	0.026	0.027	0.024	0.025	0.023	0.024	0.022	0.023	0.021
1.10	0.83	0.031	0.026	0.029	0.024	0.028	0.023	0.026	0.022	0.025	0.021
1.15	0.76	0.033	0.025	0.032	0.024	0.030	0.022	0.028	0.021	0.027	0.020
1.20	0.69	0.036	0.025	0.034	0.023	0.032	0.022	0.030	0.021	0.029	0.020
1.25	0.64	0.038	0.024	0.036	0.023	0.034	0.022	0.032	0.020	0.030	0.019
1.30	0.59	0.040	0.024	0.038	0.022	0.035	0.021	0.034	0.020	0.032	0.019
1.35	0.55	0.042	0.023	0.039	0.022	0.037	0.020	0.035	0.019	0.033	0.018
1.40	0.51	0.044	0.022	0.041	0.021	0.039	0.020	0.037	0.019	0.035	0.018
1.45	0.48	0.045	0.021	0.043	0.020	0.040	0.019	0.038	0.018	0.036	0.017
1.50	0.44	0.047	0.021	0.044	0.020	0.042	0.019	0.039	0.018	0.038	0.017
1.55	0.42	0.048	0.020	0.045	0.019	0.043	0.018	0.041	0.017	0.039	0.016
1.60	0.39	0.050	0.019	0.047	0.018	0.044	0.017	0.042	0.016	0.040	0.016
1.65	0.37	0.051	0.019	0.048	0.018	0.045	0.017	0.043	0.016	0.041	0.015
1.70	0.35	0.052	0.018	0.049	0.017	0.046	0.016	0.044	0.015	0.042	0.014
1.75	0.33	0.053	0.017	0.050	0.016	0.047	0.015	0.045	0.015	0.043	0.014
1.80	0.31	0.054	0.017	0.051	0.016	0.048	0.015	0.046	0.014	0.043	0.013
1.85	0.29	0.055	0.016	0.052	0.015	0.049	0.014	0.047	0.014	0.044	0.013
1.90	0.28	0.056	0.016	0.053	0.015	0.050	0.014	0.047	0.013	0.045	0.012
1.95	0.26	0.057	0.015	0.054	0.014	0.051	0.013	0.048	0.013	0.046	0.012
2.00	0.25	0.058	0.014	0.054	0.014	0.051	0.013	0.049	0.012	0.046	0.012

注：1 $\lambda=l_y/l_x$，$\alpha=1/\lambda^2$，$M_x=\xi q l_x^2$，$M_y=\xi q l_x^2$，$M_x^{\text{I}}=\beta M_x$，$M_y^{\text{I}}=\beta M_y$，其中 l_x 为短向跨度，l_y 为长向跨度，q 为板面均布荷载。

2 计算公式为 $M_x=\dfrac{3\lambda-1}{24[\lambda(1+0.5\beta)+\alpha(1+0.5\beta)]}q l_x^2$，$M_y=\alpha M_x$，单位为每延米弯矩。

二边固端二边简支双向板塑性计算系数 ξ（对边固端为长边）　　　附表 B.5

λ	α	β=1.2		β=1.4		β=1.6		β=1.8		β=2.0	
		M_x	M_y	M_x	M_y	M_x	M_y	M_x	M_y	M_x	M_y
1.00	1.00	0.026	0.026	0.025	0.025	0.023	0.023	0.022	0.022	0.021	0.021
1.05	0.91	0.029	0.027	0.028	0.025	0.026	0.024	0.025	0.023	0.024	0.022
1.10	0.83	0.033	0.027	0.031	0.026	0.029	0.024	0.028	0.023	0.027	0.022
1.15	0.76	0.036	0.027	0.034	0.026	0.033	0.025	0.031	0.024	0.030	0.023
1.20	0.69	0.040	0.028	0.038	0.026	0.036	0.025	0.034	0.024	0.033	0.023
1.25	0.64	0.043	0.028	0.041	0.026	0.039	0.025	0.038	0.024	0.036	0.023
1.30	0.59	0.046	0.027	0.044	0.026	0.043	0.025	0.041	0.024	0.039	0.023
1.35	0.55	0.050	0.027	0.048	0.026	0.046	0.025	0.044	0.024	0.042	0.023
1.40	0.51	0.053	0.027	0.051	0.026	0.049	0.025	0.047	0.024	0.045	0.023
1.45	0.48	0.056	0.027	0.054	0.026	0.052	0.025	0.050	0.024	0.049	0.023
1.50	0.44	0.059	0.026	0.057	0.025	0.055	0.024	0.053	0.024	0.051	0.023
1.55	0.42	0.062	0.026	0.060	0.025	0.058	0.024	0.056	0.023	0.054	0.023
1.60	0.39	0.064	0.025	0.062	0.024	0.061	0.023	0.059	0.023	0.057	0.022
1.65	0.37	0.067	0.025	0.065	0.024	0.063	0.023	0.061	0.023	0.060	0.022
1.70	0.35	0.069	0.024	0.068	0.023	0.066	0.023	0.064	0.022	0.062	0.022
1.75	0.33	0.072	0.023	0.070	0.023	0.068	0.022	0.066	0.022	0.065	0.021
1.80	0.31	0.074	0.023	0.072	0.022	0.070	0.022	0.069	0.021	0.067	0.021
1.85	0.29	0.076	0.022	0.074	0.022	0.073	0.021	0.071	0.021	0.070	0.020
1.90	0.28	0.078	0.022	0.076	0.022	0.075	0.021	0.073	0.020	0.072	0.020
1.95	0.26	0.080	0.021	0.078	0.021	0.077	0.020	0.075	0.020	0.074	0.019
2.00	0.25	0.082	0.020	0.080	0.020	0.079	0.020	0.077	0.019	0.076	0.019

注：1　$\lambda=l_y/l_x$，$\alpha=1/\lambda^2$，$M_x=\xi ql_x^2$，$M_y=\xi ql_x^2$，$M_y^I=M_y^{II}=\beta M_y$，其中 l_x 为短向跨度，l_y 为长向跨度，q 为板面均布荷载。

2　计算公式为 $M_x=\dfrac{3\lambda-1}{24[\lambda+\alpha(1+\beta)]}ql_x^2$，$M_y=\alpha M_x$，单位为每延米弯矩。

二边固端二边简支双向板塑性计算系数 ξ（对边固端为短边）　　　附表 B.6

λ	α	β=1.2		β=1.4		β=1.6		β=1.8		β=2.0	
		M_x	M_y	M_x	M_y	M_x	M_y	M_x	M_y	M_x	M_y
1.00	1.00	0.026	0.026	0.025	0.025	0.023	0.023	0.022	0.022	0.021	0.021
1.05	0.91	0.028	0.025	0.026	0.024	0.025	0.022	0.023	0.021	0.022	0.020
1.10	0.83	0.030	0.024	0.028	0.023	0.026	0.021	0.025	0.020	0.023	0.019
1.15	0.76	0.031	0.023	0.029	0.022	0.027	0.021	0.026	0.019	0.024	0.018
1.20	0.69	0.032	0.023	0.030	0.021	0.028	0.020	0.027	0.019	0.025	0.018
1.25	0.64	0.034	0.022	0.031	0.020	0.029	0.019	0.028	0.018	0.026	0.017
1.30	0.59	0.035	0.021	0.033	0.019	0.030	0.018	0.029	0.017	0.027	0.016
1.35	0.55	0.036	0.020	0.034	0.018	0.031	0.017	0.029	0.016	0.028	0.015

续表

λ	α	$\beta=1.2$		$\beta=1.4$		$\beta=1.6$		$\beta=1.8$		$\beta=2.0$	
		M_x	M_y	M_x	M_y	M_x	M_y	M_x	M_y	M_x	M_y
1.40	0.51	0.037	0.019	0.034	0.018	0.032	0.016	0.030	0.015	0.028	0.014
1.45	0.48	0.038	0.018	0.035	0.017	0.033	0.016	0.031	0.015	0.029	0.014
1.50	0.44	0.039	0.017	0.036	0.016	0.034	0.015	0.031	0.014	0.029	0.013
1.55	0.42	0.040	0.017	0.037	0.015	0.034	0.014	0.032	0.013	0.030	0.012
1.60	0.39	0.040	0.016	0.037	0.015	0.035	0.014	0.033	0.013	0.031	0.012
1.65	0.37	0.041	0.015	0.038	0.014	0.035	0.013	0.033	0.012	0.031	0.011
1.70	0.35	0.042	0.014	0.039	0.013	0.036	0.012	0.033	0.012	0.031	0.011
1.75	0.33	0.042	0.014	0.039	0.013	0.036	0.012	0.034	0.011	0.032	0.010
1.80	0.31	0.043	0.013	0.040	0.012	0.037	0.011	0.034	0.011	0.032	0.010
1.85	0.29	0.043	0.013	0.040	0.012	0.037	0.011	0.035	0.010	0.032	0.009
1.90	0.28	0.044	0.012	0.040	0.011	0.038	0.010	0.035	0.010	0.033	0.009
1.95	0.26	0.044	0.012	0.041	0.011	0.038	0.010	0.035	0.009	0.033	0.009
2.00	0.25	0.058	0.014	0.041	0.010	0.038	0.010	0.036	0.009	0.033	0.008

注：1 $\lambda=l_y/l_x$，$\alpha=1/\lambda^2$，$M_x=\xi ql_x^2$，$M_y=\xi ql_x^2$，$M_x^{\mathrm{I}}=M_x^{\mathrm{II}}=\beta M_x$，其中 l_x 为短向跨度，l_y 为长向跨度，q 为板面均布荷载。

2 计算公式为 $M_x=\dfrac{3\lambda-1}{24[\lambda(1+\beta)+\alpha]}ql_x^2$，$M_y=\alpha M_x$，单位为每延米弯矩。

一边固端三边简支双向板塑性计算系数 ξ（对边简支为长边） 附表 B.7

λ	α	$\beta=1.2$		$\beta=1.4$		$\beta=1.6$		$\beta=1.8$		$\beta=2.0$	
		M_x	M_y	M_x	M_y	M_x	M_y	M_x	M_y	M_x	M_y
1.00	1.00	0.032	0.032	0.031	0.031	0.030	0.030	0.029	0.029	0.028	0.028
1.05	0.91	0.035	0.031	0.033	0.030	0.032	0.029	0.031	0.028	0.030	0.027
1.10	0.83	0.037	0.031	0.036	0.029	0.034	0.028	0.033	0.027	0.032	0.026
1.15	0.76	0.039	0.030	0.038	0.028	0.036	0.027	0.035	0.026	0.033	0.025
1.20	0.69	0.041	0.029	0.040	0.028	0.038	0.026	0.036	0.025	0.035	0.024
1.25	0.64	0.043	0.028	0.041	0.027	0.040	0.025	0.038	0.024	0.036	0.023
1.30	0.59	0.045	0.027	0.043	0.026	0.041	0.024	0.039	0.023	0.038	0.022
1.35	0.55	0.047	0.026	0.045	0.025	0.043	0.023	0.041	0.022	0.039	0.021
1.40	0.51	0.048	0.025	0.046	0.024	0.044	0.022	0.042	0.021	0.040	0.021
1.45	0.48	0.050	0.024	0.047	0.023	0.045	0.022	0.043	0.021	0.041	0.020
1.50	0.44	0.051	0.023	0.049	0.022	0.046	0.021	0.044	0.020	0.042	0.019
1.55	0.42	0.053	0.022	0.050	0.021	0.047	0.020	0.045	0.019	0.043	0.018
1.60	0.39	0.054	0.021	0.051	0.020	0.048	0.019	0.046	0.018	0.044	0.017
1.65	0.37	0.055	0.020	0.052	0.019	0.049	0.018	0.047	0.017	0.045	0.016
1.70	0.35	0.056	0.019	0.053	0.018	0.050	0.017	0.048	0.017	0.046	0.016
1.75	0.33	0.057	0.018	0.054	0.018	0.051	0.017	0.048	0.016	0.046	0.015

续表

λ	α	β=1.2		β=1.4		β=1.6		β=1.8		β=2.0	
		M_x	M_y	M_x	M_y	M_x	M_y	M_x	M_y	M_x	M_y
1.80	0.31	0.057	0.018	0.054	0.017	0.052	0.016	0.049	0.015	0.047	0.014
1.85	0.29	0.058	0.017	0.055	0.016	0.052	0.015	0.050	0.015	0.047	0.014
1.90	0.28	0.059	0.016	0.056	0.015	0.053	0.015	0.050	0.014	0.048	0.013
1.95	0.26	0.060	0.016	0.056	0.015	0.054	0.014	0.051	0.013	0.049	0.013
2.00	0.25	0.060	0.015	0.057	0.014	0.054	0.014	0.051	0.013	0.049	0.012

注：1　$\lambda=l_y/l_x$，$\alpha=1/\lambda^2$，$M_x=\xi q l_x^2$，$M_y=\xi q l_x^2$，$M_x^I=\beta M_x$，其中 l_x 为短向跨度，l_y 为长向跨度，q 为板面均布荷载。

2　计算公式为 $M_x=\dfrac{3\lambda-1}{24[\lambda(1+0.5\beta)+\alpha]}q l_x^2$，$M_y=\alpha M_x$，单位为每延米弯矩。

一边固端三边简支双向板塑性计算系数 ξ（对边简支为短边）　　附表 B.8

λ	α	β=1.2		β=1.4		β=1.6		β=1.8		β=2.0	
		M_x	M_y	M_x	M_y	M_x	M_y	M_x	M_y	M_x	M_y
1.00	1.00	0.032	0.032	0.031	0.031	0.030	0.030	0.029	0.029	0.028	0.028
1.05	0.91	0.036	0.032	0.035	0.031	0.033	0.030	0.032	0.029	0.031	0.028
1.10	0.83	0.040	0.033	0.038	0.032	0.037	0.031	0.036	0.030	0.035	0.029
1.15	0.76	0.043	0.033	0.042	0.032	0.041	0.031	0.039	0.030	0.038	0.029
1.20	0.69	0.047	0.033	0.046	0.032	0.044	0.031	0.043	0.030	0.042	0.029
1.25	0.64	0.050	0.032	0.049	0.031	0.048	0.031	0.046	0.030	0.045	0.029
1.30	0.59	0.054	0.032	0.052	0.031	0.051	0.030	0.050	0.029	0.049	0.029
1.35	0.55	0.057	0.031	0.056	0.031	0.054	0.030	0.053	0.029	0.052	0.028
1.40	0.51	0.060	0.031	0.059	0.030	0.058	0.029	0.056	0.029	0.055	0.028
1.45	0.48	0.063	0.030	0.062	0.029	0.061	0.029	0.059	0.028	0.058	0.028
1.50	0.44	0.066	0.029	0.065	0.029	0.063	0.028	0.062	0.028	0.061	0.027
1.55	0.42	0.069	0.029	0.067	0.028	0.066	0.028	0.065	0.027	0.064	0.027
1.60	0.39	0.071	0.028	0.070	0.027	0.069	0.027	0.068	0.026	0.066	0.026
1.65	0.37	0.074	0.027	0.072	0.027	0.071	0.026	0.070	0.026	0.069	0.025
1.70	0.35	0.076	0.026	0.075	0.026	0.074	0.025	0.072	0.025	0.071	0.025
1.75	0.33	0.078	0.025	0.077	0.025	0.076	0.025	0.075	0.024	0.074	0.024
1.80	0.31	0.080	0.025	0.079	0.024	0.078	0.024	0.077	0.024	0.076	0.023
1.85	0.29	0.082	0.024	0.081	0.024	0.080	0.023	0.079	0.023	0.078	0.023
1.90	0.28	0.084	0.023	0.083	0.023	0.082	0.023	0.081	0.022	0.080	0.022
1.95	0.26	0.085	0.022	0.084	0.022	0.083	0.022	0.082	0.022	0.082	0.021
2.00	0.25	0.087	0.022	0.086	0.021	0.051	0.013	0.084	0.021	0.083	0.021

注：1　$\lambda=l_y/l_x$，$\alpha=1/\lambda^2$，$M_x=\xi q l_x^2$，$M_y=\xi q l_x^2$，$M_y^I=\beta M_y$，其中 l_x 为短向跨度，l_y 为长向跨度，q 为板面均布荷载。

2　计算公式为 $M_x=\dfrac{3\lambda-1}{24[\lambda+\alpha(1+0.5\beta)]}q l_x^2$，$M_y=\alpha M_x$，单位为每延米弯矩。

四边简支双向板塑性计算系数 ξ

附表 B.9

λ	α	$\beta=0$	
		M_x	M_y
1.00	1.00	0.042	0.042
1.05	0.91	0.046	0.042
1.10	0.83	0.050	0.041
1.15	0.76	0.054	0.040
1.20	0.69	0.057	0.040
1.25	0.64	0.061	0.039
1.30	0.59	0.064	0.038
1.35	0.55	0.067	0.037
1.40	0.51	0.070	0.036
1.45	0.48	0.072	0.034
1.50	0.44	0.075	0.033
1.55	0.42	0.077	0.032
1.60	0.39	0.080	0.031
1.65	0.37	0.082	0.030
1.70	0.35	0.083	0.029
1.75	0.33	0.085	0.028
1.80	0.31	0.087	0.027
1.85	0.29	0.089	0.026
1.90	0.28	0.090	0.025
1.95	0.26	0.091	0.024
2.00	0.25	0.093	0.023

注：1 $\lambda=l_y/l_x$，$\alpha=1/\lambda^2$，$M_x=\xi q l_x^2$，$M_y=\xi q l_x^2$，其中 l_x 为短向跨度，l_y 为长向跨度，q 为板面均布荷载。

  2 计算公式为 $M_x=\dfrac{3\lambda-1}{24(\lambda+\alpha)}q l_x^2$，$M_y=\alpha M_x$，单位为每延米弯矩。

参 考 文 献

[1] 《钢结构设计标准》GB 50017—2017 [S]. 北京：中国建筑工业出版社，2017.
[2] 《高层民用建筑钢结构技术规程》JGJ 99—2015 [S]. 北京：中国建筑工业出版社，2015.
[3] 《建筑抗震设计规范》GB 50011—2010（2016 年版）[S]. 北京：中国建筑工业出版社，2016.
[4] 《建筑结构可靠性设计统一标准》GB 50068—2018 [S]. 北京：中国建筑工业出版社，2018.
[5] 《建筑工程抗震设防分类标准》GB 50223—2008 [S]. 北京：中国建筑工业出版社，2008.
[6] 《空间网格结构技术规程》JGJ 7—2010 [S]. 北京：中国建筑工业出版社，2010.
[7] 《门式刚架轻型房屋钢结构技术规范》GB 51022—2015 [S]. 北京：中国建筑工业出版社，2015.
[8] 《钢结构住宅设计规范》CECS：2009 [S]. 北京：中国建筑工业出版社，2009.
[9] 《钢结构焊接规范》GB 50661—2011 [S]. 北京：中国建筑工业出版社，2011.
[10] 《钢结构高强度螺栓连接技术规程》JGJ 82—2011 [S]. 北京：中国建筑工业出版社，2011.
[11] 《冷弯薄壁型钢结构技术规范》GB 50018—2002 [S]. 北京：中国建筑工业出版社，2002.
[12] 《钢网架焊接空心球节点》JG/T 11—2009 [S]. 北京：中国建筑工业出版社，2009.
[13] 《钢网架螺栓球节点》JG/T 10—2009 [S]. 北京：中国建筑工业出版社，2009.
[14] 《钢网架螺栓球节点用高强螺栓》GB/T 16939—2016 [S]. 北京：中国建筑工业出版社，2016.
[15] 《单层网壳嵌入式毂节点》JG/T 136—2016 [S]. 北京：中国建筑工业出版社，2016.
[16] 《一般工程用铸造碳钢件》GB/T 11352—2009 [S]. 北京：中国建筑工业出版社，2009.
[17] 《焊接结构用铸钢件》GB 7659—2010 [S]. 北京：中国建筑工业出版社，2010.
[18] 《优质碳素结构钢》GB/T 699—2011 [S]. 北京：中国建筑工业出版社，2017.
[19] 《合金结构钢》GB/T 3077—2011 [S]. 北京：中国建筑工业出版社，2011.
[20] 《建筑用压型钢板》GB/T 12755—2008 [S]. 北京：中国建筑工业出版社，2008.
[21] 陈长兴. 钢结构单元集成钢框架概念设计探讨 [M]. 上海：PSSC2016 论文集，2016.
[22] Chen Changxing. Discussion on conceptual design of integrated steel frame with steel structural unit [M]. 11th Pacific Structural Steel Conference Shanghai，China，October 29-31，2016.
[23] 陈长兴. 异形钢管柱钢结构住宅结构设计探讨 [J]. 建筑结构，2017 年 6 月增刊.
[24] 陈长兴. 混凝土柱外包钢管加固法 [M]. 武汉：第十一届中日建筑结构技术交流会论文集，2015.
[25] 陈长兴. 既有建筑改造采用混凝土柱外包钢管加固法 [J]. 建筑科学，2016 年 4 月增刊一.